高等职业教育建设工程管理类专业系列教材
现代学徒制校企合作教材

BIM建模基础

BIM JIANMO JICHU

主 编 / 杨文娟 陈可祥
副主编 / 孙 婧 邵海东
主 审 / 王娟丽 张立杰

重庆大学出版社

内容提要

本书以Autodesk Revit软件为基础，从实用角度出发，全面介绍了工业与民用建筑领域结构、建筑、机电全专业建模基础知识，从Revit软件的基本功能、操作技巧、方法流程和案例应用等方面展开讲解，同时引入了参数化族的创建与应用。另外，本书还精心制作了“1+X”建筑信息模型（BIM）职业技能等级考试经典案例讲解视频。

本书可作为高等职业院校土建类相关专业“BIM建模基础”、“Autodesk Revit软件应用”等课程的教学用书，也可作为全国“1+X”建筑信息模型（BIM）职业技能等级考试培训教材，同时还可作为社会相关专业技术人员和自学者的参考用书。

图书在版编目(CIP)数据

BIM建模基础 / 杨文娟，陈可祥主编. --重庆 ：重庆大学出版社，2020.8（2022.7重印）

高等职业教育建设工程管理类专业系列教材

ISBN 978-7-5689-2225-8

Ⅰ.①B… Ⅱ.①杨… ②陈… Ⅲ.①建筑设计—计算机辅助设计—应用软件—高等职业教育—教材 Ⅳ.①TU201.4

中国版本图书馆CIP数据核字（2020）第106338号

高等职业教育建设工程管理类专业系列教材

现代学徒制校企合作教材

BIM建模基础

主 编 杨文娟 陈可祥

副主编 孙 婧 邵海东

主 审 王娟丽 张立杰

策划编辑：林青山 刘颖果

责任编辑：刘颖果 丁薇薇 版式设计：刘颖果

责任校对：王 倩 责任印制：赵 晟

重庆大学出版社出版发行

出版人：饶帮华

社址：重庆市沙坪坝区大学城西路21号

邮编：401331

电话：（023）88617190 88617185（中小学）

传真：（023）88617186 88617166

网址：http://www.cqup.com.cn

邮箱：fxk@cqup.com.cn（营销中心）

全国新华书店经销

印刷：重庆市联谊印务有限公司

开本：787mm×1092mm 1/16 印张：15.75 字数：395千

2020年8月第1版 2022年7月第3次印刷

印数：5 001—8 000

ISBN 978-7-5689-2225-8 定价：59.00元

前言
FOREWORD

当下，在建设工程领域，BIM 技术已经由一个热词逐渐转化成一种项目全生命周期信息化管理技术，业内工程师们都在积极探索和广泛推行 BIM 技术的落地应用，在国内发达地区很多项目已成功应用并取得了良好效果，如北京大兴机场航站楼、深圳孙逸仙心血管医院新院区等，不同的应用主体在建设工程的不同阶段应用 BIM 技术，取得了不同的成效。新技术在推动行业技术革新的同时也对高校人才培养提出了新的要求，同时 BIM 等级证书作为我国首批“1+X”职业技能等级证书试点，在高校开设 BIM 技术相关课程势在必行，而要系统学习 BIM 技术，应从学习 BIM 建模基础技能开始。Autodesk 公司于 2003 年为 Revit 推出了 BIM 理念，从而奠定了其在三维可视化建筑软件中的地位。为了让广大初学者能够快速掌握 Revit 软件操作技能，在国家大力推行“校企合作、产教融合”的背景下，甘肃建筑职业技术学院联合深圳市斯维尔科技股份有限公司共同组织编写了本教材。

Revit 软件是工业与民用建筑工程 BIM 技术应用的基础建模软件，本书以目前最常用的 Revit 2018 为依托，详细介绍了如何使用 Revit 软件进行建筑、结构和机电全专业建模及参数化应用，在软件操作详解的基础上引用合作企业已完成的优秀 BIM 案例项目进行教学，为 BIM 技术落地实施起到了示范引领的作用。

本教材编写的特色主要有：

（1）章节内容按照 BIM 工程师实际工作流程进行编排，遵循先结构后建筑、先主体后机电的原则，按照从简单到复杂、从一般到特殊的逻辑顺序，使教学内容与岗位需求相吻合，具有很强的针对性和实用性。

（2）教材内容根据全国“1+X”建筑信息模型（BIM）职业技能等级考试考核大纲要求进行编写，适应“课证融通”的教学需要，并精心制作了“1+X”建筑信息模型（BIM）职业技能等级考试经典案例讲解视频，可以让读者在前面章节内容学习的基础上更好地掌握考核内容及操作流程。

(3)全书案例引领、图文并茂,力求以直观明了的方式向读者呈现软件应用场景、操作流程和需要注意的事项。引入企业已实施的成功案例,编写方式适用于职业教育项目化教学,每个专业均通过案例教学,所有操作知识点围绕案例任务进行讲解,最后通过项目实训来巩固要点,保证了教学做一体化。

(4)随书附赠实例源文件,内容与教材对应,方便读者进行学习,提高学习效率。

本书可作为高等职业院校土建类相关专业“BIM 建模基础”、“Autodesk Revit 软件应用”等课程的教学用书,也可作为全国“1+X”建筑信息模型(BIM)职业技能等级考试培训教材,同时还可作为社会相关专业技术人员和自学者的参考用书。

本书由杨文娟、陈可祥担任主编,孙婧、邵海东担任副主编。本书共 9 章,具体编写分工如下:甘肃建筑职业技术学院杨文娟负责编写第 2,5,6 章,深圳市斯维尔科技股份有限公司 BIM 中心陈可祥负责编写第 7,8 章,甘肃建筑职业技术学院孙婧负责编写第 1,4 章,甘肃建筑职业技术学院邵海东负责编写第 3,9 章。本书由甘肃建筑职业技术学院院长王娟丽教授、深圳市斯维尔科技股份有限公司高级副总裁张立杰主审。

在编写本书过程中得到了甘肃建筑职业技术学院、深圳市斯维尔科技股份有限公司的大力支持,书中案例工程均由深圳市斯维尔科技股份有限公司提供,同时甘肃建筑职业技术学院建筑经济管理系、BIM 中心领导及老师对本书编写提出了宝贵的意见及技术支持,在此一并表示感谢!

限于编者的水平,书中难免有纰漏和不足之处,恳请广大读者批评、指正!

编　者

2020 年 6 日

目录

CONTENTS

第 1 章　BIM 概论

1.1　BIM 基本概念　002
1.2　BIM 的特点　002
1.3　BIM 信息　004
1.4　BIM 技术在建设项目全过程的应用　004
1.5　BIM 应用软件概述　007

第 2 章　Revit 软件操作基础

2.1　Revit 软件介绍　010
2.2　用户界面　011
2.3　基本操作　015
2.4　修改　017
2.5　标高与轴网　022

第 3 章　结构建模基础

3.1　基础　032
3.2　结构柱　036
3.3　结构梁　040
3.4　结构墙　044
3.5　结构板　052
3.6　楼梯　055
3.7　坡道　062
3.8　钢筋　064

第 4 章　建筑建模基础

4.1　柱　076
4.2　墙　079
4.3　幕墙　081
4.4　天花板　088
4.5　屋顶　092
4.6　栏杆扶手　100

第 5 章 机电建模基础

5.1 新建项目 108
5.2 管道建模 112
5.3 电气建模 133
5.4 暖通建模 139

第 6 章 族创建及应用

6.1 族概述 148
6.2 基本命令 152
6.3 族三维形状的创建 160
6.4 参照平面和参照线 163
6.5 类型参数和实例参数 168
6.6 轮廓族 171
6.7 门、窗族 176
6.8 设备族 182

第 7 章 Revit 项目管理

7.1 项目设置 188
7.2 协同工作 188
7.3 导入 193
7.4 工作集 195
7.5 统计 198
7.6 建筑表现 202

第 8 章 BIM 经典案例

8.1 深圳市孙逸仙心血管医院迁址新建工程项目 212
8.2 崇文花园项目 226
8.3 深圳技术大学项目 240

第 9 章 “1+X”建筑信息模型（BIM）职业技能等级考试解析

9.1 “1+X”建筑信息模型（BIM）职业技能等级考试考核基本要求 242
9.2 “1+X”建筑信息模型（BIM）职业技能等级考试初级职业技能要求 243
9.3 历年真题解析视频 244

第 1 章

BIM 概论

1.1 BIM 基本概念

BIM 的全称是建筑信息模型(Building Information Modeling),源于美国佐治亚理工学院教授查克·伊斯曼(Chuck Eastman)提出的概念:建筑信息模型集成了不同专业的所有信息、功能要求和性能,把一个工程项目的所有信息,包括设计过程、施工过程、运营管理过程的信息全部整合到一个建筑模型中。

如果用一个形象的公式来定义 BIM,会更容易理解一些,其公式形式如下:

BIM = 3D 图形 + Nd 参数 + 应用

BIM 的基础是三维图形模型。现实世界的建筑都是以三维的形态存在的,因此三维是 BIM 的技术基础,只有基于三维,才能将建筑的造型、三维空间状态和关系完整地表达出来。但是,对于一个建筑,我们关心的不仅是它的造型,还关心其他信息,这些信息要在各种软件中使用和传递,并且以参数化的形式进行保存。使用 BIM 模型解决工程中的技术问题和管理问题的过程就是 BIM 应用,俗称“做 BIM”。

建筑信息模型不仅是简单地将数字信息进行集成,它还是一种数字信息的应用,以及可以用于建筑设计、施工、造价、管理的数字化方法。这种方法为建筑工程全生命周期管理提供了一个可视化的集成管理环境,可以使建筑工程在其整个建设进程中显著提高质量、提升效率、降低风险。

1.2 BIM 的特点

1) BIM 的基本特征

概括起来,BIM 有 5 个基本特征,即可视化、协调性、模拟性、优化性、可出图性。

(1) 可视化

可视化即“所见即所得”的形式。对于建筑行业来说,可视化的作用是非常大的。我们平常看到的二维图纸是通过线条和文字来表达三维空间,不具备可视化的功能。BIM 模型是三维的,具有可视化功能,非常直观。

(2) 协调性

一个建设项目需要多家单位协作完成,在同一个单位则需要多个专业人员协作完成。不管是施工单位还是业主及设计单位,无不在做着协调及互相配合的工作。一旦在项目实施过程中遇到问题，就要将各有关单位专业人员组织起来开协调会，寻找各种施工问题发生的原因及解决办法。BIM模型的协调性体现在建筑信息模型可在建筑物建造前期对各专业的碰撞等问题进行协调，生成协调数据；对建筑的设备安装空间、使用空间进行协调，提供协调数据。

(3)模拟性

模拟性并不是只能模拟待建建筑本身，还可以模拟不能够在真实世界中进行操作的事物。在设计阶段，BIM可以对设计上需要进行模拟的一些场景进行模拟实验，如节能模拟、紧急疏散模拟、日照模拟、热能传导模拟等。在招投标和施工阶段，可以进行4D模拟(三维模型加项目的发展时间)，也就是根据施工组织设计模拟实际施工，从而确定合理的施工方案来指导施工；同时，还可以进行5D模拟(基于3D模型加入时间和造价控制)，从而实现成本的控制。在后期运营阶段，可以进行日常紧急情况处理方式的模拟，如地震人员逃生模拟、消防人员疏散模拟等。

(4)优化性

整个建设项目的全过程乃至全生命周期的各项工作，事实上是一个不断优化的过程。BIM可以为各项工作提供更好的优化服务。优化受信息、复杂程度和时间的制约。没有准确的信息做不出合理的优化结果，BIM模型提供了建筑物实际存在的信息，包括几何信息、物理信息和规则信息。当建筑复杂到一定程度，参与人员本身的能力无法掌握所有信息时，必须借助一定的科学技术和设备的帮助。现代建筑物的复杂程度大多超过参与人员本身的能力范围，BIM及其配套的各种优化工具提供了对复杂项目进行优化的可能。

(5)可出图性

BIM是一个以三维为基础的多维模型。平常打印出来使用的是二维图纸，二维图在很长时间内都是建设各方和各个阶段工作的基础和工作依据。BIM模型的可出图性体现在二维图可以通过BIM模型按照视图和平面切剖算法自动生成。但是不同的BIM软件其可出图能力差异很大，出图的可用性差异也很大。BIM的可出图关系到与现有工作的衔接问题，对BIM的落地非常重要。

2)BIM模型的特点

BIM模型具备以下3个基本特点：

(1)图形三维化

BIM模型是通过三维图形来完整地表达建筑的几何形状和空间位置关系，具有直观可视、易于理解的特点。

(2)对象构件化

BIM模型中表达各类建筑构件的是三维几何图形，只依靠自身就可以完整地表达出柱、梁、墙、板等建筑构件对象信息。

(3)信息参数化

BIM模型的建筑信息是通过参数化的形式进行表达和存储的，各类专业BIM应用软件通过这些参数信息实现各种用途。

1.3 BIM 信息

BIM 模型承载的信息有很多,可以从宏观和微观两个角度进行归类。

1) 宏观信息

宏观信息包含的范围比较广,比如建筑的地理信息,包括经纬度、海拔高度;建筑的空间信息,包括建筑在城市中的位置、周边的交通配套、建筑的遮挡信息等;气象信息,包括所在城市的温度、湿度、风速、太阳高度以及小区环境的温度、光照遮挡、风速、周边噪声等。

2) 微观信息

微观信息更加细分和专业化,比如建筑构件的几何信息(长、宽、高尺寸);建筑构件的专业信息(名称、分类、编号、分组);建筑构件的空间信息(轴网位置、定位点、放置向量)等。这些 BIM 信息都可以记录到模型中,方便搜寻和利用。

1.4 BIM 技术在建设项目全过程的应用

BIM 技术不仅仅是建立一个模型,更重要的是使用 BIM 模型在每个阶段解决一些问题。BIM 技术的应用可以贯穿建筑的全生命周期(图 1.1),从方案设计阶段开始,BIM 模型建立并应用于每个环节,同时将每个环节的信息整合归档并保存下来。一个 BIM 模型,记录了一个建筑的全生命周期信息。在信息记录管理方面,BIM 技术实现了人类历史的突破,第一次完整地记录了建筑的全部信息。将 BIM 技术扩展,每一个建筑都是一个 BIM 模型,整合城市的所有 BIM 模型,这将为智慧城市提供最强有力的数据支撑。BIM 不是一个软件,更不是一个简单的 3D 模型,而是模型建立以及应用的全过程。

BIM 技术正在飞速发展,人们出于各种需求应用 BIM 技术来解决工程中的问题。过去几年,在全球范围内,人们在建筑全生命周期内对建筑过程出现的问题进行了大量探索,应用 BIM 技术解决如下主要问题:

1) BIM 模型维护

根据项目建设进度建立和维护 BIM 模型,实质是使用 BIM 平台消除信息孤岛,汇总各项目参与方所有建筑工程信息,并以三维模型进行整合和储存,以备项目全过程中项目相关方随时共享。目前业内主要采用"分布式"BIM 模型(如设计、施工、进度、成本、制造、操作等模型)方法,建立符合工程项目现有条件和用途的 BIM 模型。即 BIM 模型多由设计单位、施工单位或者运营单位根据各自工作范围单独建立,后通过统一标准合成。当然,业主也可

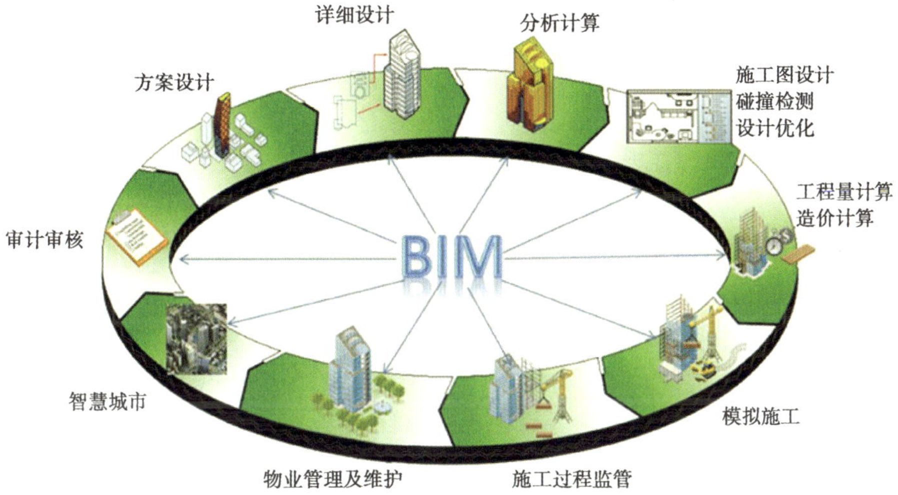

图 1.1

以委托独立 BIM 咨询服务商,统一规划、维护和管理整个工程项目的 BIM 应用,以确保 BIM 模型信息的准确性、安全性和时效性。

2) 可视化设计

传统的设计工作基于 CAD 平台,即使用平立剖三视图表达和展现设计成果。这种方式易造成信息割裂,尤其在项目复杂、工期紧时,更易出错。而 BIM 的出现,使得设计师可以利用三维可视化工具进行设计,更能使设计师使用三维思考方式来完成建筑设计;同时,也使业主(最终用户)真正摆脱技术壁垒限制,有力地弥补了与设计师之间的交流鸿沟,业主可随时直接获取项目信息。

3) 协同设计

传统的"协同设计"主要基于 CAD 平台,并不能充分实现专业间的信息交流(这是因为 CAD 通用文件格式仅是对图形的描述,无法加载附加信息,导致专业间数据不具有关联性)。而 BIM 的出现,将使"协同"不再是简单的文件参照。基于 BIM 的协同设计作为一种新兴设计方式,是数字化建筑设计技术与快速发展的网络技术相结合的必然产物,它可使分布在不同地理位置、不同专业的设计人员,通过网络协同展开设计工作。而且协同范畴可从单纯设计阶段扩展到建筑全生命周期,从而带来项目综合效益的大幅提升。

4) 性能化分析

利用 BIM 技术,设计师在设计过程中赋予所创建的建筑模型以大量的建筑信息(几何信息、材料性能、热工属性等),只要将 BIM 模型导入相关性能化分析软件,就可以得到相应分析结果,使得原本 CAD 时代需要专业人士花费大量时间输入大量专业数据的工作,如今可自动轻松完成,从而大大降低了设计难度和设计周期,提高了设计质量。

5) 工程量统计

BIM 模型作为一个富含工程信息的数据库,可提供造价管理所需的真实工程量数据。基于 BIM 模型数据信息,计算机可快速对各种构件进行个数、长度、面积、体积计算,同时进行三维空间位置分析,并自动进行归类统计,形成工程量清单。应用 BIM 技术进行工程量统计,可大大减少烦琐的人工操作和潜在错误。通过 BIM 模型获得的工程量数据,可用于设计前期的成本估算、方案比选,设计期的限额设计、成本比较,以及开工前预算和竣工后结算。

6)管线综合

随着建筑物规模和使用功能复杂程度的增加,设计方、施工方甚至业主,对于机电管线综合出图的要求越加强烈。在 CAD 时代,设计方主要由建筑或者机电专业牵头,将所有图纸打印成硫酸图,然后各专业将图纸叠在一起进行管线综合。如此机械、低效的工作方式,导致管线综合成为建筑施工前最让业主放心不下的技术环节。而应用 BIM 技术,通过搭建各专业 BIM 模型,设计师能够在虚拟三维环境中快捷地发现设计中的碰撞冲突,不仅可以大幅提高工作效率和质量,还可以及时排除施工中可能遇到的碰撞冲突,显著减少由此产生的变更申请单,大大提高施工现场的作业效率,降低因施工协调造成的成本增加和工期延误。

7)施工进度模拟

建设工程项目管理工作中常用于表示进度计划的甘特图,专业性强,但可视化程度低,无法清晰描述施工进度以及各种复杂关系(尤其是动态变化过程)。通过将 BIM 与施工进度计划相链接,即把空间信息与时间信息整合在一个可视的 4D 模型中,可直观、精确地反映整个施工过程,进而可缩短工期、降低成本、提高质量。此外,借助 4D 模型,将增加施工企业投标竞标的优势,因为 BIM 可协助评标专家快速地了解投标人对投标项目的主要施工控制方法、施工安排是否均衡、总体计划是否合理等,从而对投标人的施工经验和实力作出有效评估。

8)施工组织模拟

通过 BIM 可对项目重点及难点部分进行可见性模拟,按月、日、时进行施工安装方案的分析优化,验证复杂建筑体系(如施工模板、玻璃装配、锚固等)的可施工性,从而提高施工计划的可行性。对项目管理方而言,可直观了解整个施工安装环节的时间节点、安装工序及疑难点;而施工方也可进一步对原有安装方案进行优化和改善,从而提高施工效率和施工方案的安全性。

9)数字化建造

BIM 结合数字化制造,可显著提高建筑行业生产效率。通过数字化建造,可自动完成建筑物构件的预制,这不仅可减小建造误差,增强可掌控性,还可大幅提高生产率。通过 BIM 模型进行预拼装,可以大幅缩短工期,节约人力、节约场地。BIM 模型直接用于制造环节,可促使设计人员在设计阶段就考虑数字化建造问题。而与参与竞标的构件制造商一起共享构件模型,便于它编制更为统一和准确的投标文件,从而有助于缩短招标周期。

10)物料跟踪

在 BIM 出现之前,建筑行业可借助较为成熟的物流行业管理技术(如 RFID 无线射频识别电子标签),把建筑物内各个设备构件贴上标签,记录其状态信息、过程信息,以对其跟踪管理。但 RFID 本身无法进一步获取构件更详细的信息(如生产日期、生产厂家、构件尺寸等),而 BIM 模型恰可详细记录这部分信息。于是 BIM 与 RFID 形成互补,从而有效缓解了建筑行业对日益增长的物料跟踪所带来的管理压力。

11) 施工现场配合

BIM 集成建筑物完整信息，日渐成为一个便于施工现场各方交流的沟通平台，可方便协调方案，论证项目可实施性，及时排除风险隐患，减少由此产生的工程变更，从而缩短施工时间，降低无谓损耗，提高施工效率。

12) 竣工模型交付

BIM 竣工模型能将建筑物空间信息和设备参数信息有机地整合起来，能与施工过程记录信息发生关联，甚至可集成包括隐蔽工程资料在内的竣工信息。这不仅为后续物业管理带来便利，并且可在未来的翻新、改造、扩建过程中，为业主提供有效翔实的历史信息。

13) 维护计划

在建筑物使用期间，其结构（如墙、楼板、屋顶等）和设备、设施都需要不断进行维护。而 BIM 模型结合运营维护管理系统，可充分发挥空间定位和历史数据记录的优势，对于设施、设备的适用状态提前作出判断，从而合理制订维护计划，分配专人专项维护工作，以降低建筑物在使用过程中出现突发状况的概率。

14) 资产管理

传统建筑施工和运营信息的割裂，使得建筑物资产信息需在运营初期依赖人工操作来录入，这很容易出现人为错误。而 BIM 中包含的完整建筑信息能被顺利导入资产管理系统，从而大大减少系统初始化在数据准备方面的时间及人力投入。另外，通过 BIM 模型来记录和查看此建筑中的资产设施，管理起来更加方便快捷。

1.5 BIM 应用软件概述

BIM 技术涉及的软件有很多，按照 BIM 应用软件功能区分主要包括 BIM 基础软件、BIM 工具软件和 BIM 平台软件三大类。

BIM 基础软件是基于 BIM 技术的建筑设计软件，可用于建立建筑设计 BIM 数据，且该数据能够被用在基于 BIM 技术的能耗分析、日照分析等 BIM 应用软件中。如 Revit, Bentley, Civil 3D 等软件，这类软件一般也是 BIM 技术的核心软件。

BIM 工具软件是指利用 BIM 基础软件提供的 BIM 数据，开展各种工作的应用软件，如结构计算及分析软件、结构拆图软件、虚拟现实模拟软件、碰撞检查软件、日照采光节能分析软件、进度计划软件等。

BIM 平台软件是指能对各类 BIM 基础软件产生的 BIM 数据进行有效管理，以便支持工程项目全生命周期 BIM 数据共享的应用软件。这类软件更多关注的是各种 BIM 类软件的协同，如国内的广联达、斯维尔、品茗等软件公司开发的 BIM5D 平台等。

第 2 章

Revit 软件操作基础

2.1 Revit 软件介绍

Revit 是 Autodesk 公司的一款重量级的三维设计软件(图 2.1),是我国建筑业 BIM 体系中使用非常广泛的软件之一。

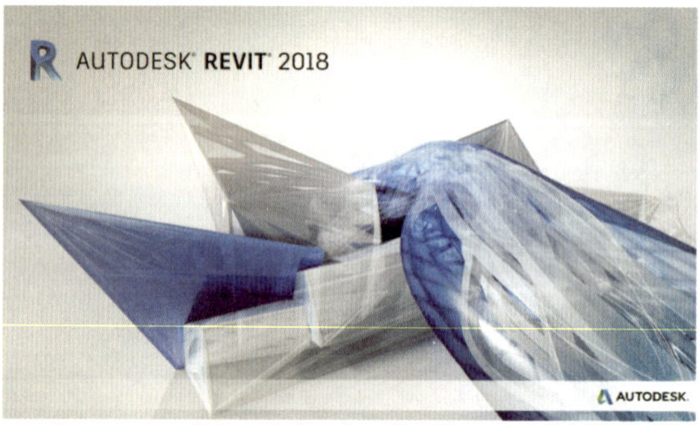

图 2.1

Autodesk Revit 面向建筑信息模型(BIM)而构建,支持可持续设计、碰撞检测、施工规划和建造。设计过程中的所有变更都会在相关设计与文档中自动更新,实现更加协调一致的流程,获得更加可靠的设计文档。

Revit 全面创新的概念设计功能,帮助用户进行自由形状建模和参数化设计。Revit 能够围绕复杂的形状自动构建参数化框架,并为用户提供更高的创建控制能力、精确性和灵活性。从概念模型到施工文档的整个设计流程都在一个直观环境中完成。

Revit 具有以下 5 大特点:

①使用 Revit 可以导出各建筑部件的三维设计尺寸和体积数据,为设计提供量化资料支撑,资料的准确程度同建模的精确性成正比。

②在精确建模的基础上,用 Revit 建模生成的平立面图一一对应,图面质量受人为因素影响很小。

③其他软件解决一个专业的问题,而 Revit 能解决多专业的问题。Revit 不仅有建筑、结构、设备专业,还有协同、远程协同,带材质输入到 3DMAX 的渲染、云渲染,碰撞分析等功能。

④强大的联动功能,平、立、剖面及明细表双向关联,一处修改,处处更新,自动避免低级错误。

⑤强大的扩展能力。Revit 的族体系是一个开放的体系,构件类型、构件几何形状、构件的参数信息都可以扩展。Revit API 为第三方软件开发厂商提供了扩展 Revit 功能的能力,它支持使用.net 技术开发插件扩展 Revit 的功能。.net 是非常流行和强大的开发技术,目前已经有大量软件厂商开发和销售 Revit 插件。第三方软件厂商开发的 Revit 插件具有独立的知识产权归属,例如,深圳市斯维尔科技股份有限公司(以下简称"斯维尔公司")利用 Revit API 开发的三维算量 For Revit、安装算量 For Revit 就是专门用来解决 Revit 明细表无法满足

准确计算工程量要求的专用插件，知识产权属于斯维尔公司所有。斯维尔公司开发的 uniBIM For Revit 也是用来解决 Revit 软件的 IFC 导入导出功能无法满足模型交换需要的软件，uniBIM 甚至可以用来做高版本 Revit 模型文件到低版本 Revit 模型文件的降版本解决方案。

2.2 用户界面

Revit 操作界面是执行显示、编辑图形、查看模型信息等操作的区域。完整的 Revit 操作界面如图 2.2 所示。

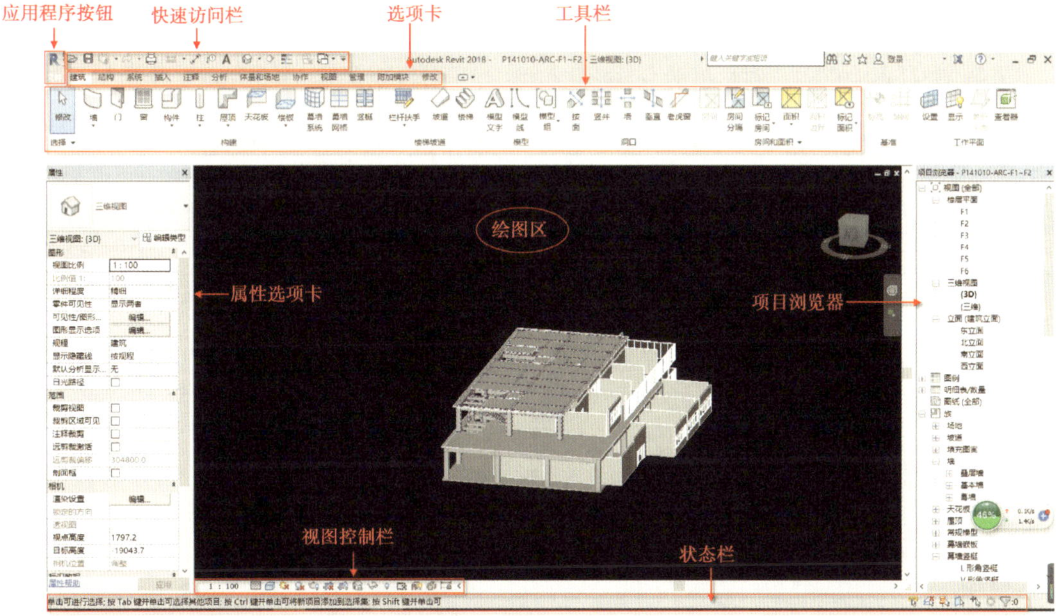

图 2.2

①应用程序按钮：在用户界面的左上角单击应用程序按钮，可出现下拉菜单，单击对应按钮可执行新建、打开、保存、导出等命令。

②快速访问栏：可快速执行常用命令。

③选项卡：软件功能选项集合，包括建筑、结构、系统等。

④工具栏：配合选项卡使用，单击选项卡，会出现该选项功能的所有工具。

⑤属性选项卡：建筑信息模型里的信息录入与编辑面板，也称属性面板。

⑥项目浏览器：用于浏览项目的平面、立面、剖面以及三维视图等。

⑦视图控制栏：控制视图的精细度以及显示模式等。

⑧状态栏：用于显示和修改当前命令操作或功能所处状态。

2.2.1 功能区

当创建或打开文件时，上方功能区会显示创建项目或族所需要的全部工具，包括建筑、结构、系统、插入等选项卡，如图 2.3 所示。

图 2.3

单击选项卡，选项卡下方会出现对应工具，如图 2.4 所示。如在工具栏面板下方有倒三角符号，则可以继续展开隐藏的工具，如图 2.5 所示；如在工具栏面板右下方有斜箭头，单击斜箭头可对相应面板进行设置，如图 2.6、图 2.7 所示。

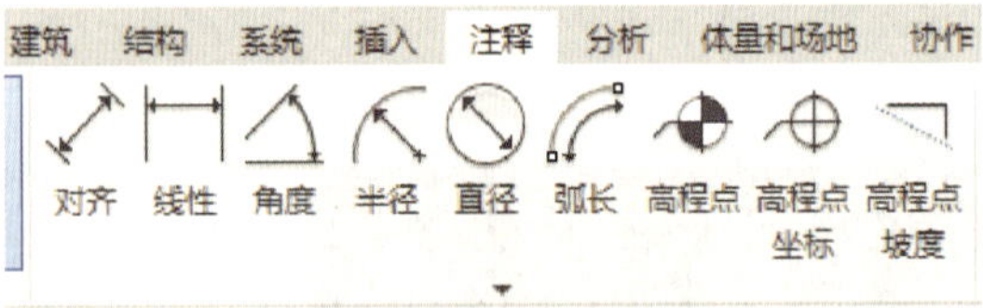

图 2.4

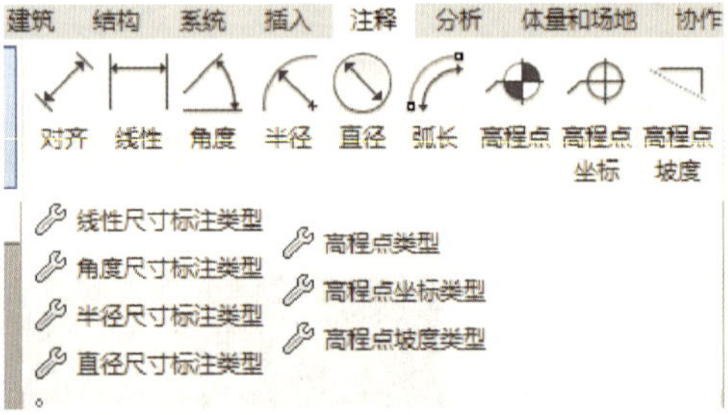

图 2.5

图 2.6

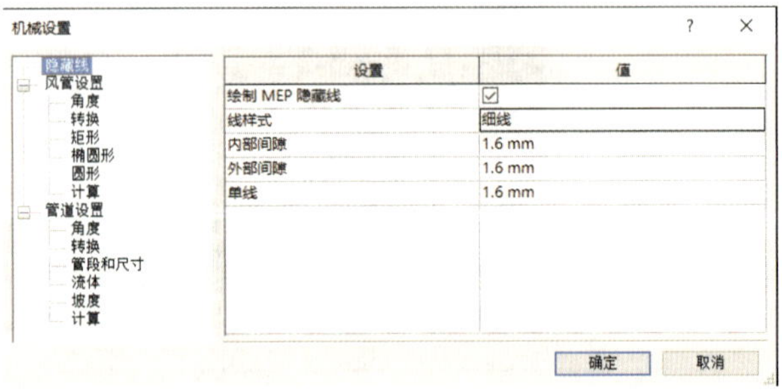

图 2.7

将鼠标停留在工具按钮上几秒，将出现该工具的教学动画，如图 2.8 所示。

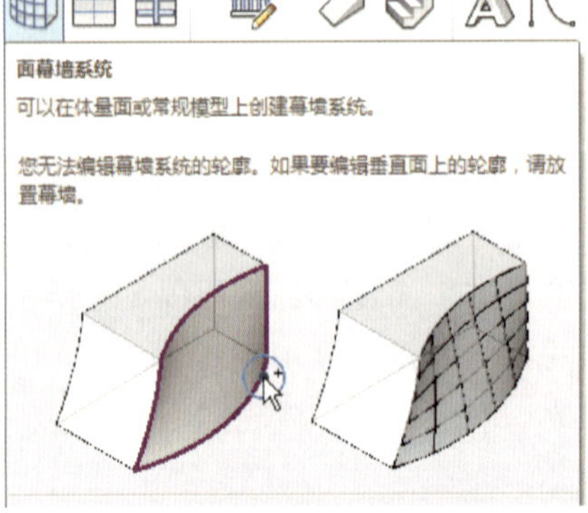

图 2.8

2.2.2　操作区

1）属性选项卡

属性选项卡的主要功能是查看和修改图元属性特征。属性选项卡由类型选择器、编辑类型、属性过滤器和实例属性 4 个部分组成，如图 2.9 所示。

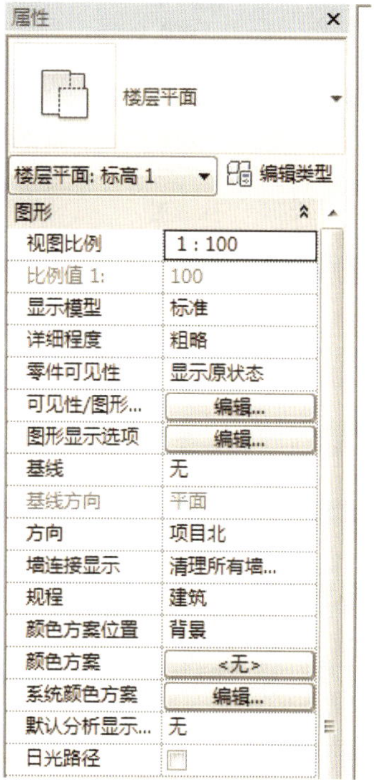

图 2.9

（1）类型选择器

绘制图元时，类型选择器会提示项目构件库中所有的族类型，并可通过类型选择器对已有族类型进行替换和调整。例如，在项目中选中一个止回阀，在类型选择器中可将止回阀替换为蝶阀；选中一个平开门，在类型选择器中可以替换为推拉门。

（2）属性过滤器

在绘图区域选择多类图元时，可通过属性过滤器选择所选对象中的某一类对象。

（3）编辑类型

单击“编辑类型”按钮，展开新的对话窗口，通过该对话窗口可以调整所选对象的类型参数。

（4）实例属性

通过修改实例属性可以改变某一图元的相应参数。

在软件运行过程中，常常遇到不小心关闭属性窗口的情况。重新打开属性窗口的方法有 3 种：

①在绘图区域单击鼠标右键，并单击最下方的“属性”按钮。

②单击功能区“修改”选项卡，再单击“属性”。

③单击功能区“视图”选项卡后，再单击最右侧用户界面的下拉菜单，勾选“属性”。

2）项目浏览器

项目浏览器用于管理整个项目所涉及的视图、明细表、图纸、族、组和其他部分对象。项目浏览器呈树状结构，各层级可展开和折叠，如图 2.10 所示。

3）绘图区域

绘图区域主要用于设计操作界面，显示项目浏览器中所涉及的视图、图纸、明细表等内容。

4）应用程序菜单

应用程序菜单提供了主要的文件操作管理工具，包括新建文件、保存文件、导出文件、发布文件，如图 2.11 所示。

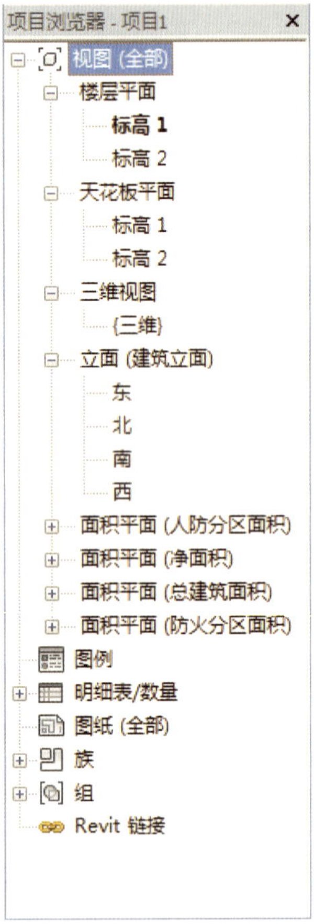

图 2.10

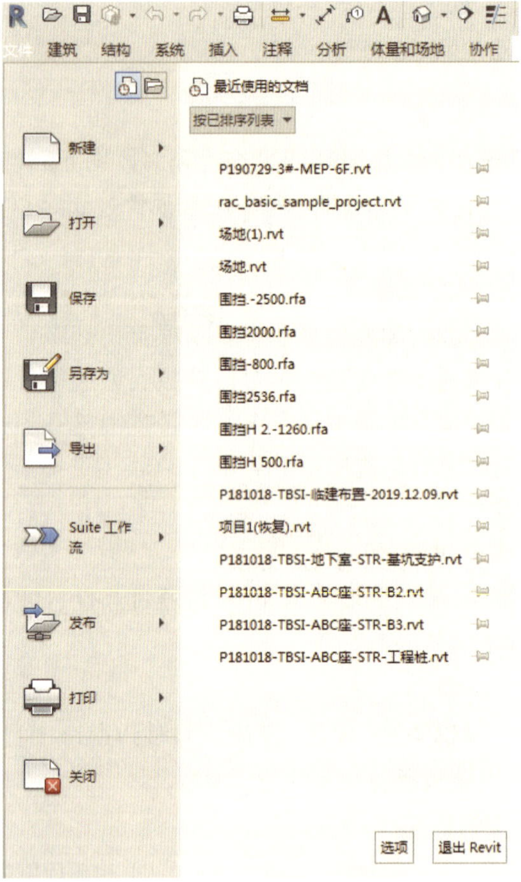

图 2.11

5) 视图控制栏

视图控制栏的主要功能是控制当前视图的显示样式，包括视图比例、详细程度、视觉样式、日光路径、阴影设置、视图裁剪、视图裁剪区域可见性、三维视图锁定、临时隐藏、显示隐藏图元、临时视图属性、隐藏分析模型，如图 2.12 所示。

图 2.12

各项说明如下：

视图比例：可用视图比例对视图指定不同的显示比例。

详细程度：系统设置显示的粗略、中等或精细 3 种详细程度，通过指定详细程度，可控制视图显示内容的详细级别。

视觉样式：提供了线框、隐藏线、着色、一致的颜色、真实、光线追踪 6 种不同的视觉样式，通过指定视图样式，可以控制视图颜色、阴影、边线等要素的显示。

日光路径：开启日光路径可显示当前太阳位置，配合阴影设置可以对项目进行日光影响研究。

阴影设置：通过日光路径和阴影设置，可以对建筑物或者场地进行日光影响研究。

视图裁剪：开启视图裁剪功能，可以控制视图显示区域。视图裁剪又分为模型裁剪区域、注释裁剪区域，分别用于控制模型和注释对象的显示区域。

视图裁剪区域可见性：主要控制该裁剪区域边界的可见性。

三维视图锁定：三维视图锁定功能只有在三维视图状态下才可以使用。三维视图锁定开启后，三维视图只可以缩小、放大，不能随意旋转改变方向，三维视图锁定后可以在该视图对图元进行标注操作。

临时隐藏设置：分为按图元和按类别两种方式，可以临时性隐藏对象。当关闭该视图窗口后，重新打开该视图，被临时隐藏的对象均会显示出来。

显示隐藏图元：开启该功能可以显示所有被隐藏的图元。被隐藏的图元为深红色显示，选择被隐藏图元后，单击鼠标右键，可以使用“取消在视图中隐藏”命令取消对此对象的隐藏。

临时视图属性：开启临时视图属性模式，可以使用临时视图样本控制当前视图，在选择清除或者恢复视图属性前，视图样式均为临时视图样本样式。

隐藏分析模型：通过隐藏分析模型可以隐藏当前视图中的结构分析模型，不影响其他视图显示。

6）状态栏

状态栏用于显示和修改当前命令操作或功能所处的状态。高亮显示图元或构件时，状态栏会显示族和类型的名称。状态栏右侧为选择过滤集控件，其 6 个图标分别是选择链接、选择基线图元、选择锁定图元、按面选择图元、选择时拖曳图元及过滤器等，如图 2.13 所示，单击时可关闭或打开相应状态（如：单击关闭选择链接，图标将显示叉号，则无法选中所有链接，再次单击可打开选择链接）。

图 2.13

2.3 基本操作

2.3.1 新建项目

1）新建

打开 Revit 软件，单击应用程序按钮，再单击“新建”→“项目”，如图 2.14 所示。在弹出的对话窗口中选择对应项目的项目样板后，单击“确定”按钮，完成新文件创建，如图 2. 15 所示。

图 2.14

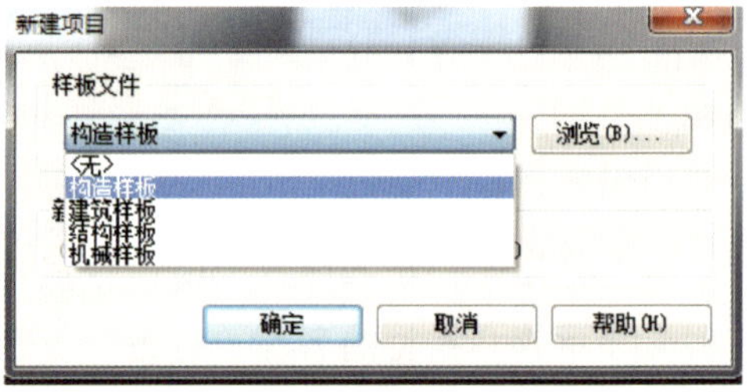

图 2.15

2）保存

单击应用程序按钮，再单击“保存”，或使用快捷键“Ctrl+S”。

3）另存为

单击应用程序按钮，再单击“另存为”→“项目”。

4）退出

单击应用程序按钮，再单击“关闭”按钮。

5）重复、删除、放弃、撤销、重做

重复：按“Enter”键可重复上一次操作。

删除：选中需要删除的图元后，按“Delete”键。

放弃：放弃正在使用的命令。单击鼠标右键选择“取消”，或按 “Esc”键。

撤销：当绘制错误或操作错误，希望取消本次操作时使用，可使用快捷键“Ctrl+Z”。

重做：当执行一个命令被撤销需要恢复时使用，可使用快捷键“Ctrl+Y”。

2.3.2 单选与框选

1) 单选

在绘图区域，将鼠标移动到图元上或附近时，该图元轮廓会高亮显示，状态栏上会显示图元的说明信息，如图 2.16 所示。单击鼠标左键完成选择，配合“Ctrl”键可以对图元进行加选。

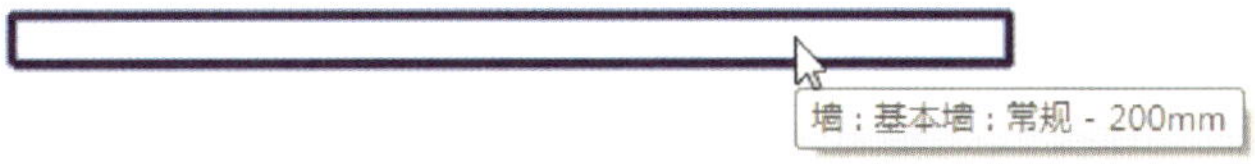

图 2.16

2) 框选

在 Revit 中，可以通过鼠标框选，批量选择图元，操作方式与 AutoCAD 相似。

将鼠标放在要选择的图元一侧，按住鼠标左键，对角拖曳鼠标以形成矩形边界。从左到右拖曳鼠标，形成的矩形边界为实线框，软件仅仅选择完全位于选择框边界之内的图元；从右到左拖曳鼠标，形成的矩形边界为虚线框，软件会选择全部或部分位于选择框边界之内的任何图元。

用鼠标框选项目中的多种类别图元后，在功能区“修改”选项卡中，单击“过滤器”将出现新的窗口，可在此窗口中通过过滤选择需要的部分，如图 2.17 所示。

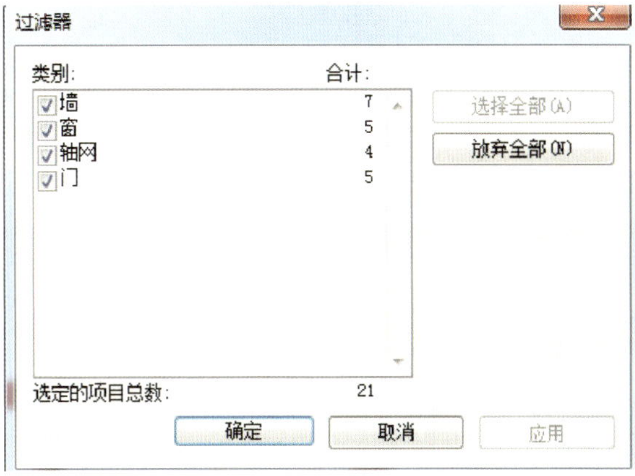

图 2.17

2.4 修 改

2.4.1 对 齐

使用对齐命令可以将一个或者多个图元与选定图元对齐，常用于对齐墙、梁和线等图元。

方式：功能区“修改”选项卡→“修改”选项板→对齐（AL）。

步骤：单击“对齐”命令→单击对齐参照位置，如墙边、轴网等图元线条（图 2.18 中的墙体 A）→单击需要对齐的对象相关线条（图 2.18 中的墙体 B），会将选定的图元与参照位置对齐。若要始终保持对齐的联动状态，在完成对齐后，单击锁定符号来锁定图元对齐关系，如图 2.19 所示。

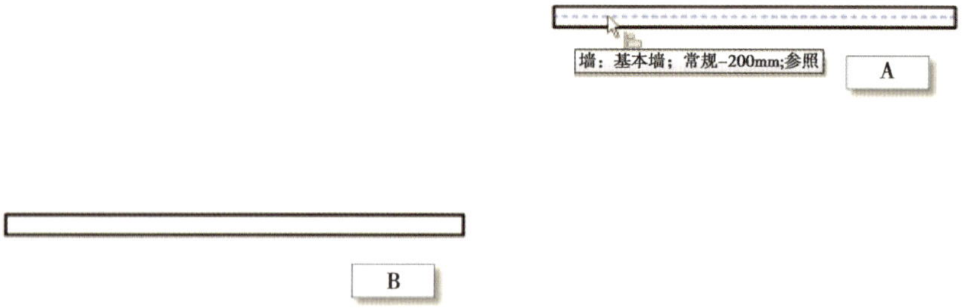

图 2.18

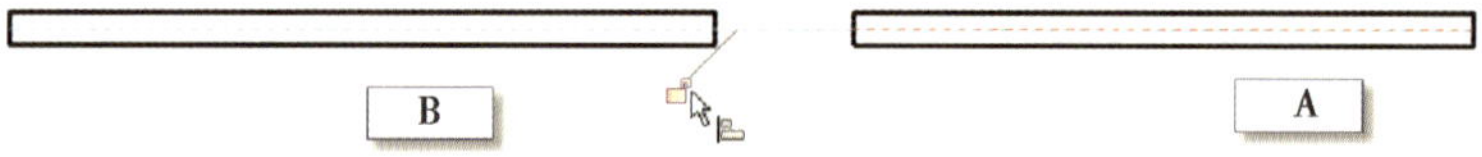

图 2.19

2.4.2 偏　移

使用偏移命令可以将选定的模型线、详图线、墙或梁等对象，在与其长度垂直的方向移动指定的距离。

方式：功能区“修改”选项卡→“修改”选项板→偏移（OF）。

步骤：选中需要偏移的对象（可选择一个或多个）→单击“偏移”命令→设置偏移选项（设置偏移的数值和图像方式，若要创建所偏移的副本，勾选“复制”选项，如图 2.20 所示）→单击选择偏移点，完成偏移操作。

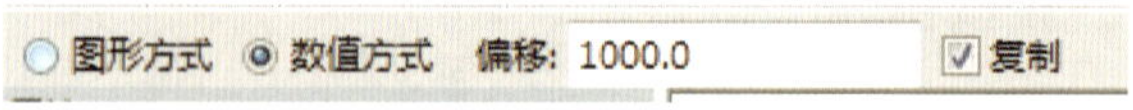

图 2.20

2.4.3 镜　像

使用镜像工具可翻转选定图元，或者复制一个对称图元。

方式：功能区“修改”选项卡→“修改”选项板→镜像-拾取轴/镜像-绘制线（MM/DM）。

步骤：选中需要镜像的对象→单击“镜像-拾取轴/镜像-绘制线”命令→选择一条镜像轴/绘制一条镜像轴→完成镜像命令，如图 2.21 和图 2.22 所示。

若要复制镜像图元，则勾选工具栏下方的复制，如图 2.23 所示。

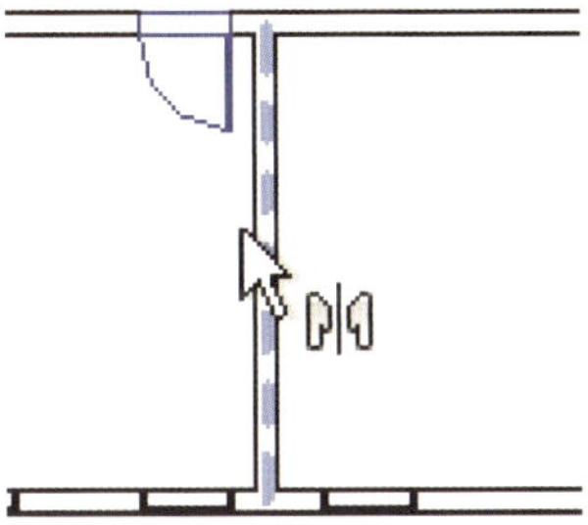

图 2.21

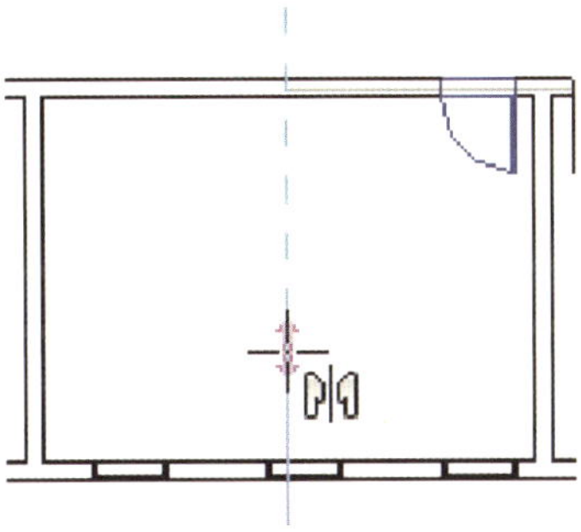

图 2.22

图 2.23

2.4.4 移 动

使用移动命令可以对选定的图元进行拖曳或将图元移动到指定位置。

方式:功能区"修改"选项卡→"修改"选项板→移动 ✥ (MV)。

步骤:选择需要移动的对象(一个或多个)→单击"移动"命令→设置移动选项(约束:可以限制图元沿所选的图元垂直或共线的矢量方向移动,与 CAD 快捷键"F8"相似;分开:可在移动前中断所选图元和其他图元之间的联系)→在绘图区域单击一点作为移动的基点,沿着移动的方向移动鼠标,鼠标会捕捉到特殊的捕捉点,此时会显示临时尺寸标注作为参考;如果要更为精确地进行移动,输入图元要移动的距离值,再次单击以作为移动的终点(或按"Enter"键),完成移动操作,如图 2.24 及图 2.25 所示。

图 2.24

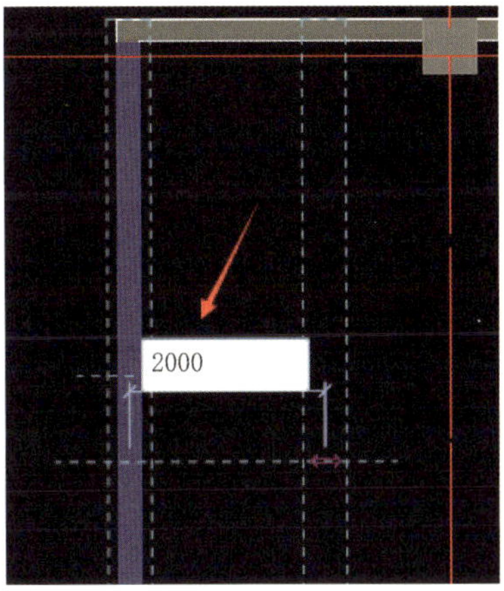

图 2.25

2.4.5 复 制

使用复制命令来复制生成选定图元副本,将它们放置在当前视图中的指定位置。

方式:功能区"修改"选项卡→"修改"选项板→复制 (CO)。

步骤:选择需要复制的对象→单击"复制"命令→设置复制选项(约束、分开与"移动"命令相同;多个:可以连续复制图元,完成后按"Esc"键退出)→在绘图区域单击一点作为复制图元开始的基点,将鼠标从原始图元上移动到要放置副本的区域,单击放置图元副本,或输入关联尺寸标注值,完成复制。

2.4.6 旋　转

使用旋转命令可使图元围绕旋转轴旋转到指定的位置或旋转指定的角度。

方式:功能区“修改”选项卡→“修改”选项板→旋转 (RO)。

步骤:选择需要旋转的对象→单击“旋转”命令→设置旋转选项(角度:设置旋转的角度;旋转中心:单击一次按键或按空格键可重新设置旋转中心)→单击完成旋转基准线位置,按照顺、逆时针,左、右滑动鼠标开始旋转。旋转时,会显示临时角度标注,并出现一个预览图像,这时可以输入一个角度值,按“Enter”键完成旋转;也可以直接单击另一位置作为旋转基准线的结束位置,完成图元的旋转。完成后按“Esc”键退出旋转命令。

2.4.7 修剪/延伸

修剪和延伸共有 3 种工具,即修剪/延伸为角、修剪/延伸单个图元、修剪/延伸多个图元,使用时根据需要进行选择。

方式:功能区“修改”选项卡→“修改”选项板→修剪/延伸(TR)。

步骤:单击“修剪/延伸”命令,若选择修剪/延伸为角,选择需要修改的图元,选择需要将其修剪成角的图元时确保单击要保留的图元部分;若选择修剪/延伸单个图元,先选择用作边界的参照图元,后选择需要修剪或延伸的图元,如果此图元与参照图元边界或者投影交叉,则保留所单击的部分,而修剪边界的另一部分;若选择修剪/延伸多个图元,先选择用作边界的参照图元,后选择要修剪或延伸的每个图元。对于边界交叉的任何图元,保留所单击的部分,而修剪边界的另一部分,完成后按“Esc”键退出修剪/延伸命令。

2.4.8 拆　分

使用拆分命令可将图元分割为两个单独的部分。拆分有两种工具,即拆分图元、用间隙拆分,使用时根据需要进行选择。

方式:功能区“修改”选项卡→“修改”选项板→拆分 (SL)。

操作步骤:单击“拆分”命令→设置拆分选项(删除内部线段:若选择拆分图元工具,选项栏上出现该选项,勾选此选项后,软件会删除墙或线上所选点之间的线段;连接间隙:若选择用间隙拆分工具,选项栏上出现此选项,在连接间隙后的文本框中输入间隙值)→在图元上需要拆分的位置处单击(选择删除内部线段,则还需单击另一个点作为拆分的终点位置)→完成后按“Esc”键退出拆分命令。

2.4.9 阵　列

使用阵列命令可以创建一个或多个图元的多个相同实例。

方式:功能区“修改”选项卡→“修改”选项板→阵列 (AR)。

步骤：选择需要阵列的对象（可选择一个或多个）→单击“阵列”命令→设置阵列选项（图 2.26）→在绘图区域单击以指明阵列的起点，再次单击以确定第二个图元或最后一个图元的位置，可在临时尺寸标注中输入所需的距离→单击鼠标左键或者按“Enter”键完成阵列。

图 2.26

完成后如果需要修改阵列的数量，单击阵列的成员后，将在阵列成员上面出现已阵列数量的数字，单击修改此数字可修改阵列的数量，如图 2.27 所示。

图 2.27

图 2.26 中各选项说明如下：

阵列方式：根据阵列的形式不同，可以创建选定图元的线性阵列或径向阵列，表示线性阵列，表示径向阵列。

成组并关联：将阵列的每个图元包括在一个组中，在组中当对其中一个图元进行修改时，其他图元也会同时被修改。如果未选择此选项，软件会创建指定数量的副本，而不会使它们成为组。在放置后，每个副本都独立于其他副本。

项目数：指定阵列中所有选定图元的副本总数。

移动到：单击“第二个”，指定阵列中每个成员之间的间距，其他阵列成员会出现在第二个成员之后；单击“最后一个”，指定阵列的整个跨度，阵列成员会在第一个成员和最后一个成员之间以相等间隔分布。

约束：用于限制阵列成员沿着与所选图元垂直或共线的矢量方向移动。

2.4.10　缩　放

通过缩放命令，可以使用图形方式或数值方式来按照相应比例缩放指定的图元。

方式：功能区“修改”选项卡→“修改”选项板→缩放（RE）。

步骤：选择需要缩放的对象→单击“缩放”命令→设置缩放选项（缩放方式包括数值方式和图形方式）→选择数值方式时，可在缩放选项中设置缩放比例，单击缩放原点，完成操作→选择图形方式时，通过单击缩放原点分别指定两点以确定缩放基准尺寸和缩放后的尺寸（与 CAD 操作相似）→完成操作后按“Esc”键退出缩放工具。

到此为止，关于 Revit 软件的基本操作已全部介绍完。下面将通过具体项目的实践，来学习软件的操作方法和项目实施的流程。

2.5 标高与轴网

2.5.1 标　高

标高是创建模型时在垂直方向的构件定位基准。一般情况下,创建建筑模型时,楼层标高是非常重要的标高,也会为方便定位创建其他辅助定位作用的标高。

1) 标高的创建

操作步骤:

①切换视图至任意立面视图中;

②单击“标高”命令;

③选择标高类型;

④设置标高选项,如图 2.28 所示;

图 2.28

⑤选择绘制面板中的直线命令(图 2.29),将鼠标移动到绘图区域,输入新建标高的高度值,按“Enter”键确定后,水平滑动鼠标至标高的另一端点,单击鼠标左键完成标高创建。

图 2.29

图 2.28 中各选项说明如下:

创建平面视图:勾选“创建平面视图”可创建标高,同时创建相应的平面视图。

平面视图类型:通过平面视图类型设置功能,可以设置新创建的平面视图类型。

偏移量:设置实际绘制标高与绘制参照线的距离。

2) 标高的设置

在选择标高状态下,单击属性面板中的“编辑类型”按钮,打开“类型属性”对话框,如图 2.30 所示。

图 2.30 中各类参数说明如下:

基面:若选择项目基点,则表示在某一标高上显示的高程是基于项目原点的;若选择测量点,则表示显示的高程是基于固定测量点的。

线宽:即设置标高类型的线宽、粗细程度。

颜色:即设置标高线条的颜色,其目的是在创建的过程中能更好地区分和发现标高。

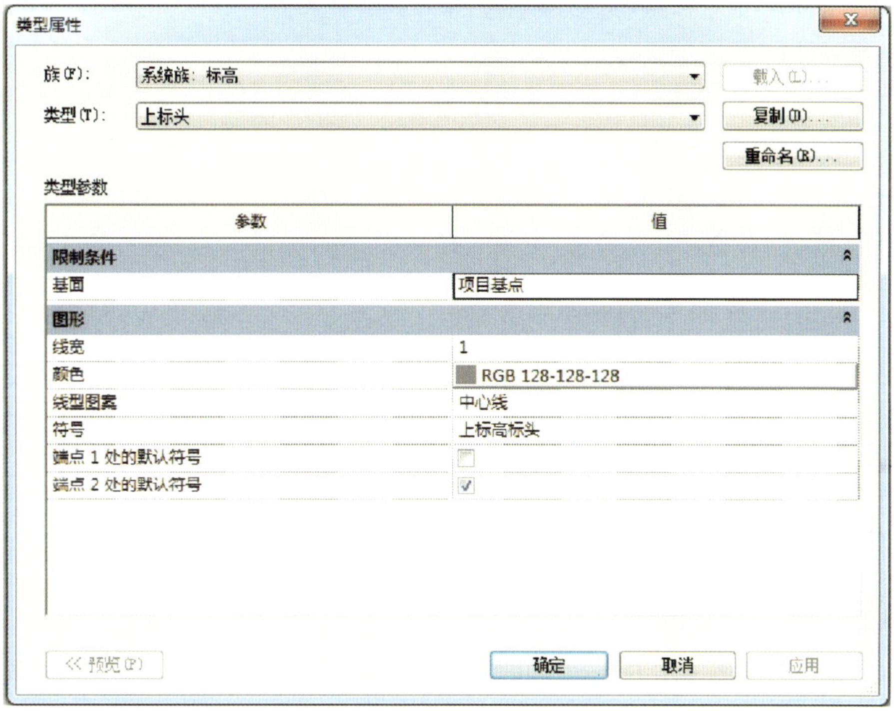

图 2.30

线型图案：即设置标高线的图案，可以选择已有的线型，也可以自定义线型。

符号：即确定标高线的标头是否显示编号中的标高号。

端点 1 处的默认符号：默认情况下，在标高线的左端点放置标高号。

端点 2 处的默认符号：默认情况下，在标高线的右端点放置标高号。

3）标高的修改

标高的各符号含义如图 2.31 所示，图中各部分说明如下：

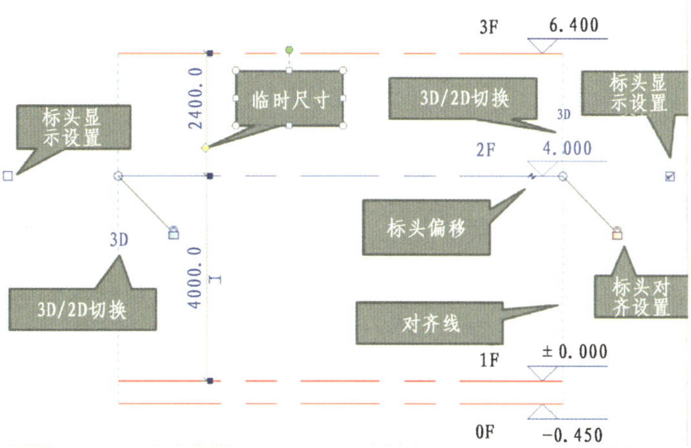

图 2.31

3D/2D 切换：如果处于 3D 状态，则表明所做修改会影响其他视图；如果处于 2D 状态，则表明所做修改只影响本视图，不影响其他视图。

标头显示设置:此处标高号已经被隐藏,若勾选则显示。

标头对齐设置:所有的标高会一致对齐。

标头偏移:在某些情况下,如果需要对标高的端点符号进行转折处理,可单击此处,如图 2.31 所示。

【注意】

阵列复制的标高是参照标高,不会创建楼层平面,如图 2.32 所示,标头是黑色显示,需要进一步手动创建楼层平面。

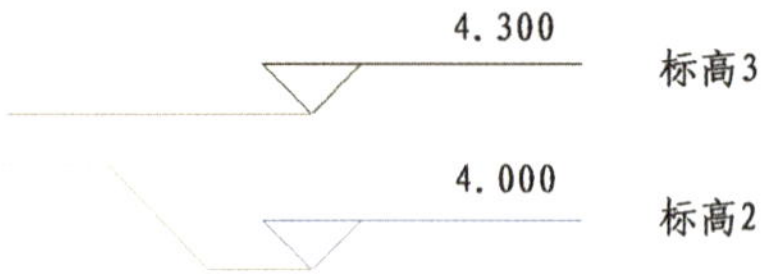

图 2.32

2.5.2 轴　网

轴网也是定位构件,其作用与标高相似,用于确定模型主体之间的水平定位关系。

1) 轴网的创建

操作步骤:

①通过项目浏览器,双击楼层平面,将视图切换到平面视图。

②单击轴网命令,在弹出的放置轴网面板中,选择绘制面板中的直线命令,如图 2.33 所示。

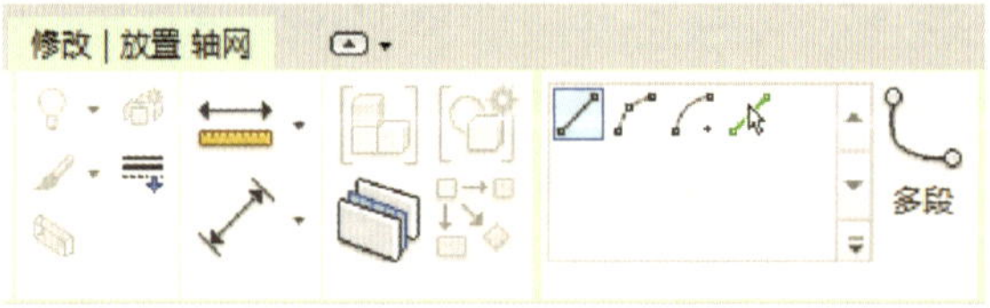

图 2.33

③选择轴网类型:在属性面板中单击"类型选择器"下拉列表,选择轴网类型,如图 2. 34 所示。

④设置轴网选项与相关参数,在绘图区域单击鼠标左键确定轴网的起点,向下滑动鼠标到另一位置,再次单击确定轴网的终点,按"Esc"键退出绘制状态。

偏移量:设置实际绘制轴网与绘制参照线之间的距离。(一般默认为 0)

一般先按照从左到右(如 1—9),再按照从下往上(A—G)的绘制顺序来创建轴网。

轴网也可以通过拾取线命令快速创建,可通过导入包含有轴网的 CAD 图纸,用 CAD 图纸原有的轴网作为依据进行创建。在绘制面板中,单击"拾取线"命令(图 2.35);在绘图区域,移动鼠标到 CAD 图纸的轴网上并单击鼠标左键完成,按"Esc"键退出绘制状态。

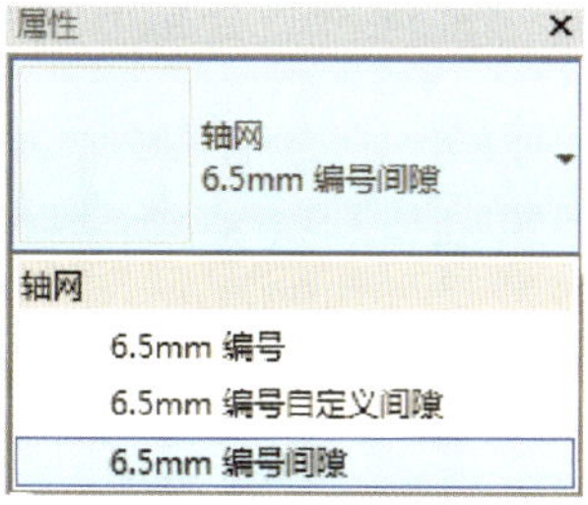

图 2.34

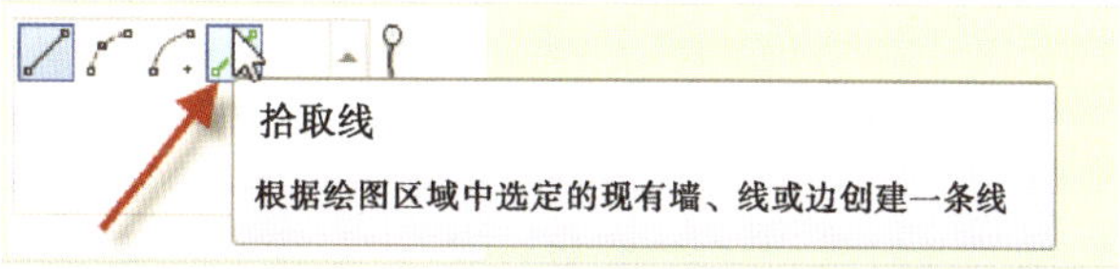

图 2.35

2) 轴网的设置

在“类型属性”对话框中，设计人员可以按照自己的绘图习惯设置轴网的颜色、符号等，如图 2.36 所示。

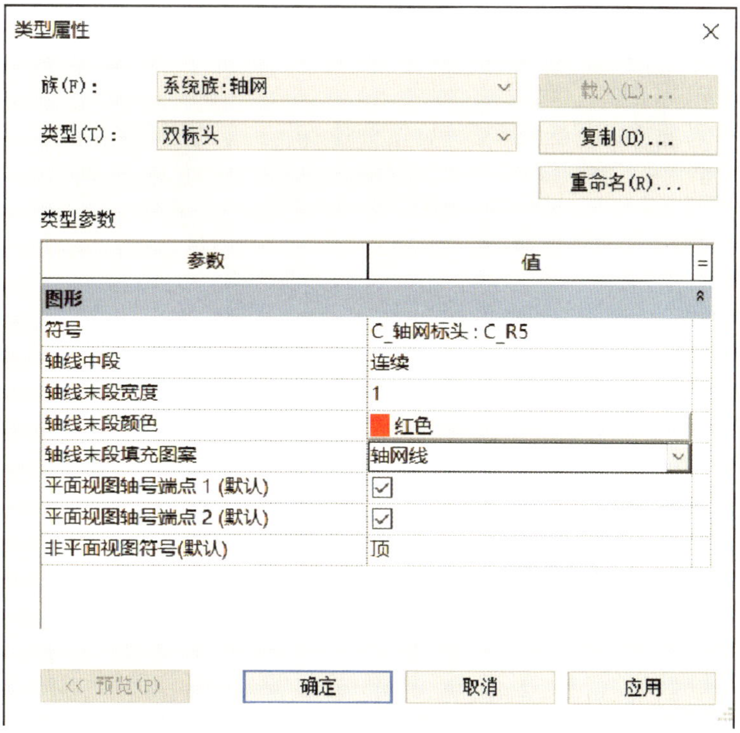

图 2.36

图 2.36 中各类参数说明如下：

符号：用于显示轴线端点的符号。

轴线中段：在轴网中显示轴网中段轴线的线型，有连续、无、自定义 3 种类型。

轴线末端宽度：表示连续轴线的线宽。

轴线末端填充图案：若轴线中段选择为自定义类型，则使用填充图案来表示轴网中段的样式类型。

平面视图轴号端点 1(默认)：在平面视图中，用于控制显示轴网起点处编号的默认设置。

平面视图轴号端点 2（默认）：在平面视图中，用于控制显示轴网终点处编号的默认设置。

非平面视图符号（默认）：在立面视图和剖面视图中，轴网上显示编号的默认位置，有顶、底、两者、无 4 种显示选项。

3）轴网的修改

轴网的各符号含义如图 2.37 所示。图中各部分说明如下：

3D/2D 切换：如果处于 3D 状态，则表明所做修改会影响其他视图；如果处于 2D 状态，则表明所做修改只影响本视图，不影响其他视图。

隐藏/显示设置：此处标高号已经被隐藏，若勾选则显示。

标头对齐设置：表明所有的标高会一致对齐。

标头偏移：在某些情况下，如果需要对标高的端点符号进行转折处理，可单击此处。

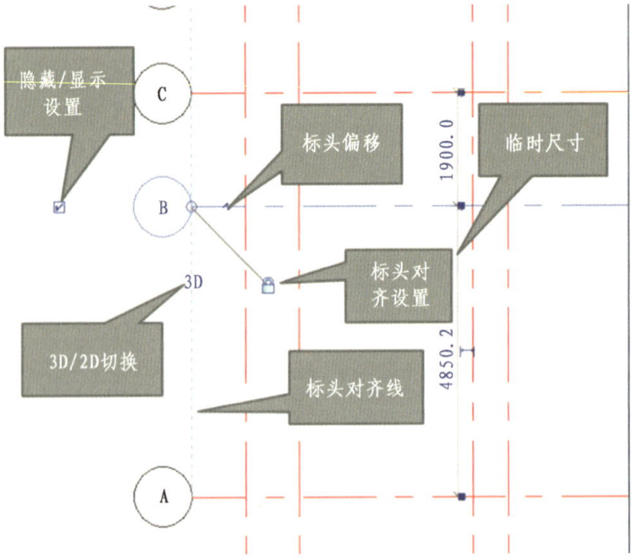

图 2.37

2.5.3 标高与轴网的实操创建

步骤：

①在“新建项目”对话框中选择“建筑样板”，单击“确定”按钮进入软件绘制界面，如图 2.38 所示。

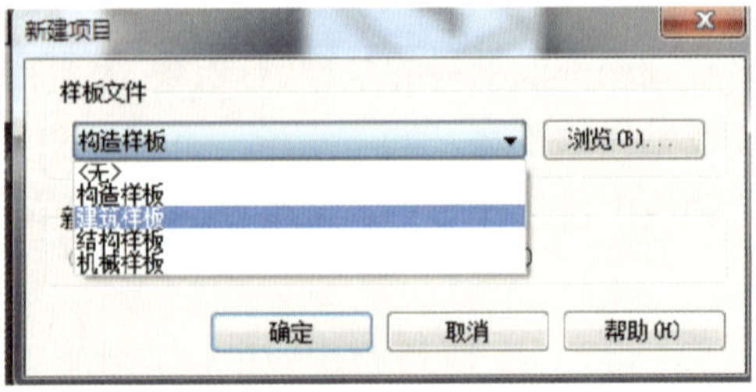

图 2.38

②在项目浏览器下，展开视图中的立面，双击一个立面视图进入立面图，如图 2.39 所示。

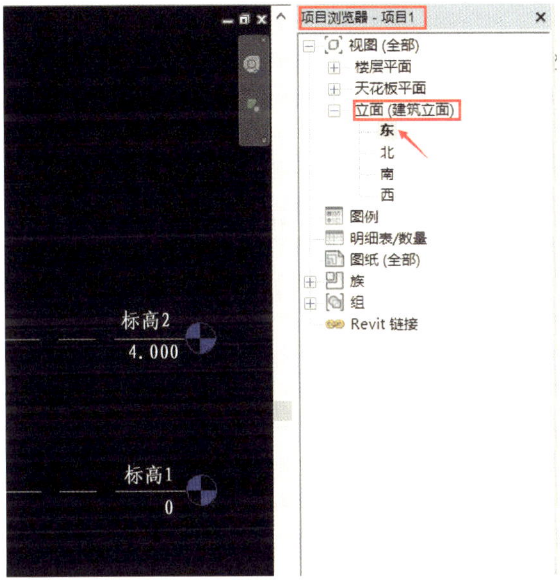

图 2.39

③选中标高 2，在临时尺寸线中将“4 000”改为“3 800”，按“Enter”键，如图 2.40 所示。

图 2.40

④选中标高 2，单击“复制”按钮，在选项栏中勾选“约束”和“多个”，如图 2.41 所示。在标高 2 上任一处单击，作为复制的起点，向上移动鼠标，使用键盘直接输入“3 000”，然后按“Enter”键。接着分别输入 3 000、2 800、2 800、600，每输入一次都按“Enter”键完成。

图 2.41

⑤双击每条标高端点名称，将标高名称依次修改为 1F、2F、3F 至 6F，如图 2.42 所示。

⑥打开功能区“视图”选项卡，单击“平面视图”→“楼层平面”(图 2.43)，打开“新建楼层平面”对话框，选中所有楼层平面，勾选“不复制现有视图(D)”，单击“确定”按钮创建对应立面标高的平面视图，如图 2.44 所示。

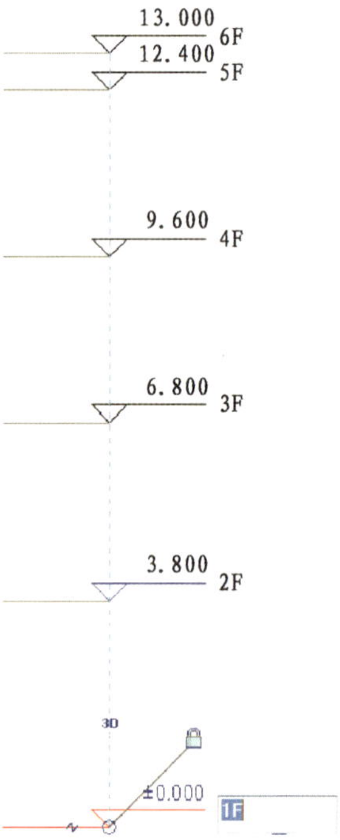

图 2.42

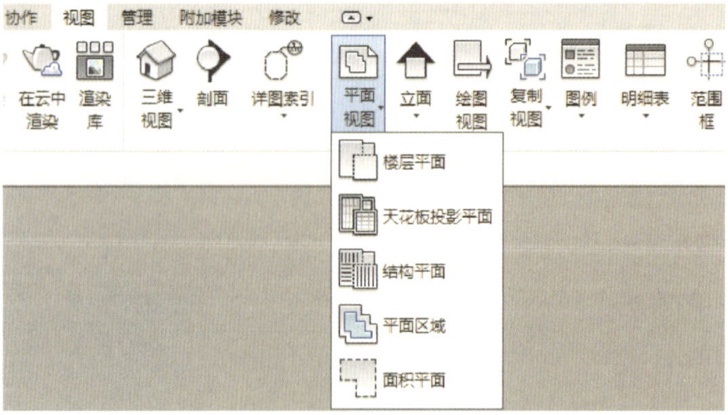

图 2.43

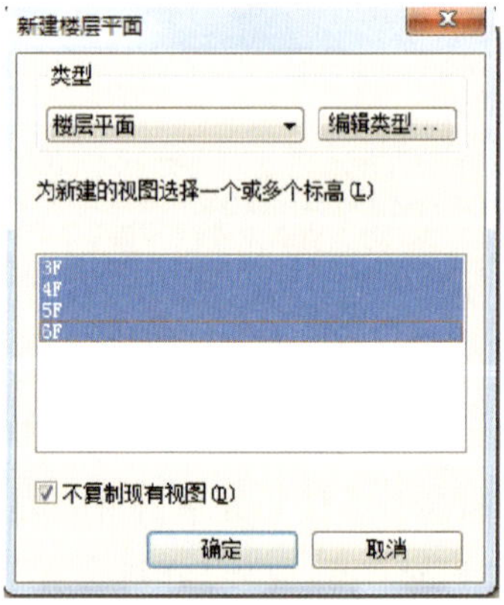

图 2.44

⑦在项目浏览器中展开视图中的楼层平面，双击“1F”进入 1F 平面视图。

⑧此处根据图纸来绘制轴网，图纸如图 2.45 所示。单击轴网命令（其他采用默认设置）→单击第一点确定轴网的起点，鼠标向上移动，单击第二点确定轴网的终点→双击轴号 1，修改轴号 1 为 14，单击任意位置完成 14 轴的绘制。

⑨选中 14 轴→单击“复制”命令（在选项栏中勾选“多个”以及“约束”）→在绘图区域单击第一点作为起始位置，鼠标向右移动，输入“7 500”，按“Enter”键完成 15 轴绘制（当修改了一个轴号，下一个绘制或复制的轴号会继承上一轴号）→继续输入“7 500”、“7 500”，完成 16 和 17 号轴网绘制，如图 2.46 所示。

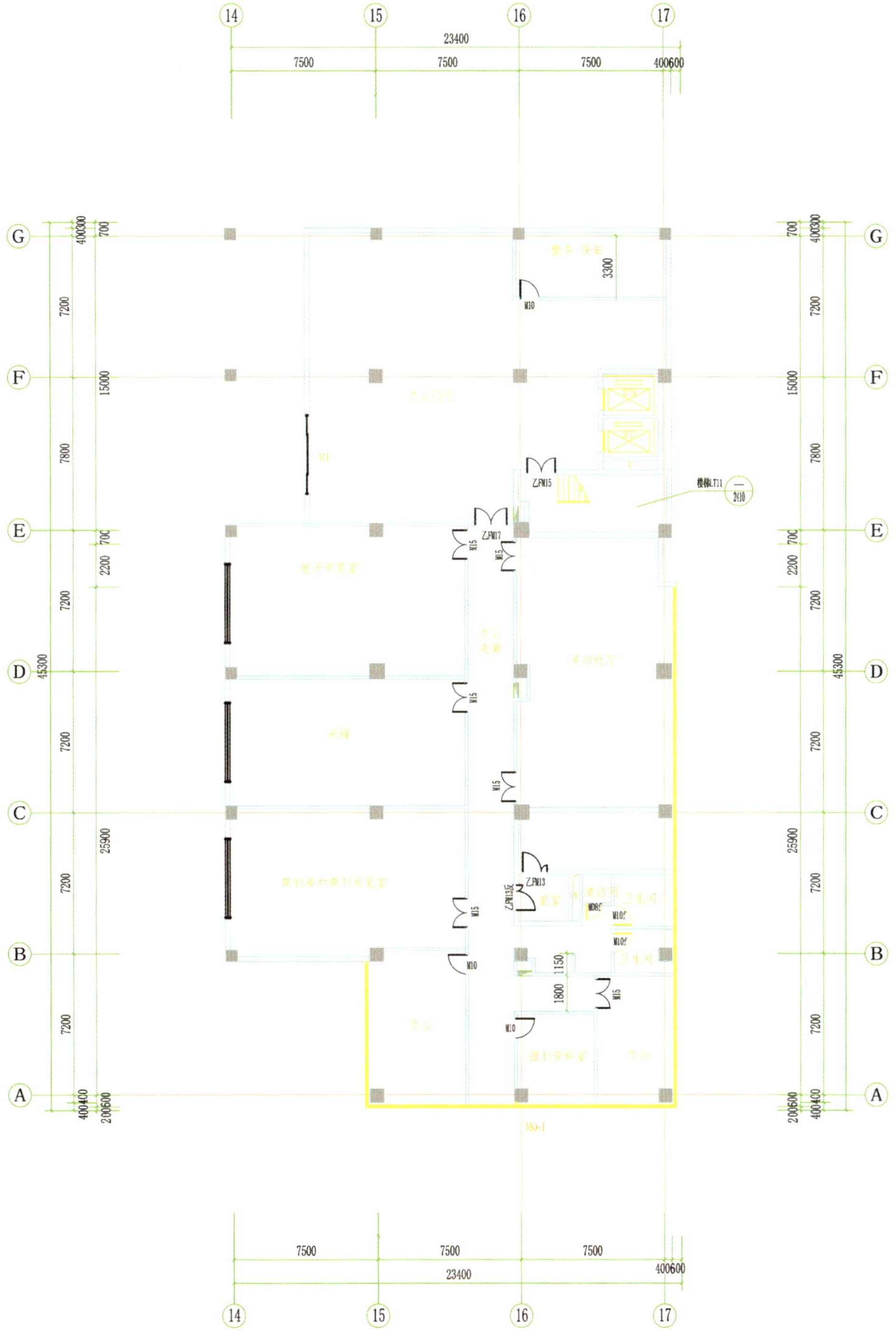
14
15
16
17
23400
7500
7500
7500
400600
G
F
E
D
C
B
A
7200
7800
7200
7200
7200
7200
15000
25900
45300
3300
1150
1800
M10
M15
ZJFM15
ZJFM17
ZJFM13
M1
楼梯LT11

图 2.45

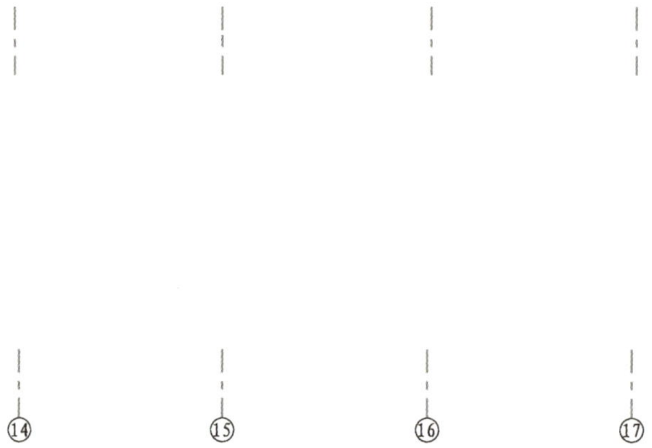

图 2.46

⑩单击轴网命令，在 14 轴左侧单击第一点作为起点，在 17 轴右侧单击第二点作为终点，绘制水平轴线。单击数字 18 修改为 A，完成 A 轴的绘制，按“Esc”键退出绘制。选中 A 号轴网，单击“复制”命令，勾选“约束”与“多个”，单击第一点作为起始位置，输入“7 200”完成 B 轴绘制。依次输入 7 200、7 200、7 200、7 800、7 200 完成 A 至 G 轴的绘制，如图 2.47 所示。

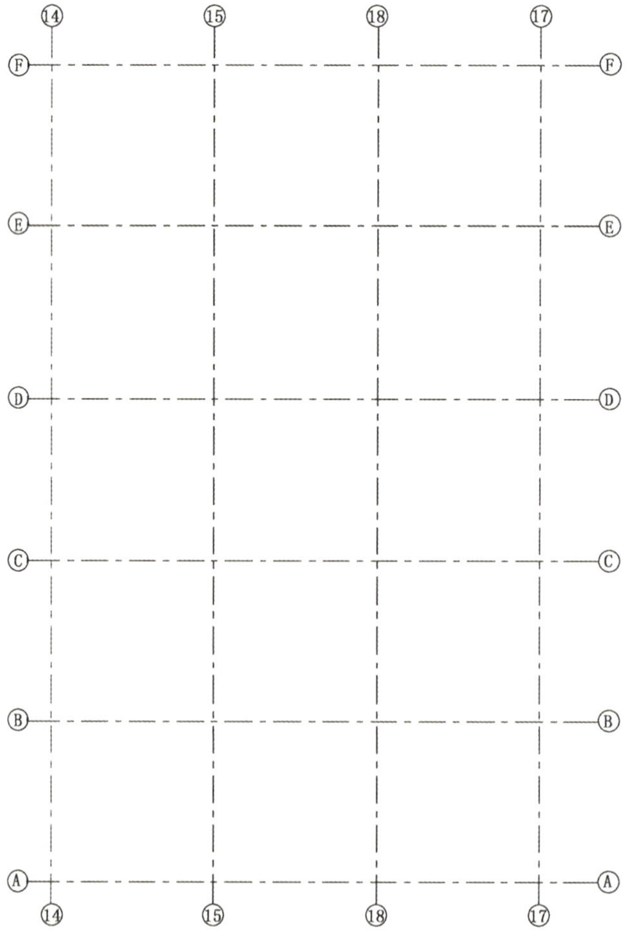

图 2.47

第 3 章

结构建模基础

3.1 基　础

3.1.1 结构基础分类

按照基础的样式和创建方式的不同，软件把基础分为三大类，分别是独立基础、条形基础和基础底板。使用独立基础、条形基础和基础底板等族为建筑模型创建基础。

独立基础：将基脚或桩帽添加到建筑模型中，是独立的族。

条形基础：以条形结构为主体，可在平面或者三维图中沿着结构墙放置条形基础。

基础底板：用于建立平整表面上结构楼板的模型和建立复杂基础形状的模型。

3.1.2 独立基础创建

1）独立基础族载入

独立基础自动附着到柱的底部，将独立基础族放置在项目模型中，需要先通过载入族工具将相应的族载入到当前的项目中。

方式：功能区“结构”选项卡→“基础”选项板→（独立）。

步骤：

①执行上述方式的操作，在上下文选项卡中，单击“模式”选项板中的“载入族”按钮，弹出基础载入族对话框，如图 3.1 所示。

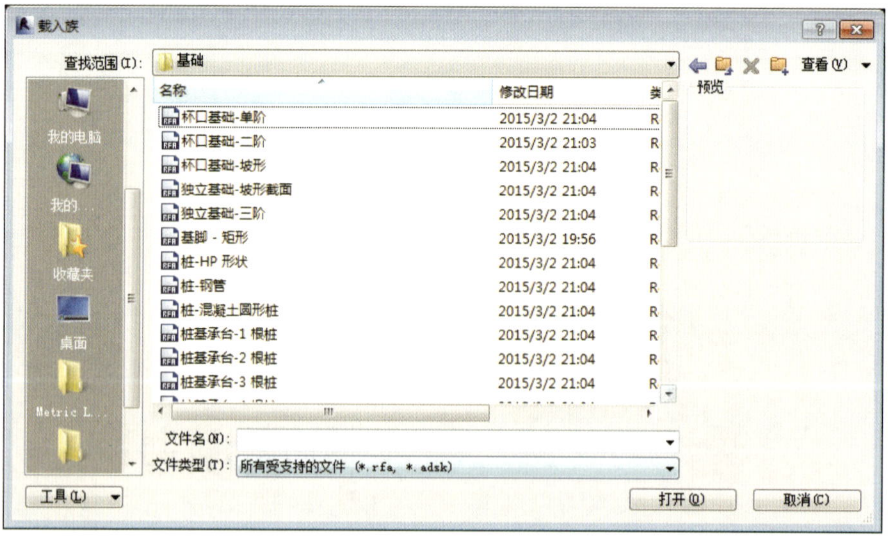

图 3.1

②选择需要载入的族文件，单击“打开”按钮完成载入。

2) 独立基础实例的参数设置

在“类型选择器”下拉列表中选择基础族的类型，设置基础的实例属性，如图 3.2 所示。

图 3.2

图 3.2 中部分参数说明如下：

主体：将独立基础主体约束到的标高，一般为只读。

偏移量：指定独立基础相对约束标高的顶部高程。

随轴网移动：勾选后，将基础限制到轴网上，基础随着轴网的移动而发生移动。

结构材质：为独立基础赋予给定的材质类型。

底部高程：基础底部标记的高程，一般为只读。

3) 独立基础族的布置

在结构柱下方或轴网交点处放置基脚。

①单击功能区“结构”选项卡→“基础”选项板→（独立）。

②在属性面板“类型选择器”下拉列表中选择一种独立基础类型。

③若要放置单个基脚，单击平面视图或三维视图中的绘图区域；若要在平面视图的轴网交点处放置基脚的多个实例，单击“修改 | 放置 独立基础”→“多个”选项板→（在轴网处），如图 3.3 所示，选择该轴网，然后单击完成；若要在指定柱下方放置基脚的多个实例，单击“修改 | 放置 独立基础”→“多个”选项板→（在柱处），如图 3.3 所示，选择该柱，然后单击完成，结果如图 3.4 所示。

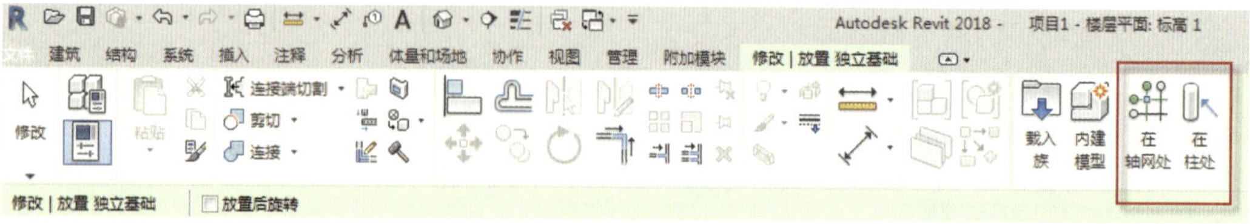

图 3.3

图 3.4

3.1.3 条形基础创建

条形基础是以条形图元对象为主体创建的,因此要创建条形基础,首先要创建条形图元对象,基础被约束到主体对象,如果主体对象发生变化,则条形基础也会随之变化。

方式:功能区"结构"选项卡→"基础"选项板→(墙)。

快捷键:FT。

步骤:

①单击功能区"结构"选项卡→"基础"选项板→(墙),如图 3.5 所示。

图 3.5

图 3.6

②从"类型选择器"下拉列表中选择"挡土墙基脚"或"承重基脚"类型。

③选择要使用条形基础的墙,结果如图 3.6 所示。

条形基础被约束到所支撑的墙,并随之移动。

条形基础参数设置:执行上述操作,在属性面板"类型选择器"下拉列表中选择对应的类型;单击"编辑类型"按钮,进入基础"类型属性"对话框,如图 3.7 所示。

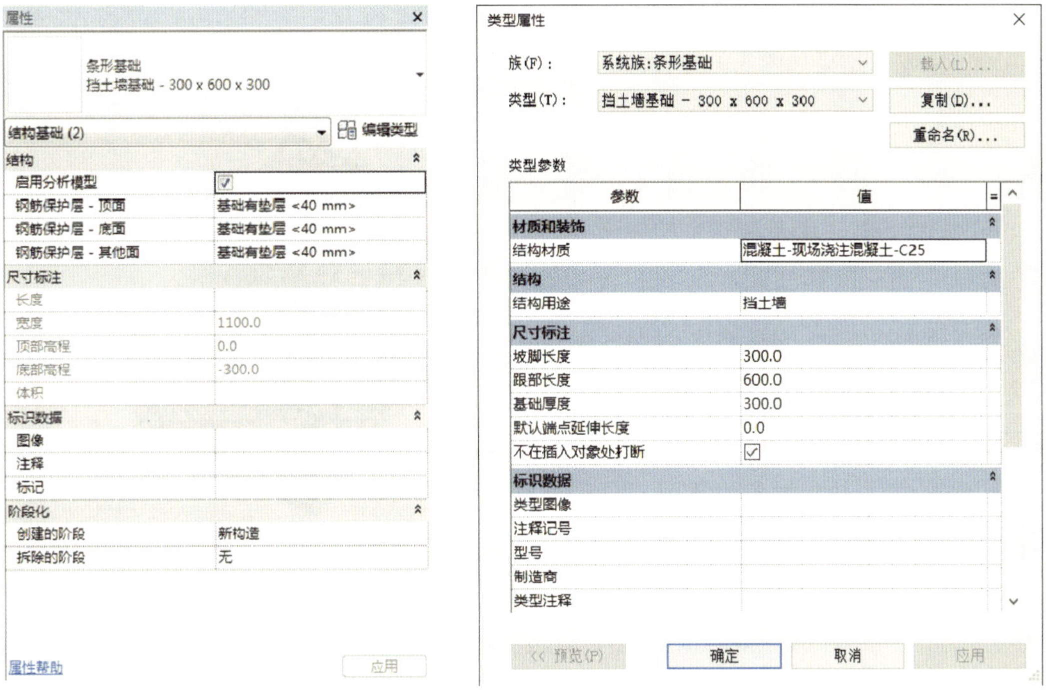

图 3.7

图 3.7 中部分参数说明如下：

结构材质：为基础赋予材质类型。

结构用途：指定墙体的类型为挡土墙或承重墙。

坡脚长度：指定从主体墙边缘到基础的外部面的距离，仅针对挡土墙。

跟部长度：指定从主体墙边缘到基础的内部面的距离，仅针对挡土墙。

基础厚度：指定条形基础的厚度值。

默认端点延伸长度：指定基础将延伸至墙终点之外的距离。

不在插入对象处打断：指定位于插入对象下方的基础是连续的还是打断的。

3.1.4　基础底板的创建和修改

基础底板可用于建立平整表面上结构楼板的模型，这些板不需要其他结构图元的支撑；也可以用于建立复杂基础形状的模型，不能使用"隔离基础"或"墙基础"工具创建这些形状。

方式：功能区"结构"选项卡→"基础"选项板→"板"下拉菜单→"结构基础：楼板"。

步骤：单击功能区"结构"选项卡→"基础"选项板→（底板），在属性面板"类型选择器"下拉列表中指定基础底板类型，单击"修改 | 创建 楼层边界"选项卡→"绘制"选项板→"边界线"，然后单击（拾取墙），选择模型中的墙；或者使用"修改 | 创建 楼层边界"选项卡→"绘制"选项板上的绘制工具，可以绘制基础底板的边界，如图 3.8 所示。边界草图必须形成闭合环或边界条件，配合修剪（TR）工具修剪完成边界绘制。

如果要测量距离墙体核心的偏移值，可在选项栏中单击"延伸到墙中"，在选项栏的"偏移”文本框中，指定楼板边缘的偏移值，单击“修改丨创建 楼层边界”选项卡→“模式”选项板→ ✔(完成)，结果如图 3.9 所示。

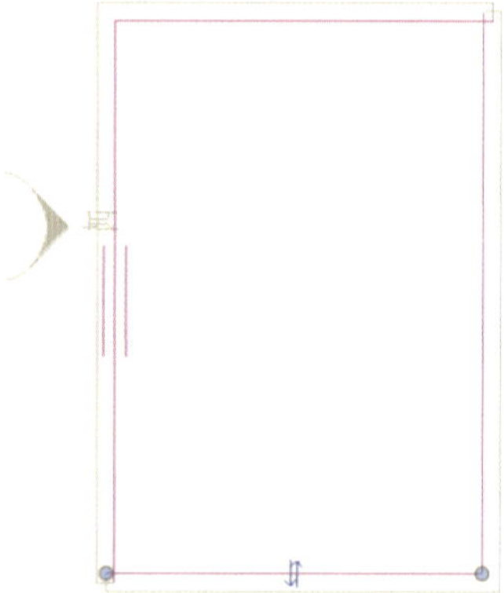

图 3.8

图 3.9

执行上述操作，在属性面板“类型选择器”下拉列表中选择基础底板类型，单击“编辑类型”按钮，进入“类型属性”对话框，类型参数根据项目参数输入即可。

3.2 结构柱

结构柱是建筑中的承重图元，主要承受建筑垂直荷载。

3.2.1 结构柱和建筑柱的差异

尽管结构柱与建筑柱共享许多属性，但结构柱还具有很多独特性质和行业标准定义的其他属性。在行为方面，结构柱也与建筑柱不同，结构图元(如梁、支撑和独立基础)与结构柱连接，不与建筑柱连接。

3.2.2 结构柱载入

方式：功能区“结构”选项卡→“结构”选项板→ (柱)。

快捷键：CL。

步骤：按照上述方式单击“结构柱”，在上下文选项卡中，单击“模式”选项板中的“载入族”按钮，弹出结构柱“载入族”对话框，如图 3.10 所示。

在对话框中可以看到，软件将结构柱分为钢柱、混凝土柱、木质柱、轻型钢柱和预制混凝土柱 5 种类型。单击需要的“.rfa”族文件，再单击“打开”按钮完成载入。这时在属性面板“类型选择器”下拉列表中将出现刚刚载入的结构柱。

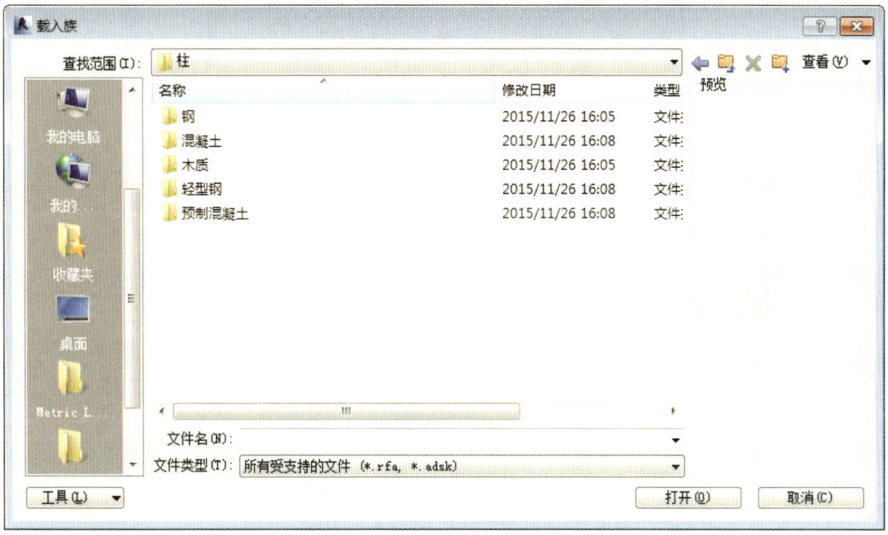

图 3.10

3.2.3　结构柱属性参数设置

在“类型选择器”下拉列表中选择要放置的结构柱样式，单击“编辑类型”按钮进入其“类型属性”对话框，如图 3.11 所示。

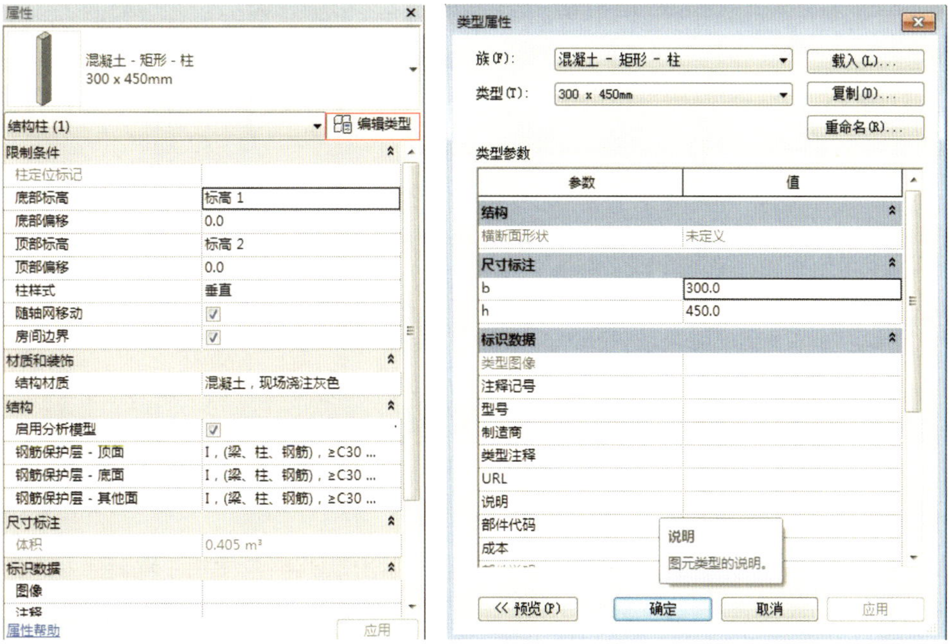

图 3.11

单击“复制(D)”按钮，在弹出的结构柱类型名称对话框中输入新建柱的尺寸，名称命名按 $b \times h$ mm 形式，如图 3.12 所示。单击“确定”按钮，复制一个新柱子，修改 b、h 值，再单击“确定”按钮完成新柱的创建，如图 3.13 所示。

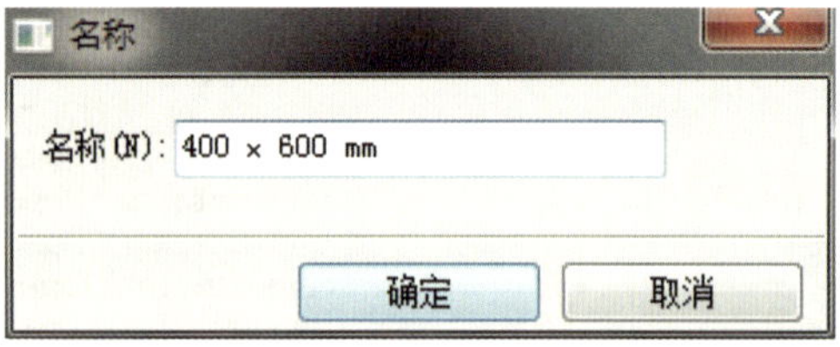

图 3.12

返回属性面板，如图 3.14 所示。

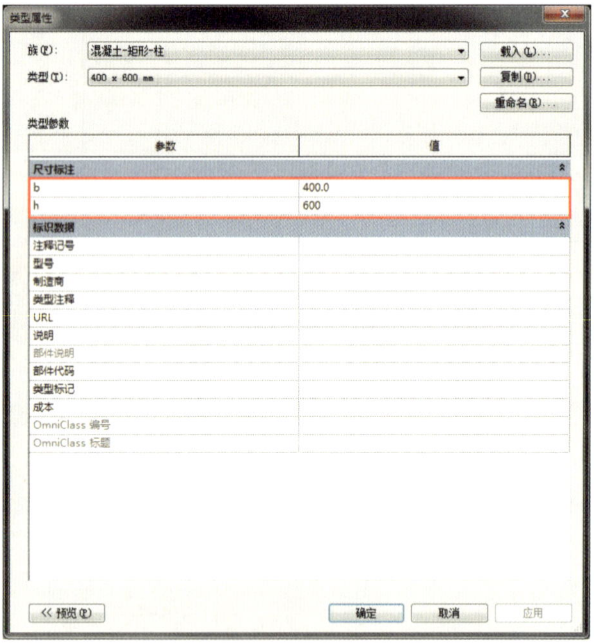

图 3.13

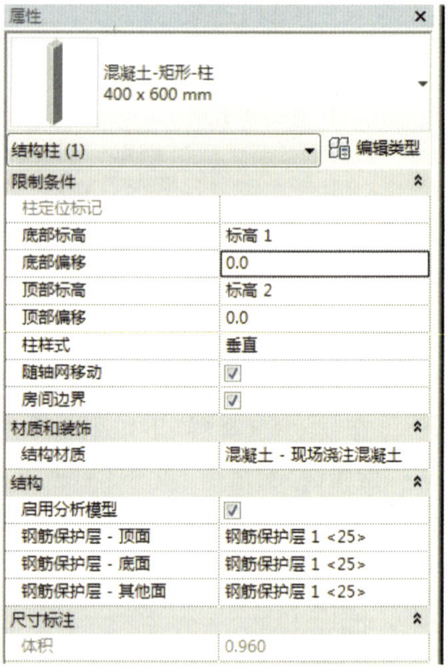

图 3.14

图 3.14 中部分参数说明如下：

随轴网移动：勾选此复选框，则轴网发生移动时，柱也随之移动；不勾选，则柱不随轴网移动。

房间边界：勾选此复选框，则将柱作为房间边界的一部分，反之则不作为边界。

结构材质：为当前的结构柱赋予材质类型。

启用分析模型：勾选此复选框，则显示分析模型，并将它包含在分析计算中，建模过程中建议不勾选。

钢筋保护层-顶面：设置与柱顶面间的钢筋保护层距离，此项只适用于混凝土柱。

钢筋保护层-底面：设置与柱底面间的钢筋保护层距离，此项只适用于混凝土柱。

钢筋保护层-其他面：设置从柱到其他图元面间的钢筋保护层距离，此项只适用于混凝土柱。

3.2.4 结构柱的布置方式

方式：

①功能区“结构”选项卡→“结构”选项板→（柱）；

②功能区“建筑”选项卡→“构建”选项板→“柱”下拉列表→ (结构柱)。

快捷键:CL。

步骤:

①放置平面。

②执行上述方式的操作。

③选择需要布置的结构柱类型。

④选择布置方式及标记,如图 3.15 所示。

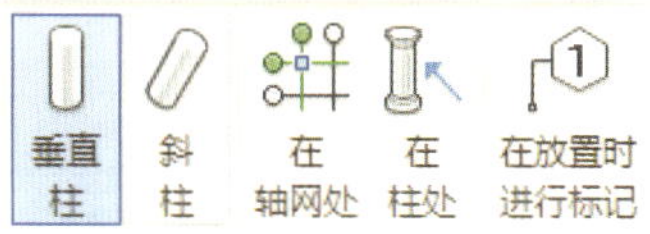

图 3.15

图 3.15 中各项说明如下:

垂直柱:表示在轴网上布置的柱为垂直的结构柱。

斜柱:表示在轴网上布置的柱为有角度倾斜的结构柱,通过单击两次不同的位置完成倾斜。

在轴网处:用于在选定轴网的交点处创建结构柱,能够快速创建同种类型的结构柱,单击“完成”完成创建。

在柱处:用于在选定的建筑柱内部创建结构柱,结构柱能自动捕捉到建筑柱的中心。

在放置时进行标记:在完成结构柱布置时,自动生成相应的结构柱标记。

⑤垂直柱布置方式:在选项栏设置垂直柱布置深度或高度,设置布置标高,将光标移动到绘图区域中,确定布置位置后单击鼠标左键,完成柱的布置。

⑥斜柱布置方式:在选项栏设置斜柱第一点和第二点的深度或高度,设置布置标高,将光标移动到绘图区域中,分别单击第一点和第二点布置位置后,完成斜柱的布置。

⑦在轴网处布置方式:在轴网处布置结构柱适用于垂直柱。单击垂直柱并单击上下文选项卡中的“在轴网处”按钮,在选项栏设置好垂直柱布置标高后,选择要布置柱的轴网,在轴网相交处会出现结构柱布置,单击✔完成柱的布置。

⑧在建筑柱处布置方式:在建筑柱处布置结构柱适用于垂直柱。单击垂直柱并单击上下文选项卡中的“在柱处”按钮,在选项栏设置垂直柱布置标高后,选择相关建筑柱,在建筑柱中心处会出现结构柱布置,单击✔完成柱的布置。

3.2.5　结构柱的修改

结构柱的修改主要是属性面板实例属性的修改和上下文选项卡中“功能”选项板的修改。

1) 实例属性修改

选择一个结构柱,在属性面板中修改该柱的实例属性,且不影响其他柱的属性,主要修改的内容就是限制条件,如图 3.16 所示。

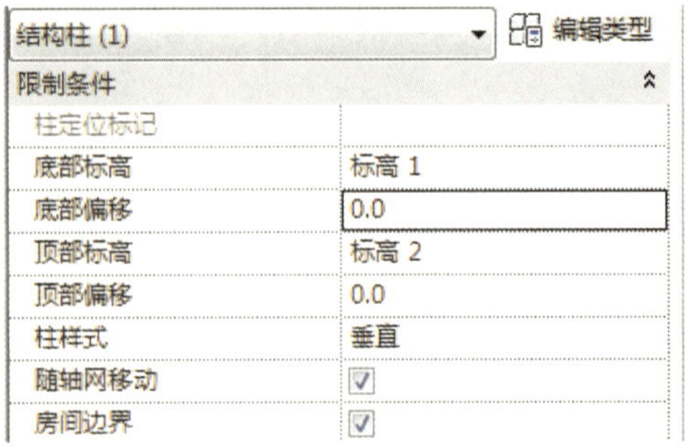

图 3.16

图 3.16 中部分参数说明如下：

柱定位标记：指示项目轴网上垂直柱的坐标位置。

底部标高：指示柱底部的限制标高。

底部偏移：指示柱底部到底部标高的偏移值，正值表示标高以上，负值表示标高以下。

顶部标高：指示柱顶部的限制标高。

顶部偏移：指示柱顶部到顶部标高的偏移值，正值表示标高以上，负值表示标高以下。

柱样式：指定修改柱的样式形式为“垂直”、“倾斜-端点控制”或“倾斜-角度控制”。

2) 上下文选项卡中柱的修改

选择结构柱，在弹出的“修改|结构柱”上下文选项卡下，可以看到如图 3.17 所示的几个面板工具，均用于修改柱。

图 3.17

图 3.17 中各选项说明如下：

编辑族：表示可以通过族编辑器来修改当前的柱族，然后将其载入到项目中。

高亮显示分析：指示在当前视图中高亮显示与选定的物理模型相关联的分析模型。

附着顶部/底部：指示将柱附着到如屋顶和楼板等模型图元上。

分离顶部/底部：指示将柱从已经附着的构件如屋顶和楼板等模型图元上分离。

钢筋：指示放置平面或多平面钢筋。

3.3 结构梁

梁是用于承重用途的结构框架图元。可以在放置梁之前或者在放置梁之后，修改其结构用途。

3.3.1 梁的载入

在绘制梁之前，项目样板只有热轧 H 型钢的族，因此需要重新载入项目所需要的梁样式族到当前项目中，以达到绘制的目的。

方式：功能区“结构”选项卡→“结构”选项板→ (梁)。

步骤：

①执行上述方式的操作。

②单击“修改|放置 梁”上下文选项卡下的“载入族”按钮，弹出“载入族”对话框，如图 3.18 所示。

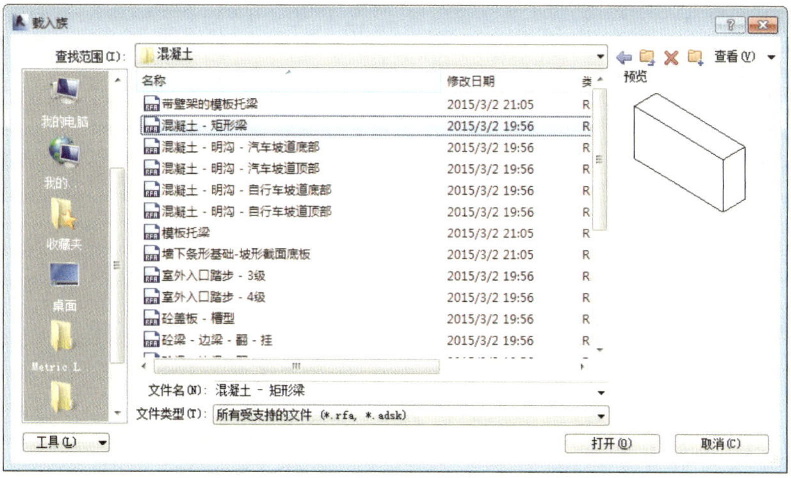

图 3.18

③选择需要载入的梁族文件，单击“打开”按钮完成载入，这时在属性面板“类型选择器”下拉列表中将出现载入的新梁样式。

3.3.2 梁的属性设置

在梁族文件载入项目后，即可对梁的类型属性及实例属性按图纸进行设置，之后便可进行梁构件的布置。

方式：功能区“结构”选项卡→“结构”选项板→ (梁)。

快捷键：BM。

(1)梁类型属性参数设置

①在属性面板“类型编辑器”下拉列表中选择将要绘制的梁类型，单击“编辑类型”按钮进入“类型属性”对话框，如图 3.19 所示。

②单击“复制(D)”按钮，在弹出的“名称”对话框中输入新建的梁名称，如图 3.20 所示。

③单击“确定”按钮，返回“类型属性”对话框，修改相关参数，再单击“确定”按钮完成类型属性的设置，返回到梁绘制状态。

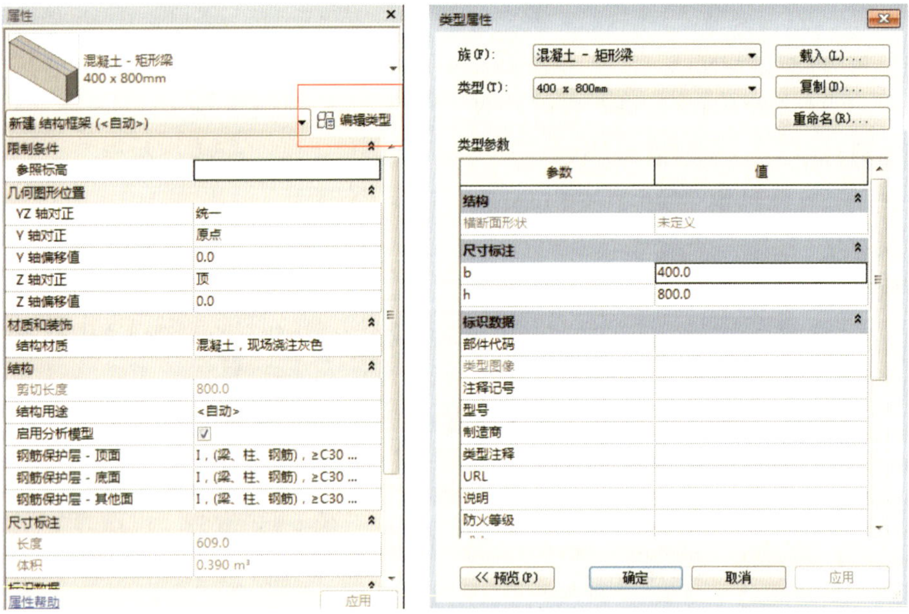

图 3.19

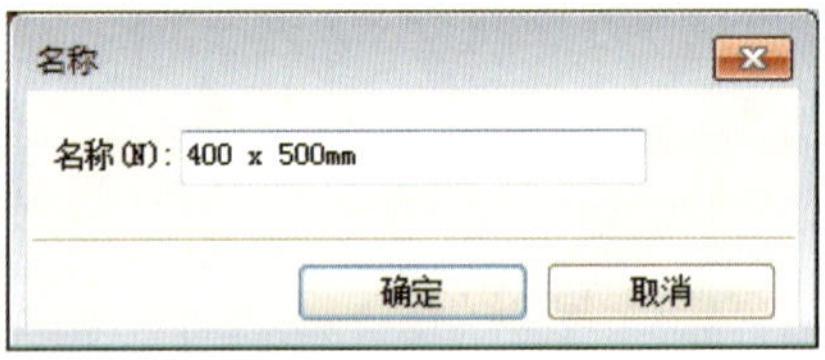

图 3.20

(2)梁实例属性参数设置

进入梁的属性面板，设置相关实例参数，如图 3.21 所示。

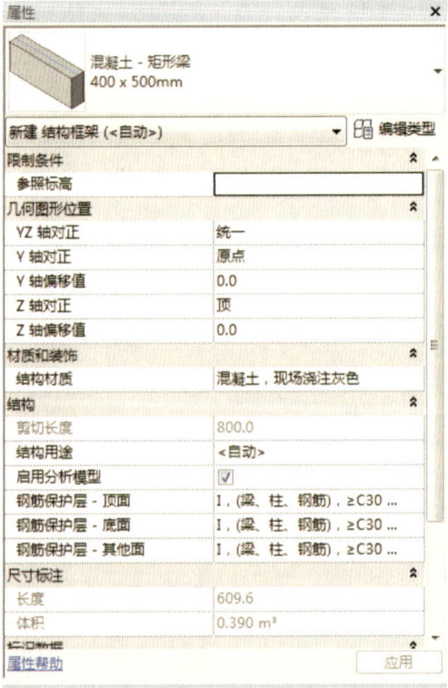

图 3.21

图 3.21 中参数说明如下：

参照标高：标高限制，是一个只读的值，取决于放置梁的工作平面。

工作平面：放置了图元的当前平面，该值为只读属性。

起点标高偏移：梁起点与参照标高间的距离。当锁定构件时，会重设此处输入的值，锁定时只读。

终点标高偏移：梁端点与参照标高间的距离。当锁定构件时，会重设此处输入的值，锁定时只读。

YZ 轴对正：只适用于钢梁，有"统一"和"独立"两种方式，使用"统一"可为梁的起点和终点设置相同的参数；使用"独立"可为梁的起点和终点设置不同的参数。

Y 轴对正：只适用于"统一"对齐钢梁，指定物理几何图形相对于定位线的位置(原点、左侧、中心或右侧)。

Y 轴偏移值：只适用于"统一"对齐钢梁，此偏移值为在"Y 轴对正"参数中设置的定位线与特性点之间的距离。

Z 轴对正：只适用于"统一"对齐钢梁，指定物理几何图形相对于定位线的位置(原点、顶部、中心或底部)。

Z 轴偏移值：只适用于"统一"对齐钢梁，此偏移值为在"Z 轴对正"参数中设置的定位线与特性点之间的距离。

结构材质：当前梁实例的材质类型。

剪切长度：梁的物理长度，该值为只读，由系统自动计算得出。

(3)选项栏设置

设置完实例属性参数后，还需在选项栏进行相关属性设置。将视图切换到需要绘制梁标高的结构平面，在选项栏可以确定梁的放置标高，选择梁的"结构用途"(与属性框中的信息相同)，确定是否通过"三维捕捉"和"链"方式绘制，如图 3.22 所示。

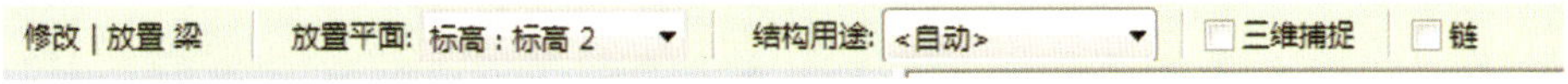

图 3.22

3.3.3　梁的绘制与修改

1)梁的绘制

设置完梁的类型属性和实例属性后，在上下文选项卡下的"绘制"选项板中选择梁绘制工具，将光标移到绘图区域即可进行绘制。

2)梁的修改

创建完项目中的梁后，可以对梁进行修改，以达到设计的要求。结构框架梁的修改主要包括实例属性参数修改、上下文选项卡面板工具修改和绘图区域中梁的定位修改。

(1)实例属性参数修改

选择已创建的结构框架梁，在属性面板中修改该实例梁的限制条件，如图 3.23 所示。

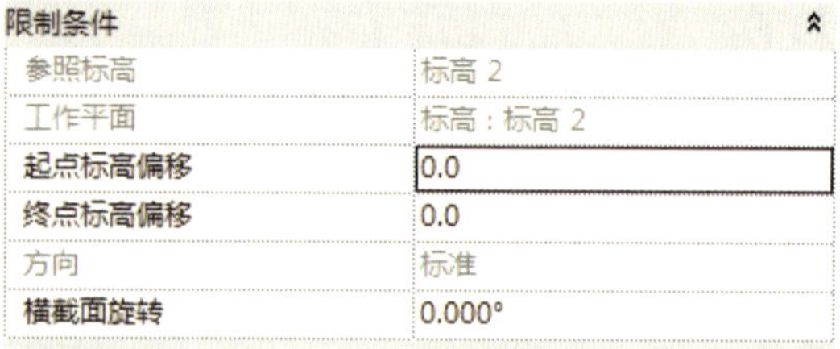

图 3.23

其中，可以设置梁的起点、终点标高偏移值。将梁放置到一个相对于标高固定的高度位置上，高度偏移值设置不同时，就可以布置斜梁。

（2）上下文选项卡面板工具修改

选择已创建的结构框架梁，在弹出的上下文选项卡下，在各选项板中选择合适的工具修改该实例结构框架梁，具体工具如图 3.24 所示。

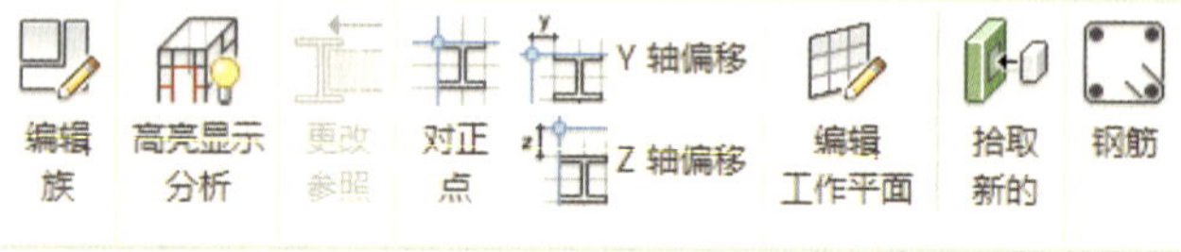

图 3.24

其中，“编辑工作平面”工具主要是指给当前结构框架梁指定新的工作平面，如从标高 1 平面指定到标高 2 平面，位置不变，高度发生了变化。

（3）绘图区域中梁的定位修改

选择已创建的结构框架梁，通过临时尺寸标注可以对梁放置的位置进行精确定位；通过梁两端的拖曳点，可以拖曳梁的端点到另一处位置。

3.4 结构墙

结构墙是一种主要承受垂直力和侧向力并保持结构整体稳定的承重墙或者剪力墙。在创建结构墙体时，不论选择哪类墙，其结构用途都默认为承重。

3.4.1 结构墙的实例属性

1）方式

通过项目浏览器打开 F1 平面视图→选择功能区“结构”选项卡→单击“墙”下拉菜单→单击“墙:结构”，进入结构墙属性面板。

2）属性解读

（1）定位线

墙的定位线用于指定以墙体的哪一个平面作为绘制墙体的基准线。定位方式有 6 种，即墙中心线(系统默认)、核心层中心线、面层面:外部、面层面:内部、核心面:外部、核心面:内部,如图 3.25、图 3.26 所示。

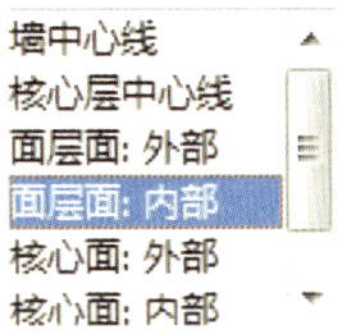

图 3.25

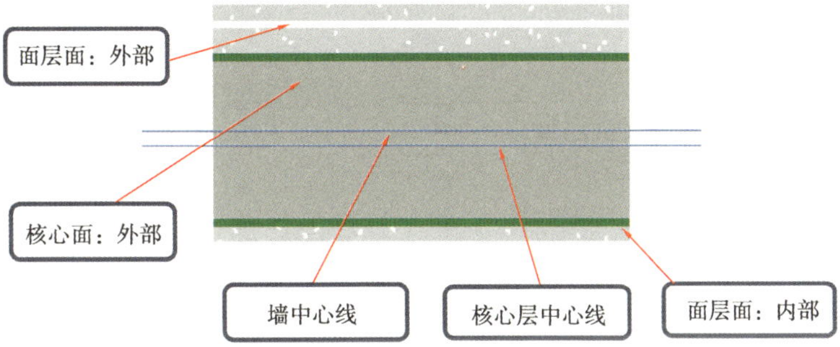

图 3.26

(2)墙底部约束

底部限制条件:指定墙底部高度所在的标高。操作方法:单击▼可手动选择所在的标高位置,如图 3.27 所示。

底部偏移:指定墙从所限制标高上下偏移的高度。操作方法:手动输入具体数值。

(3)顶部约束和顶部偏移

顶部约束和顶部偏移,与底部限制条件和底部偏移的性质和操作方法相似,此处不再赘述。

(4)结构及启用分析模型说明

勾选"结构","结构用途"将显示"承重";不勾选,则显示"非承重",如图 3.28 所示。

图 3.27

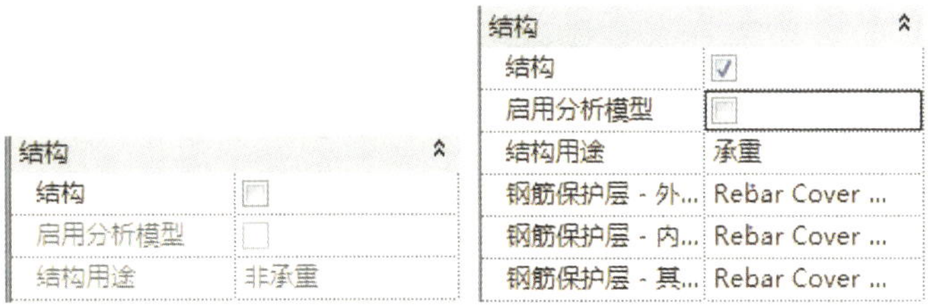

图 3.28

勾选"启用分析模型"会增加系统响应时间,让系统变慢,在建模阶段不勾选,如在结构分析环节则需勾选。

3.4.2　结构墙的类型属性

单击属性面板中的"编辑类型"按钮,进入"类型属性"对话框(图 3.29),在这里需要选择对应的墙族、编辑类型名称、编辑结构层、修改粗略比例填充样式及颜色等,下面分别说明。

1)墙族选项

系统默认墙有三类,即"系统族:基本墙"、"系统族:叠层墙"和"系统族:幕墙"。

基本墙:构建过程中一般用于垂直结构墙体,一般非幕墙墙体选择基本墙建模。

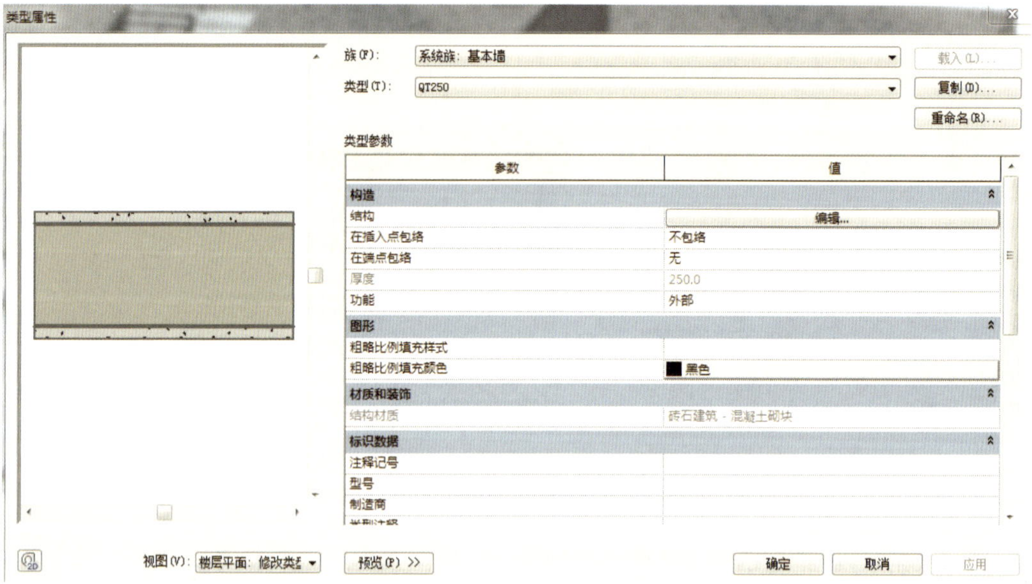

图 3.29

叠层墙：由叠放在一起的两面以上墙体组合而成的墙体。

幕墙：附着于建筑结构，不承担屋顶楼板负荷，具有维护和装饰作用的一种墙体。

2) 墙类型的复制和重命名

在“类型属性”对话框中，单击“复制(D)”按钮，在弹出的“名称”对话框中修改名称，如命名“剪力墙-200 mm”；然后单击“结构”栏右边的“编辑”按钮进入“编辑部件”对话框，修改厚度、结构层、材质，如图 3.30、图 3.31 所示。

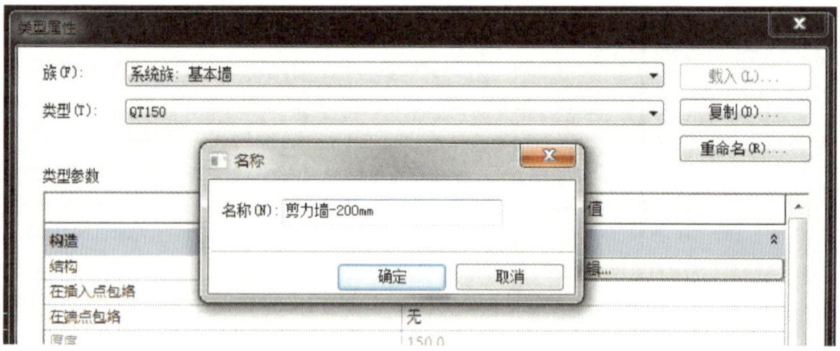

图 3.30

	功能	材质	厚度	包络	结构材质
1	核心边界	包络上层	0.0		
2	结构 [1]	混凝土，现场浇注 - C	200.0	☐	☑
3	核心边界	包络下层	0.0		

图 3.31

单击“重命名(R)”,可以修改墙类型的名称,如图 3.32 所示。

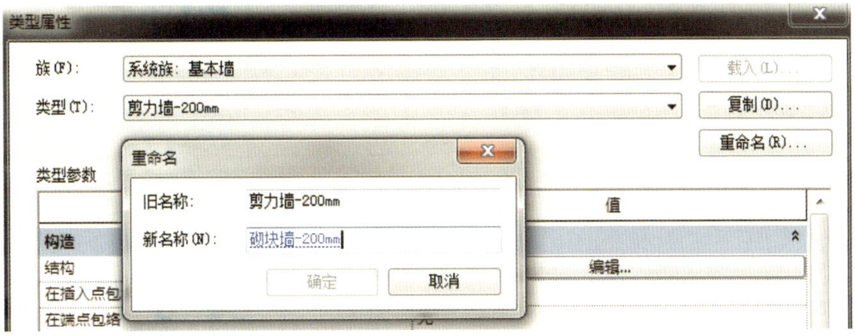

图 3.32

3) 编辑部件

“编辑部件”对话框如图 3.33 所示。

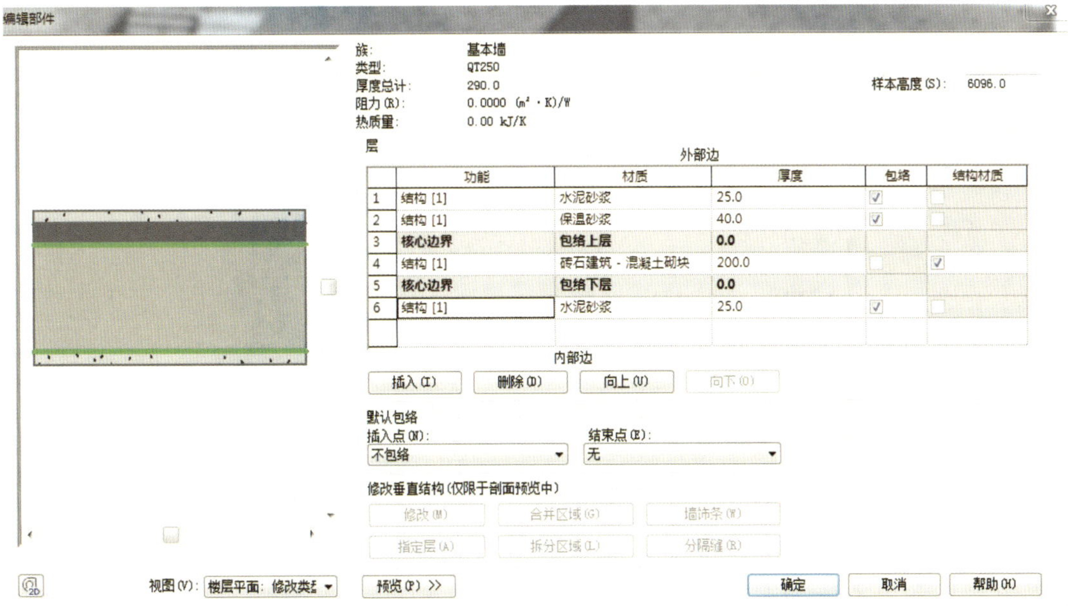

图 3.33

图 3.33 中部分参数说明如下:

功能:可选择不同的墙层。

材质:单击进入材质浏览器对话框。

厚度:可以手动输入墙体的厚度。

插入:可插入新的功能层。

删除:选中某一层,单击“删除”按钮,则删除此层。

向上、向下:可切换不同功能层的顺序位置。

4) 材质浏览器

在材质浏览器对话框中,可选取材质,可更改材质的图形、外观、物理属性,可新建材质以及从材质库找到与实际一致的材质,单击鼠标右键还可进行材质的重命名、复制等操作,如图 3. 34、图 3.35 和图 3.36 所示。

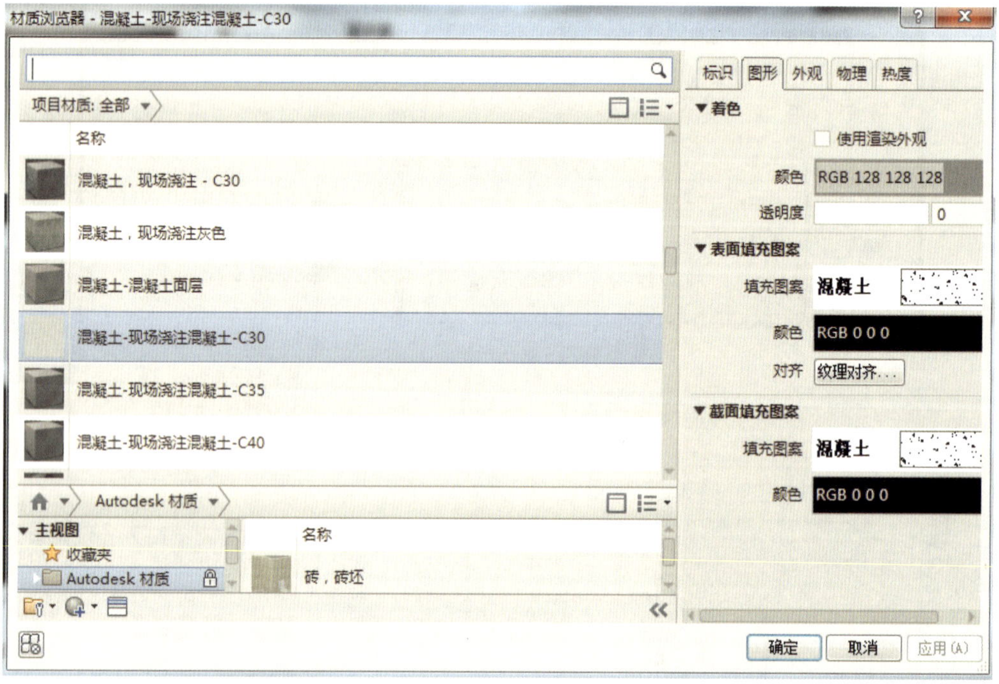

图 3.34

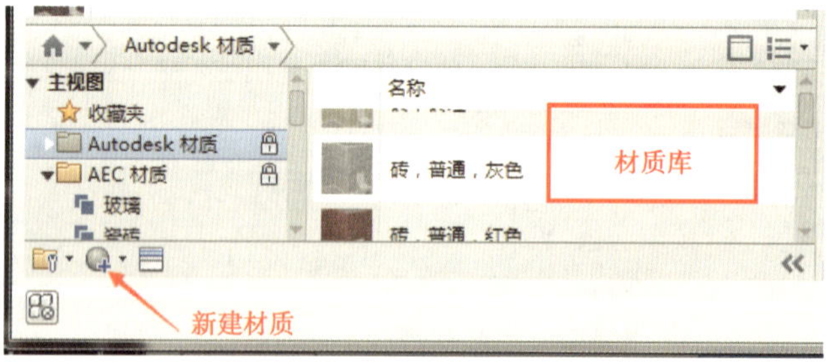

图 3.35

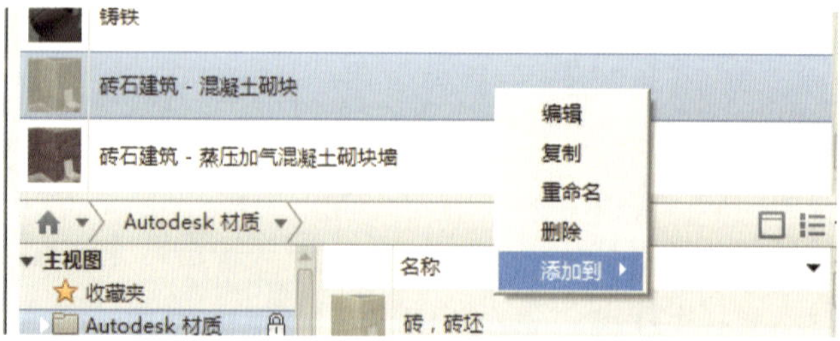

图 3.36

5) 其他类型参数

在插入点包络：设置位于插入点墙的层包络，以包络插入的复杂对象。

在端点包络：设置在端点的层包络。

粗略比例填充样式：在粗略比例视图中，选择墙的填充样式。

粗略比例填充颜色：在墙的填充样式里选择不同颜色以区分不同的墙。

3.4.3　结构墙的创建

打开 F1 平面视图→选择功能区“结构”选项卡→单击“墙”下拉菜单→单击“墙：结构”，选择对应的墙→单击“修改|放置 结构墙”（图 3.37）→选择“绘制”方式（直线、矩形等），或选择拾取线→在绘图区域单击鼠标左键定义墙的起点，向右移动光标，再次单击鼠标左键定义墙的终点（图 3.38）→连按“Esc”键退出墙的绘制。

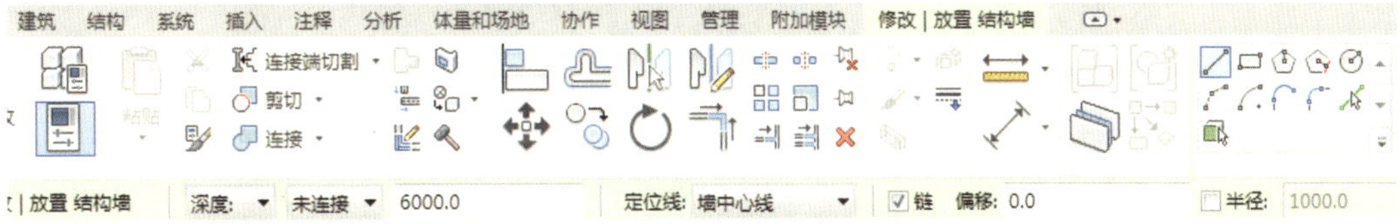

图 3.37

图 3.38

图 3.39 中选项栏参数说明如下：

标高（仅限三维视图）：墙底定位标高。

高度：定位墙顶标高，不选标高，则默认“未连接”。

深度：定位墙顶标高往下偏移，不选偏移标高，则默认“未连接”。

定位线：选择与光标对齐的垂直面或者在绘图区域选定线或面与垂直面对齐。

链：用于绘制一系列在端点处连续的墙。

偏移：指定墙的定位线与光标位置之间的偏移值。

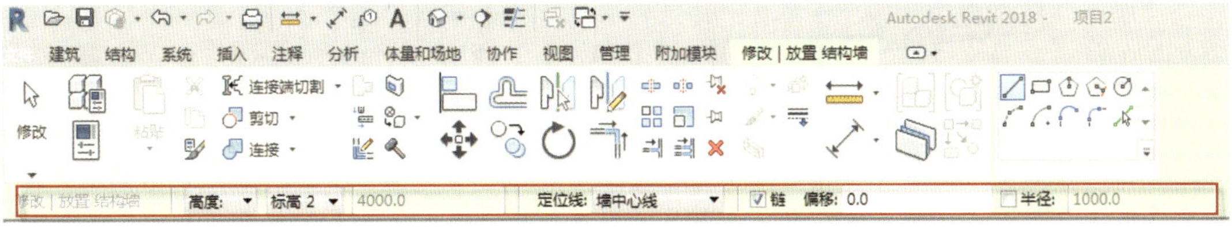

图 3.39

3.4.4　结构墙的修改

结构墙的修改主要是高度和位置修改，有以下几种方式：

方式一：如图 3.40 所示，拖动高亮显示的墙四周所指箭头可以改变墙体上下的偏移值以及左右的位置，单击数值也可以直接指定墙体偏移值。

方式二:双击选中墙体,可进入“墙体修改|编辑轮廓”选项,拖动高亮显示线条,可改变墙体的轮廓(图 3. 41)或在墙上开洞(图 3.42)。

方式三:选中墙,在显示的属性面板中修改墙体的限制条件,如图 3.43 所示。

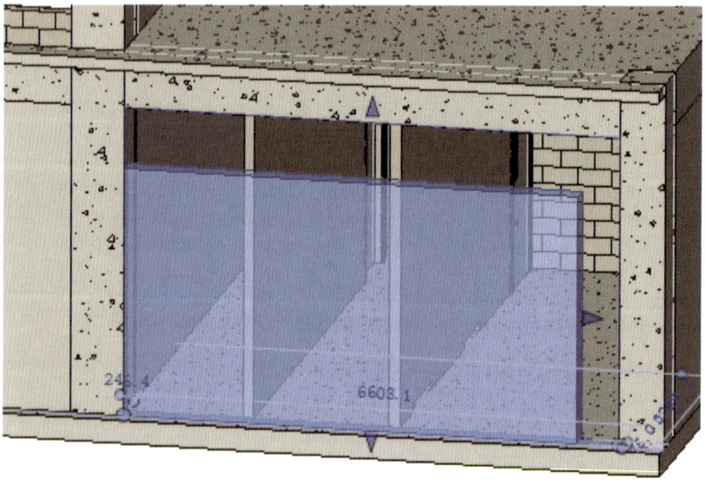

图 3.40

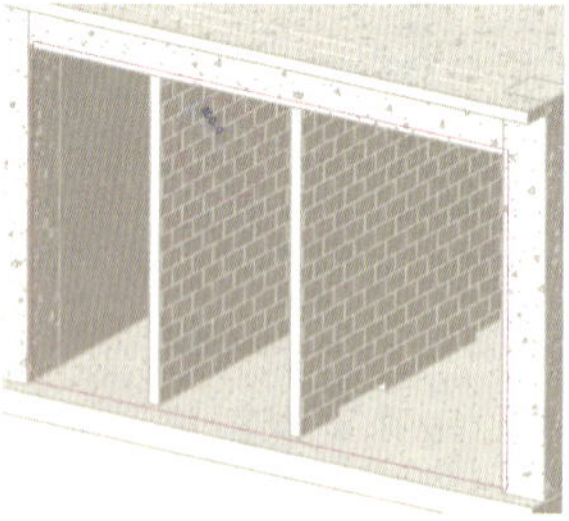

图 3.41

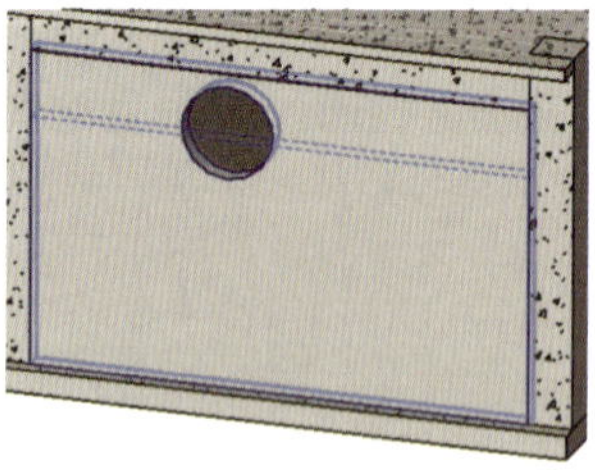

图 3.42

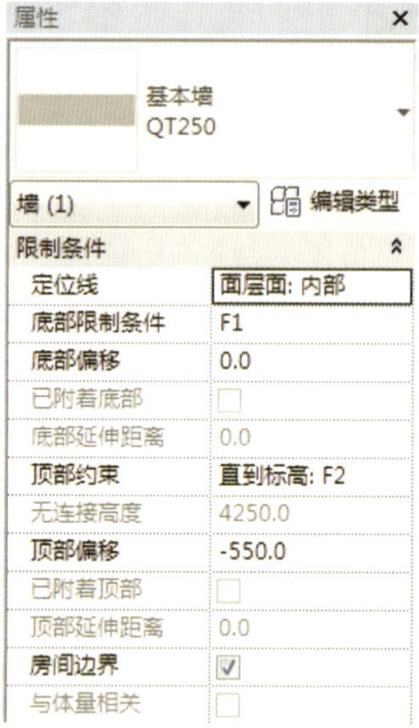

图 3.43

3.4.5 巩固练习“墙的布置”

①打开“项目文件 P141010-ARC-F1~F2”,在项目浏览器中双击 F1 名称,进入标高 1 所在楼层平面视图。

②单击功能区“建筑”或“结构”选项卡中“墙”下拉列表,选择“墙:结构”;选择属性面板中“基本墙”下的任一厚度墙体,单击“编辑类型”按钮进入“类型属性”对话框,通过复制创建“QT300”剪力墙;在“编辑部件”对话框中设置墙体的功能、厚度、材质,如图 3.44 所示;墙构造层设置:设置墙体功能为外部,插入点、端点包络均为外部,如图 3.45 所示。

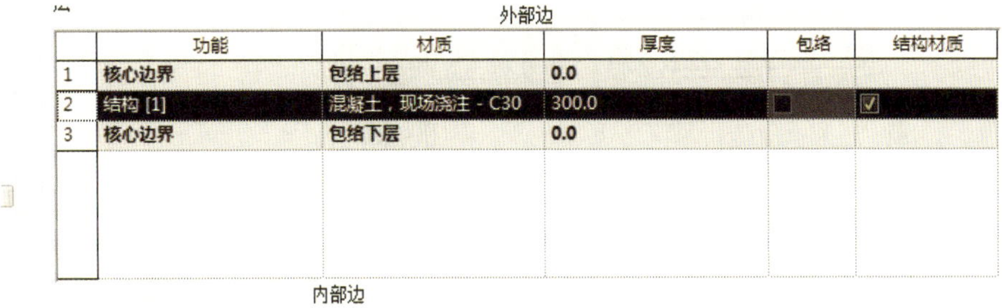

图 3.44

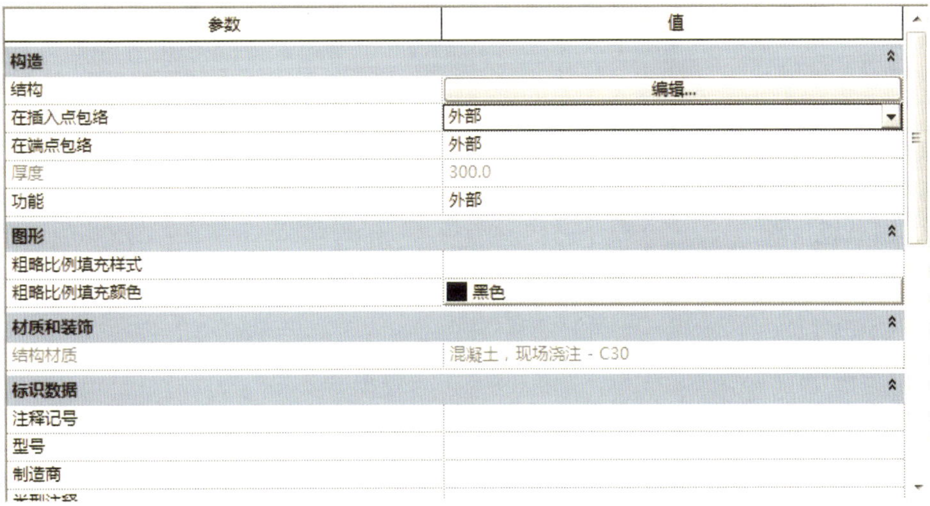

图 3.45

③在属性面板“类型选择器”下拉列表中选择刚刚创建的“QT300”剪力墙，设置定位线为“墙中心线”，底部限制条件为“F1”，底部偏移为“0.0”，顶部约束为“直到标高：F1”，顶部偏移为“-600.0”，不勾选“启用分析模型”，如图 3.46 所示。

④单击绘图区域，捕捉到链接底图的墙边，作为“QT300”剪力墙的起点，按“Tab”键切换墙边位置，从左往右绘制，完成后双击“Esc”键退出墙的绘制。

⑤按照上述步骤创建本项目的其他结构墙、建筑墙，设置相应参数，依次绘制，结果如图 3.47 所示。

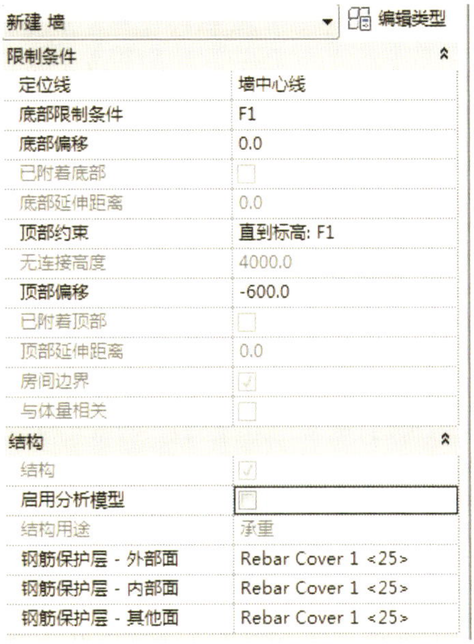

图 3.46

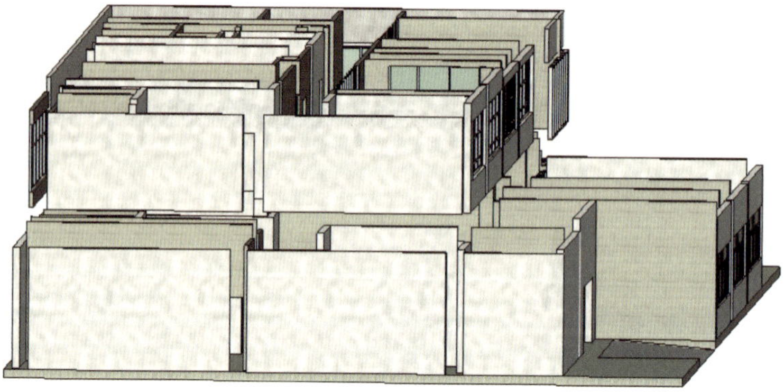

图 3.47

3.5 结构板

在功能区“结构”选项卡中单击“板”下拉菜单，有“结构基础：楼板”和“楼板：楼板边”两个选项，如图 3.48 所示。

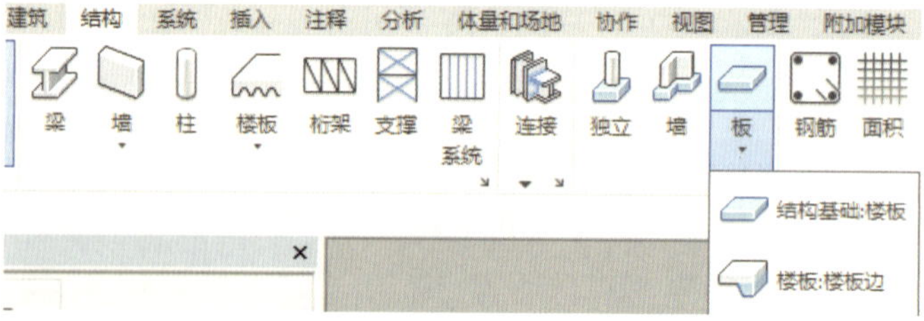

图 3.48

3.5.1 结构基础：楼板

可单独在完整表面或复杂基础形状上创建板，而无须依附其他图元。

1）执行方式

单击“结构基础：楼板”，在属性面板中选定“标高”和“自标高的高度偏移”；单击“编辑类型”按钮，进入“类型属性”对话框；再单击“结构”栏右边的“编辑”按钮，进入“编辑部件”对话框（图 3.49），修改功能、材质、厚度，具体操作方法与墙编辑相似，此处不再赘述。

2）绘制板

打开 F1 平面视图，单击“结构基础：楼板”→进入“修改 | 编辑 边界”（图 3.50）→单击“边界线”→选择画板的方法→鼠标左键单击绘图区域，连续画线形成闭合的环（图 3.51）→双击“Esc”键退出板的绘制，结果如图 3.52 所示。

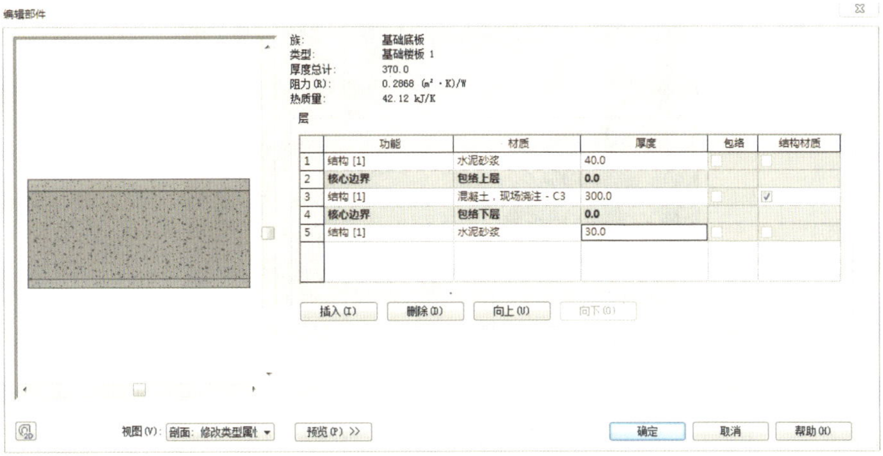

图 3.49

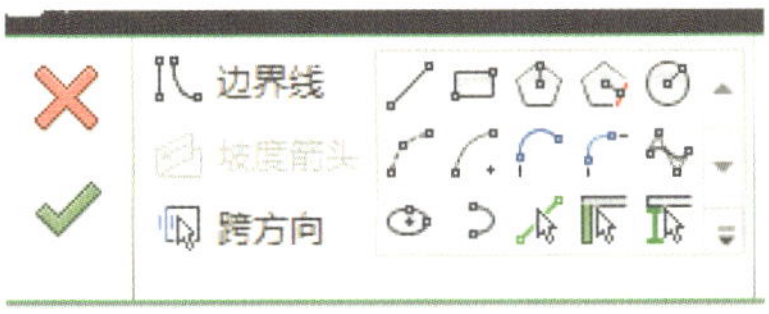

图 3.50

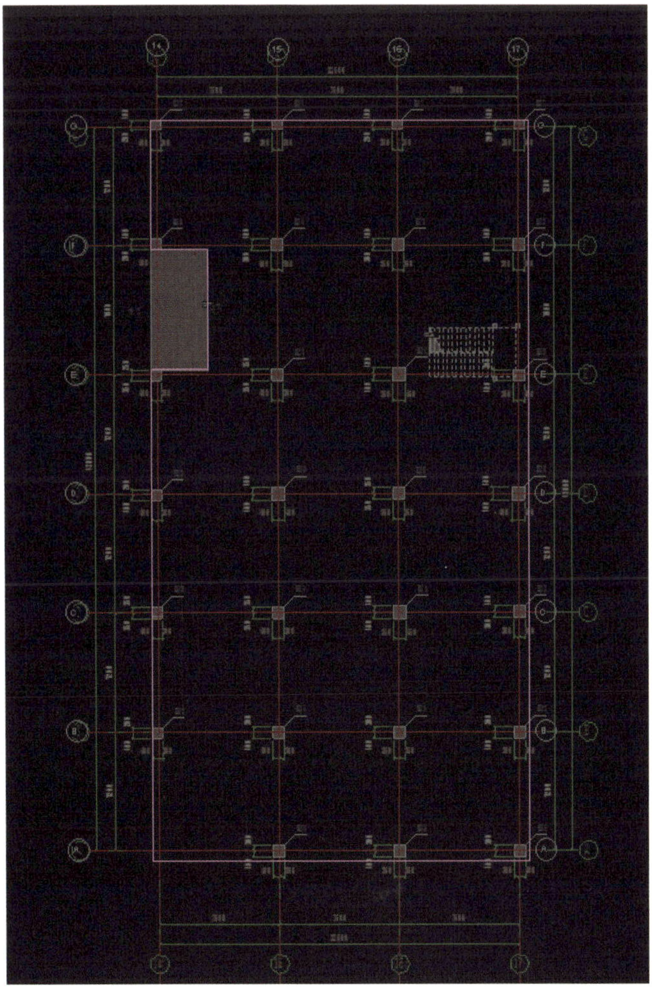

图 3.51

图 3.52

3）创建坡度

单击功能区“结构”选项卡→单击“楼板”工具→选择“绘制”选项板中的“矩形”命令，绘制一个矩形→单击“绘制”选项板中的“坡度箭头”工具，由下到上绘制箭头（图 3.53）→设置属性面板中的参数（图 3.54），单击✔完成绘制，如图 3.55 所示。

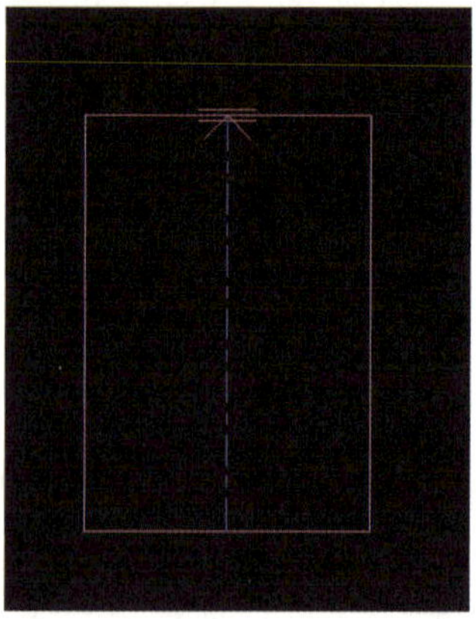

图 3.53

限制条件	
指定	尾高
最低处标高	F1
尾高度偏移	-500.0
最高处标高	F1
头高度偏移	0.0
尺寸标注	
坡度	18.43°
长度	21000.0

图 3.54

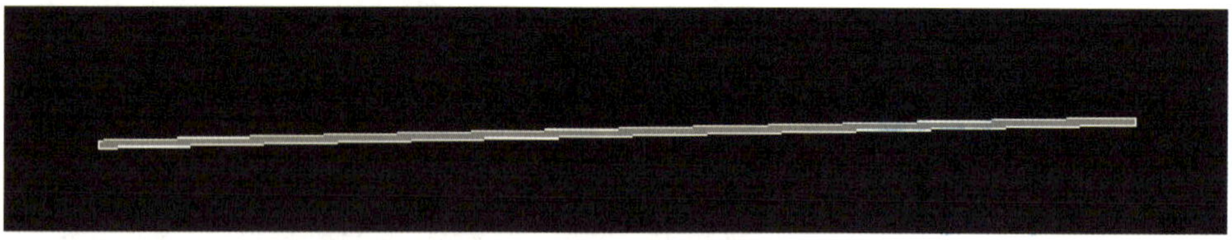

图 3.55

3.5.2　楼板：楼板边

单击功能区“结构”选项卡→单击“楼板”下拉菜单中的“楼板边缘”→拾取楼板边生成楼板边（可通过控制柄控制板边方向）→按两次“Esc”键退出绘制，绘制结果如图 3.56 所示。

图 3.56

【提示】

绘制楼板边缘后，如果发现不是想要的效果，可单击图 3.56 中红色箭头所指的“翻转控制柄”进行翻转控制。

3.6 楼 梯

楼梯可以通过“按草图”

和“按构件”

两种方式创建。

3.6.1 楼梯的创建

方式：功能区“建筑”选项卡→“楼梯”下拉菜单→“按构件”或“按草图”。

1)“按构件”楼梯类型

楼梯的样式主要分为现场浇注楼梯、组合楼梯、预浇注楼梯 3 种，如图 3.57 所示。

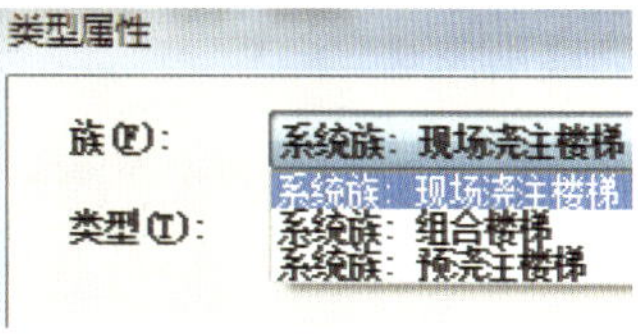

图 3.57

现场浇注楼梯：整体均为一体的造型楼梯，如图 3.58 所示。

组合楼梯：楼梯梯段和平台板及支撑是不同的材质或造型，多用于满足特殊景观和造型要求，如图 3.59 所示。

预浇注楼梯：平台与梯段直接采用装配方式连接，如图 3.60 所示。

图 3.58

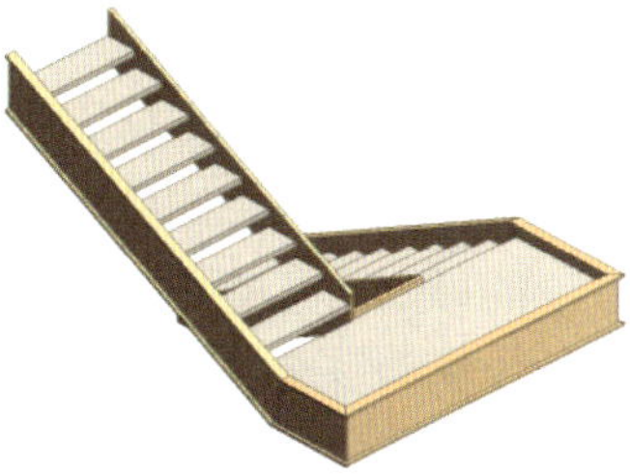

图 3.59

图 3.60

(1)现场浇注楼梯属性解读

现场浇注楼梯“类型属性”对话框如图 3.61 所示。

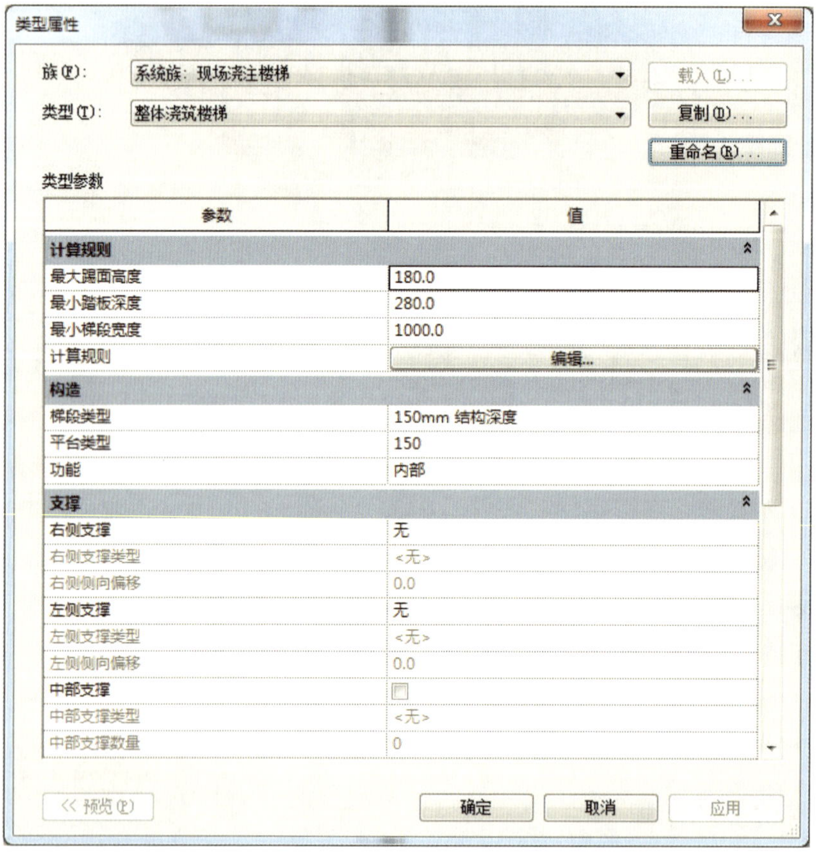

图 3.61

①计算规则。

最大踢面高度、最小踏板深度、最小梯段宽度：设置楼梯的规范数值，当楼梯的实例数值超出规定数值时，软件会弹出警告(计算规则一般选择默认即可)。

②构造。

梯段类型：设置楼梯梯段的数值，如图 3.62 所示。

平台类型：指定平台板的厚度与材质。

功能：指定楼梯为建筑内部或外部。

③支撑。

右侧支撑、左侧支撑：勾选即生成左、右侧梯边梁。

右侧支撑类型、左侧支撑类型：设置左、右侧梯边梁的参数。

右侧侧向偏移、左侧侧向偏移：设置左、右侧梯边梁的偏移量。

中部支撑：设置中部支撑梁的形式及参数。

中部支撑类型：设置中部梯边梁的参数。

中部支撑数量：设置中部支撑梁的个数。

(2)梯段类型属性解读

梯段“类型属性”对话框如图 3.62 所示。

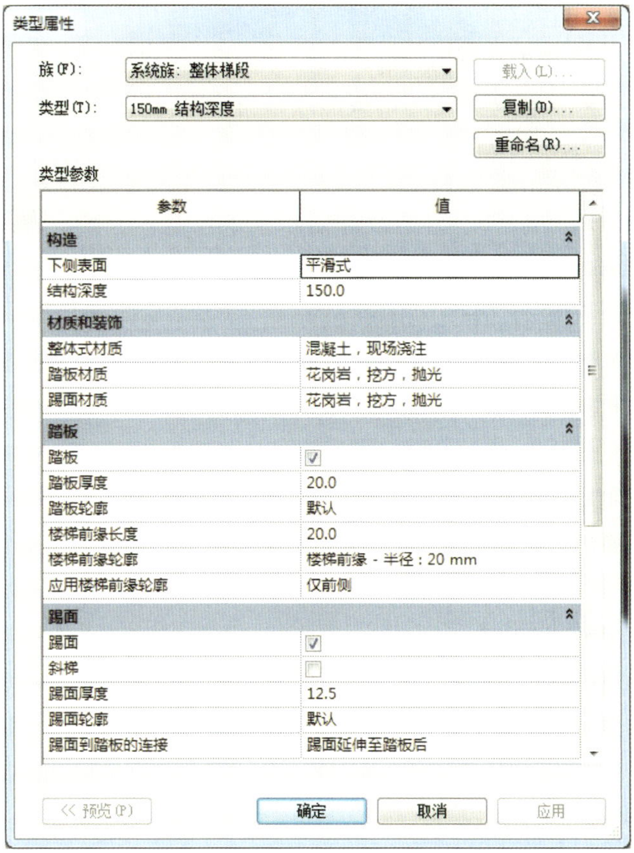

图 3.62

①构造。

下侧表面：有两种表现样式，平滑式如图 3.63 所示，阶梯式如图 3.64 所示。

图 3.63

图 3.64

结构深度：梯段的梯板厚度，如图 3.65 所示。

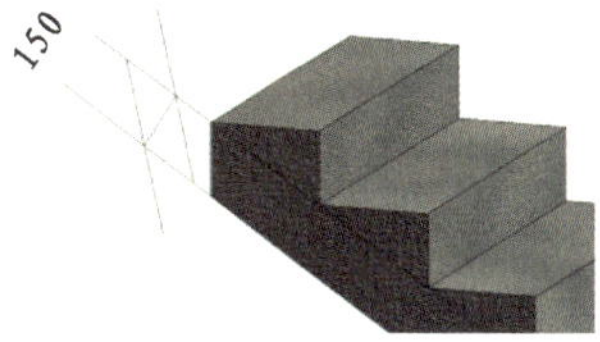

图 3.65

②材质和装饰。

整体式材质：为楼梯的整体赋予材质。

踏板材质、踢面材质：为楼梯的踏板和踢面赋予材质。

③踏板。

踏板：勾选即为楼梯梯段添加踏板。

踏板厚度：指定踏板的厚度。

踏板的轮廓：指定踏板的轮廓，可通过“轮廓族”自定义踏板的样式。

楼梯前缘长度：指定踏板前侧的悬挑量。

楼梯前缘轮廓：指定踏板前侧的轮廓，可通过“轮廓族”自定义样式。

应用楼梯前缘轮廓：可选择性的为踏板前侧添加轮廓。

④踢面。

踢面：勾选即为楼梯梯段添加踢面。

斜梯：默认踢面为垂直面，勾选即改为斜面。

踢面厚度：指定踢面的厚度。

踢面轮廓：指定踢面轮廓的轮廓，可通过“轮廓族”自定义样式。

踢面到踏板的连接：可选择踏板的连接方式。

图 3.66

图 3.65 调整参数后，其样式效果如图 3.66 所示。

(3) 选项栏解读

选项栏和属性面板设置如图 3.67 所示。

图 3.67

①定位线：指创建楼梯时，定位线在梯段的位置。有 5 种定位方式，如图 3.68 所示，图示解释如图 3.69 所示。

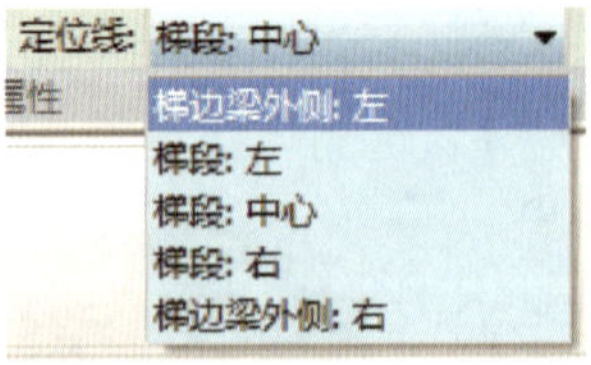

图 3.68

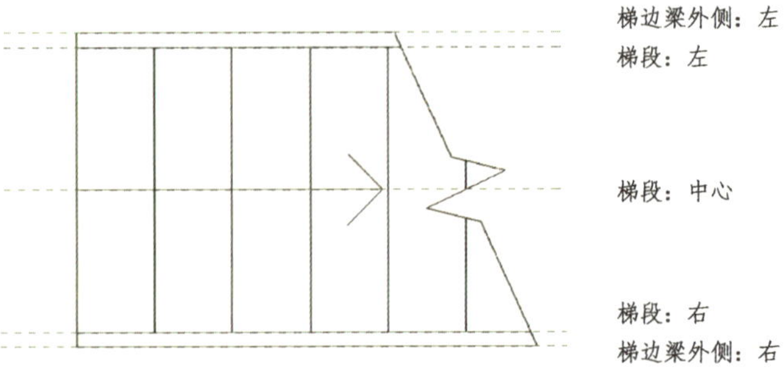

图 3.69

"梯边梁外侧:左"和"梯边梁外侧:右":指绘制梯段时,定位线将在梯边梁外侧左、右。

"梯段:左"和"梯段:右":指绘制梯段时,定位线将在左、右梯段。

"梯段:中心":指绘制梯段时,定位线将在梯段中心。

②偏移量:指创建楼梯时,定位线偏移的距离。

③实际梯段宽度:梯段的绘制宽度会以此数值为准。

④自动平台:勾选后,两段梯段会自动生成平台板(注:自动生成的平台无法编辑轮廓,需要选中平台,将其转换为"基于草图",如图3.70所示)。

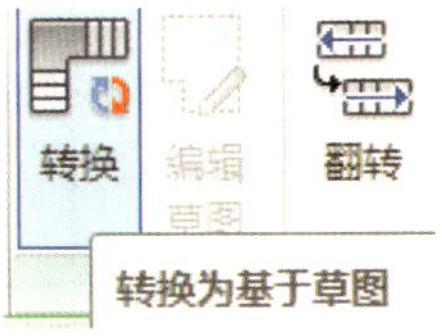

图3.70

(4)属性面板解读

①限制条件:

底部标高、顶部标高:指创建梯段时初始的高度和完成的高度。

底部偏移、顶部偏移:指楼梯距离相对标高的差值。

多层顶部标高:指定另一个层的标高,将完成的楼梯作为样板,向上复制。

②尺寸标注:

所需踢面数:根据标高区间的高度计算出来,可自行修改。

实际踢面数与实际踢面高度:软件自带的计算公式,为楼梯的实例数值,此项不可修改。

实际踏板深度:梯段的踏板深度会以此数值为准。

(5)绘制楼梯

当楼梯的全部参数都设置好后,即可开始绘制梯段。在平面视图下,先单击鼠标左键指定楼梯的初始位置,软件会提示创建踢面数与剩余踢面数,如图3.71所示。

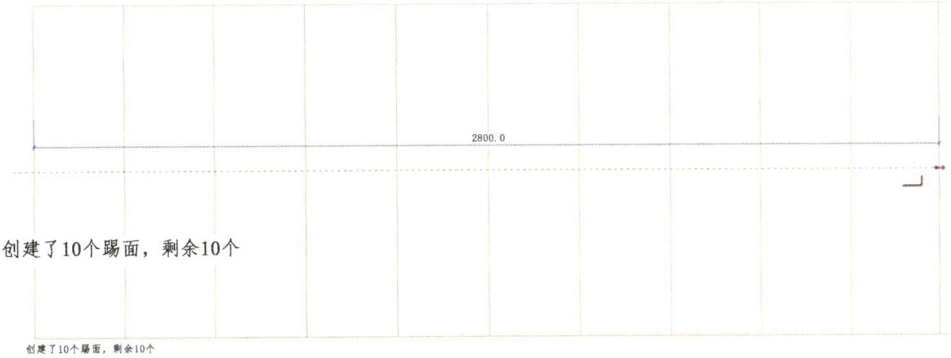

图3.71

再单击鼠标左键即完成第一段楼梯的创建,用如上方式创建第二段梯段,直至剩余0个,如图3.72所示。单击✔完成创建,即可生成楼梯和栏杆,如图3.73所示。

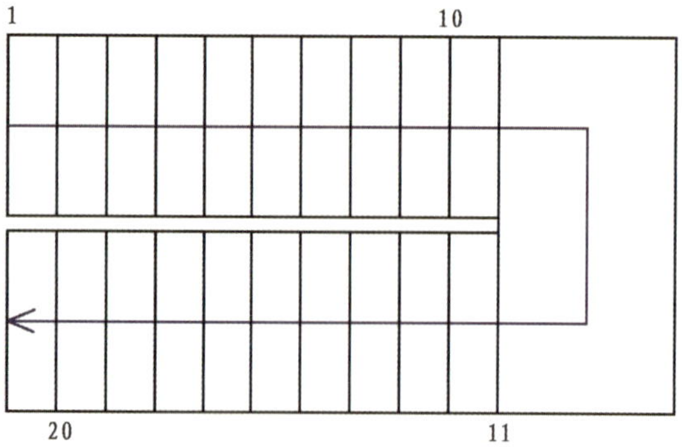

图 3.72

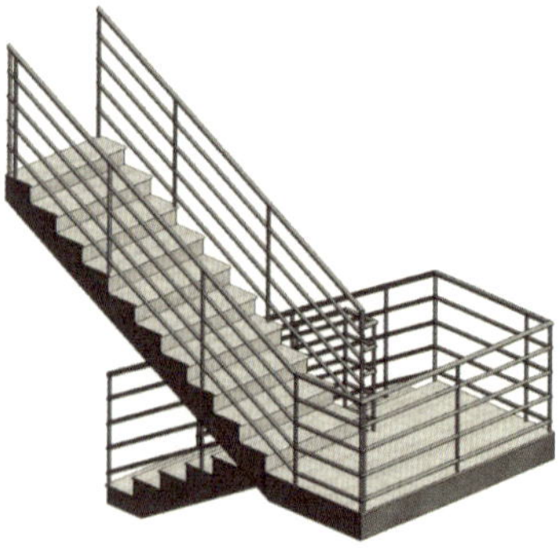

图 3.73

2)“按草图”楼梯类型

草图楼梯多用于装饰效果的异形楼梯。

创建步骤如下：

①先绘制楼梯的边界线(注:边界不能超过两条),如图 3.74 所示。

②然后绘制踢面线(注:踢面线不一定要在边界线内),如图 3.75 所示。

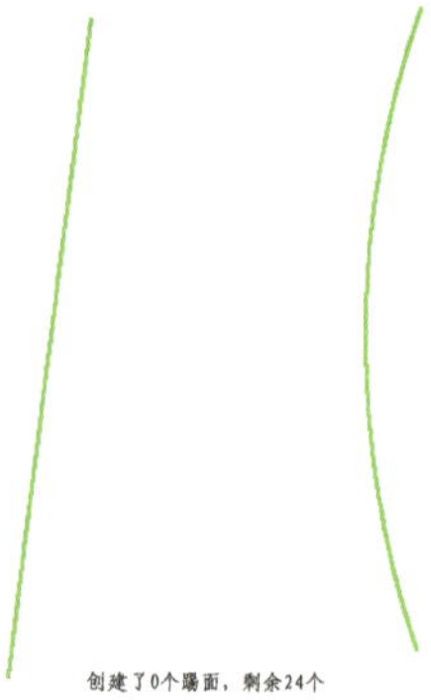

图 3.74

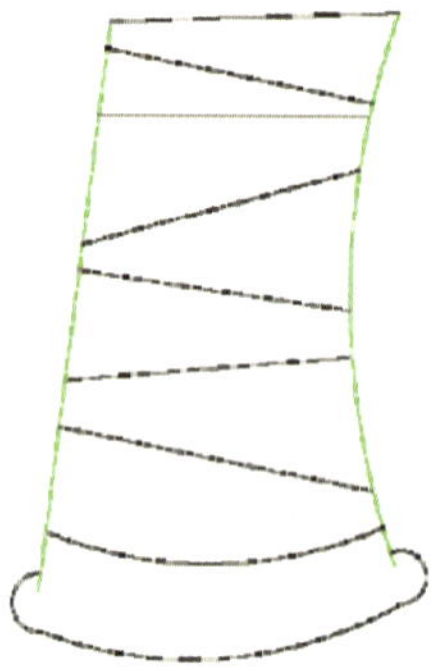

图 3.75

③绘制完成后,单击✔完成编辑,生成效果如图 3.76 所示。

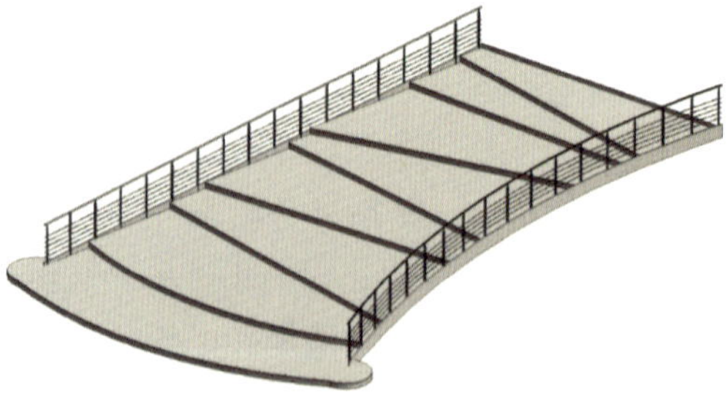

图 3.76

3.6.2 实例操作

①打开“项目文件图纸\结构\11#楼梯项目-1(平面图)”,11#楼梯项目-1(平面图)如图 3. 77、图 3.78 和图 3.79 所示。

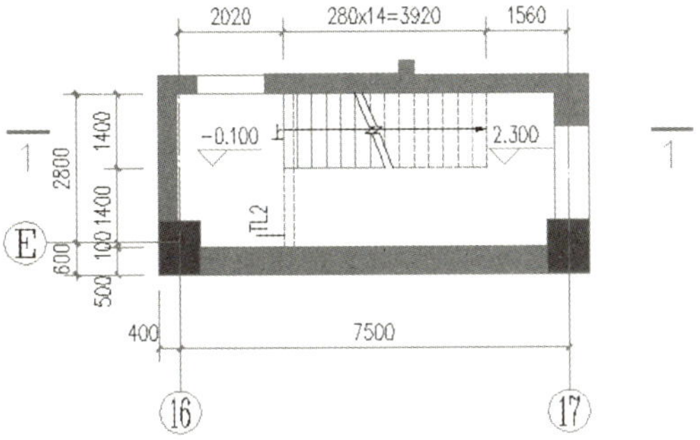

11#楼梯首层平面图

图 3.77

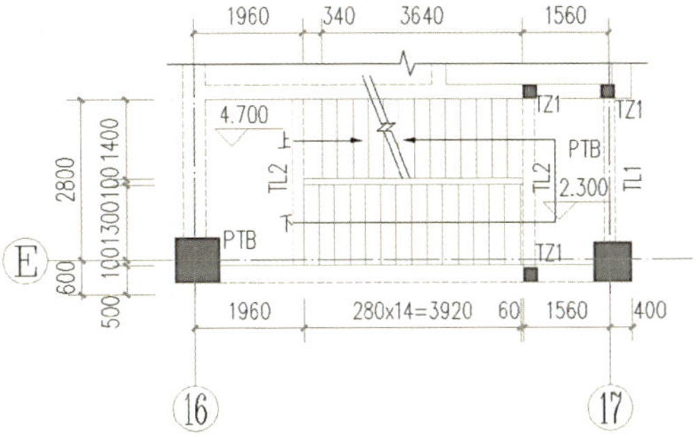

11#楼梯二层平面图

图 3.78

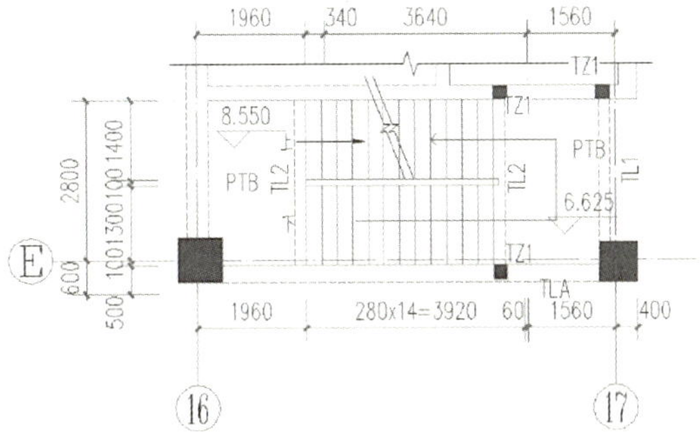

11#楼梯三层平面图

图 3.79

②设置对应楼梯的实例参数：选择“按构件楼梯”绘制，类型为现场浇注楼梯，材质为现场浇注混凝土，梯段结构深度为 160 mm，平台厚度为 120 mm，实例梯段宽为 1400 mm，实例踏板深度为 280 mm，所需踢面数为 30 个，设置完成后开始绘制楼梯。

③先将“11#楼梯首层平面图”导入模型对应的位置，绘制第一段梯段，如图 3.80 所示。

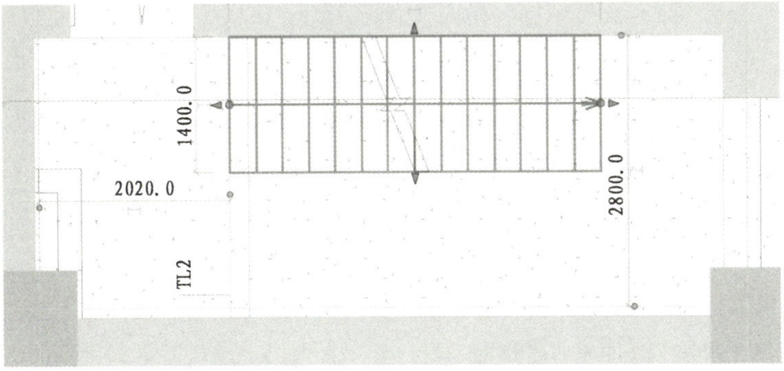

图 3.80

④单击✔生成楼梯，将“11#楼梯二层平面图”导入模型对应的位置，选中楼梯，单击“编辑楼梯”再次进入编辑界面，绘制第二段梯段，如图 3.81 所示。

⑤完成 F1 至 F2 楼梯绘制，F2 至 F3 的楼梯绘制方式同上。完成后对模型进行切剖，检查“模型的剖面图”与“CAD 楼梯剖面图”是否一致，如图 3.82 所示。

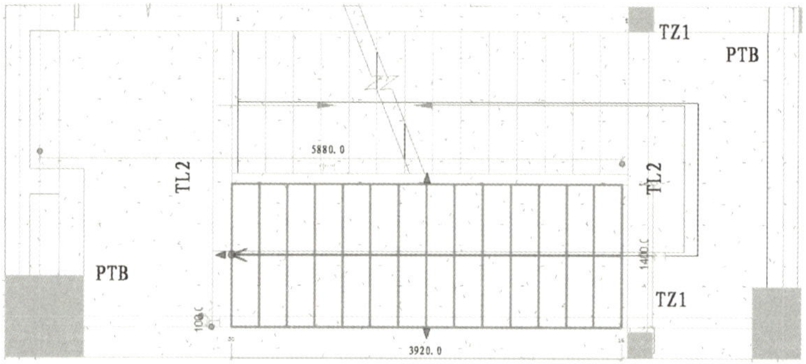

图 3.81

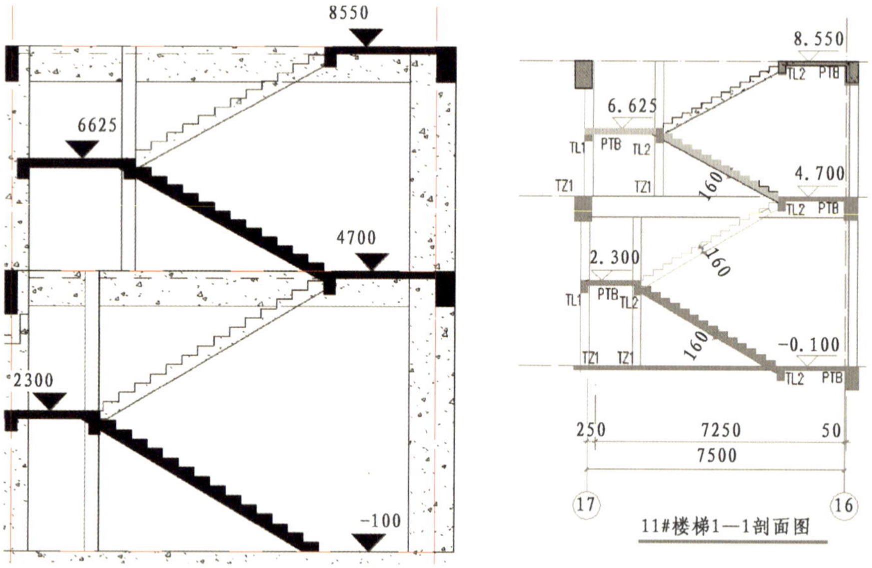

(a)模型剖面图　　(b)CAD剖面图

图 3.82

3.7 坡　道

坡道的创建方式和楼梯相似,绘制坡道之前也需要先设置坡道的类型属性。

方式:功能区“建筑”选项卡→“坡道”。

1)坡道属性解读

(1)坡道类型属性解读

坡道“类型属性”对话框如图 3.83 所示。

①构造。

厚度:当坡道为“结构板”时,该值为结构板的厚度。

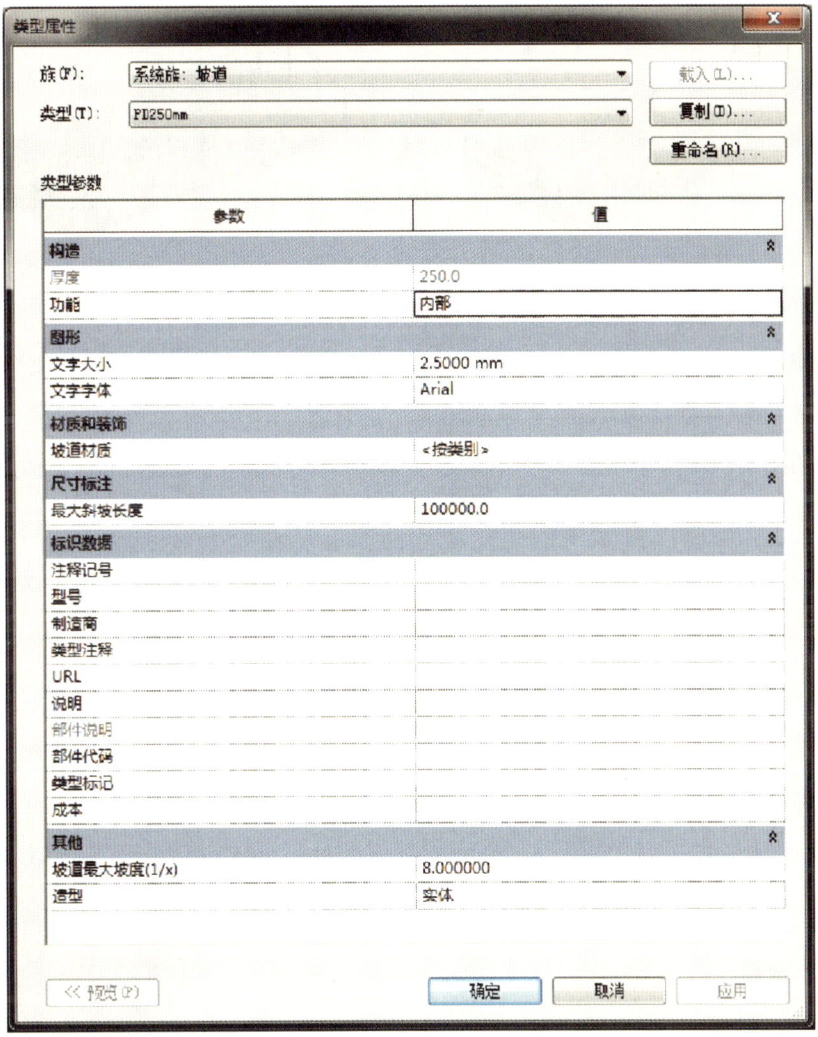

图 3.83

功能：指定功能位于建筑的内部或外部。

②材质和装饰。

坡道材质：指定坡道的整体材质。

③尺寸标注。

最大斜坡长度：指定最大斜坡长度值。

④其他。

坡道最大坡度(1/x)：坡道设定的一个规范坡度值。

造型：有“实体”和“结构板”两个样式，如图 3.84 所示。

(2)属性栏解读

设置属性栏，如图 3.85 所示。对重要属性说明如下：

底部标高、顶部标高：指创建坡道时初始的高度和完成的高度。

底部偏移、顶部偏移：指坡道距离相对标高的差值。

多层顶部标高：指定一个高层标高，将完成的坡道作为样板，向上复制。

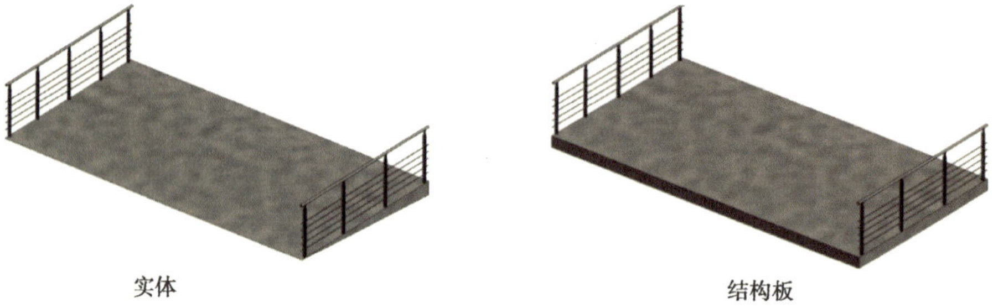

图 3.84

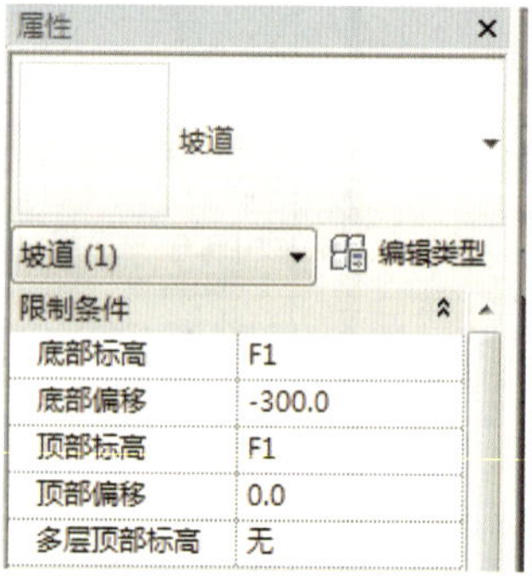

图 3.85

2)绘制坡道

当坡道的全部参数都设置好后，即可开始绘制坡道。

①在平面视图下，先单击指定坡道的开始位置，软件会提示“创建的斜坡坡道”与“剩余”，如图 3.86 所示。

②单击完成点的位置即可生成坡道草图。坡道是由 2 条边界线、踢面线、中心线组成，此时可以修改边界线来实现一些曲面样式，如图 3.87 所示。

③草图编辑完成后，单击✔完成编辑，生成效果如图 3.88 所示。

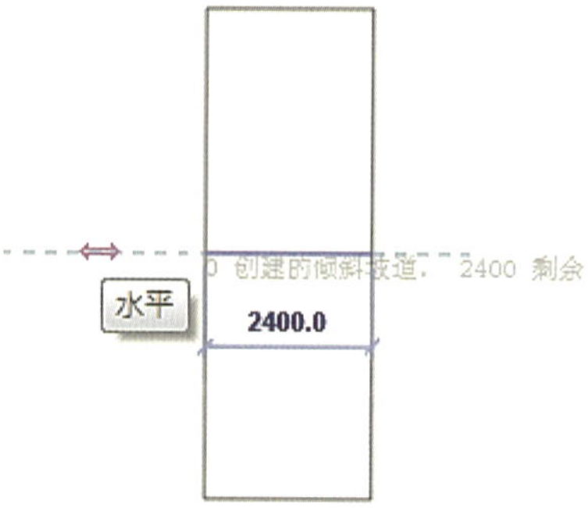

图 3.86

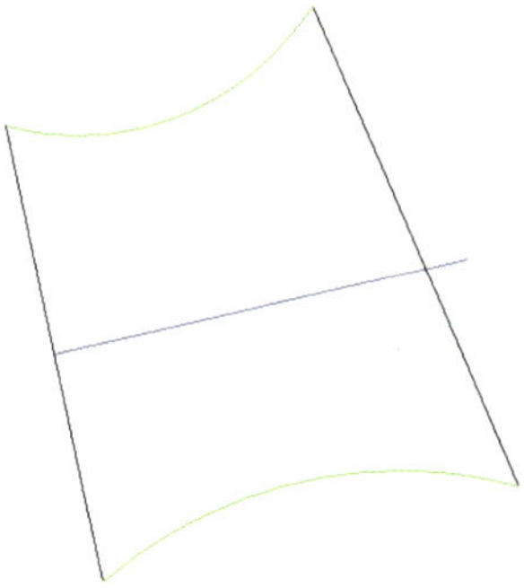

图 3.87

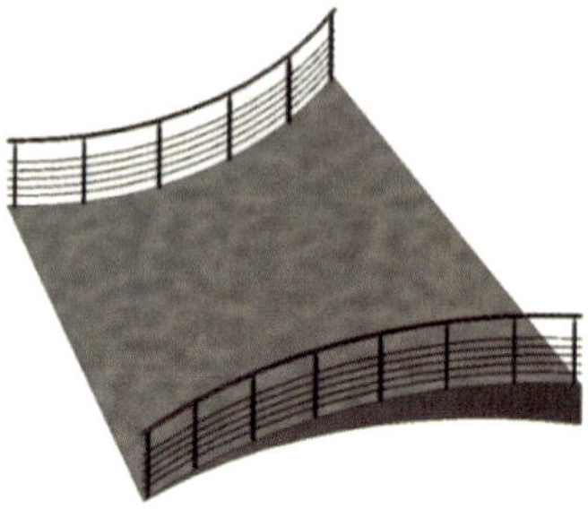

图 3.88

3.8 钢　筋

3.8.1 钢筋命令

Revit 提供了混凝土柱、墙、梁、基础和结构楼板构件的钢筋配置功能，可以在功能区“结构”选项卡下“钢筋”选项板中使用“钢筋”工具，如图 3.89 所示。

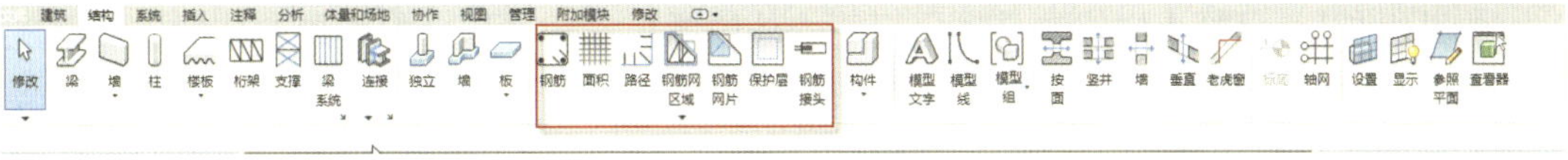

图 3.89

也可以在选定有效的钢筋主体构件时，在“修改|结构框架”选项卡下“钢筋”选项板中使用“钢筋”命令，如图 3.90 所示。

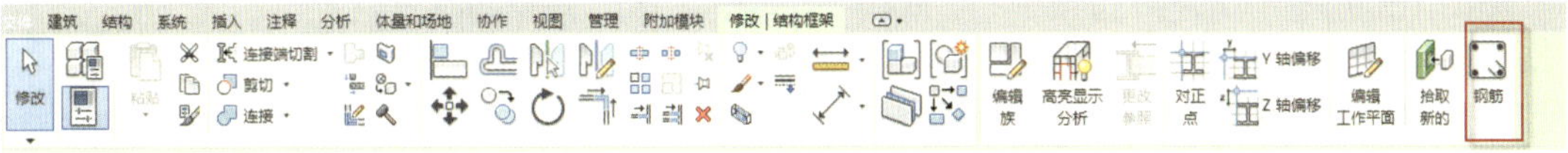

图 3.90

有效的钢筋主体构件：指材质为混凝土的结构构件和族，如结构基础、基础底板、条形基础、结构柱、结构框架、结构楼板等。

3.8.2 构件配筋流程

有效钢筋主体构件配筋的常规流程如下。

1) 钢筋设置

布置钢筋前，需使用“钢筋设置”对话框调整钢筋建模的常规设置，如图 3.92 所示。

方式：功能区“结构”选项卡→“钢筋”选项板下拉菜单→“钢筋设置”命令，如图 3.91 所示。

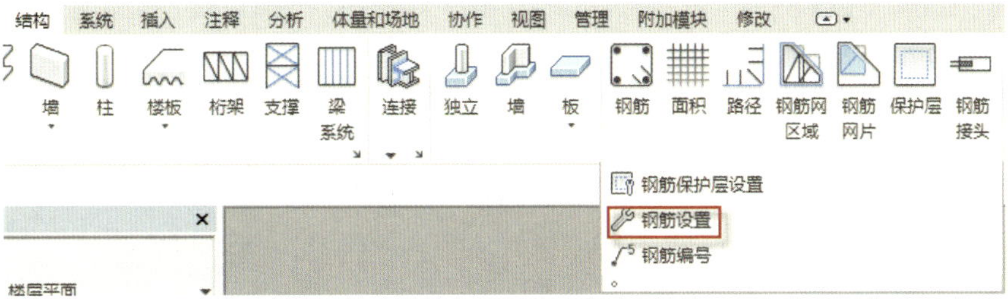

图 3.91

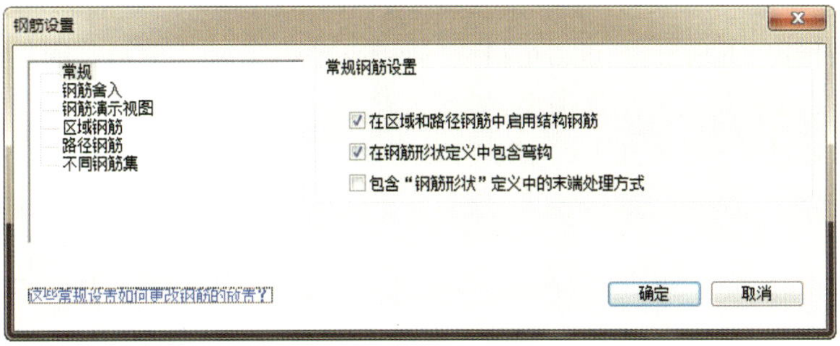

图 3.92

2) 保护层设置

布置钢筋前，需要对有效钢筋主体构件的钢筋保护层做一些常规设置。

钢筋保护层:混凝土构件内最外层钢筋的外边缘形成的面层。保护层的位置由混凝土结构相关规范规定(一般给出了保护层厚度的最小值)。在 Revit 中,混凝土保护层位置主要通过一系列实例参数来设定。在已经设置了混凝土保护层的主体构件中放置钢筋后,该钢筋将自动捕捉已设置的保护层,并延伸至保护层参照面。钢筋保护层参数参照会影响附着的箍筋以及附着到这些箍筋的纵筋。

步骤:

①单击功能区“结构”选项卡→“钢筋”选项板下拉菜单→“保护层”命令,如图 3.93 所示。

②选择要设置保护层的主体图元和面。

③单击主体图元,在“保护层设置”下拉列表中选择保护层类型,如图 3.94 所示。

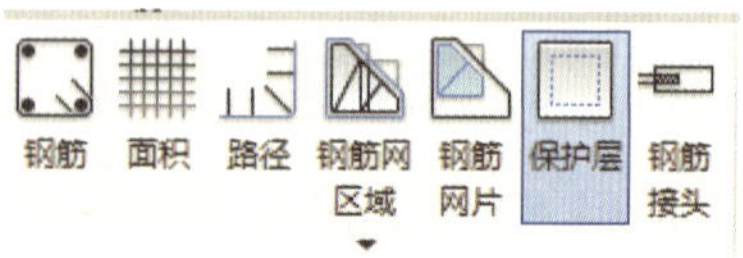

图 3.93

图 3.94

3)布置钢筋

①创建一个视图(剖面视图),用于剖切将要配筋的图元,如图 3.95 所示。

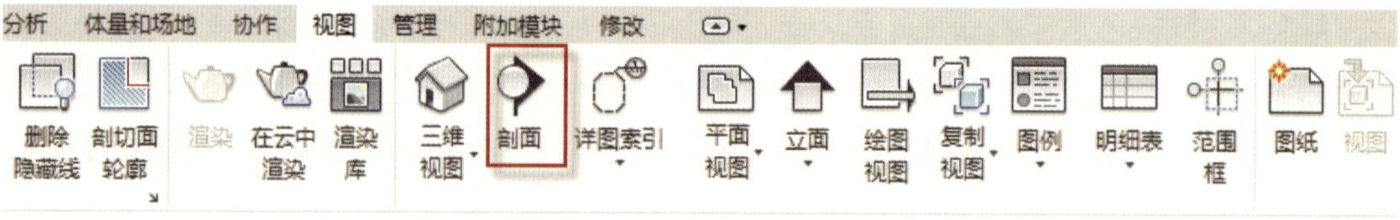

图 3.95

②在剖面视图单击“修改|结构框架”选项卡下“钢筋”选项板中的“钢筋”命令,如图 3.96 所示。

图 3.96

③在“放置钢筋”选项栏中,单击选项框后面的“启动/关闭钢筋形状浏览器”图标,打开钢筋形状浏览器,选择所需的钢筋类型,如图 3.97 所示。如果在钢筋浏览器中缺少所需的钢筋形状,可以通过载入的方式来添加,如图 3.98 所示。

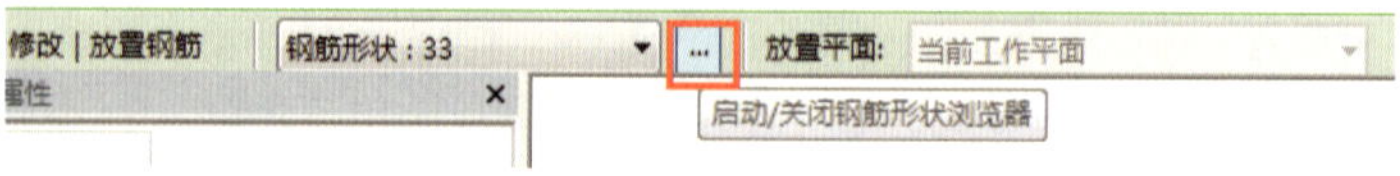

图 3.97

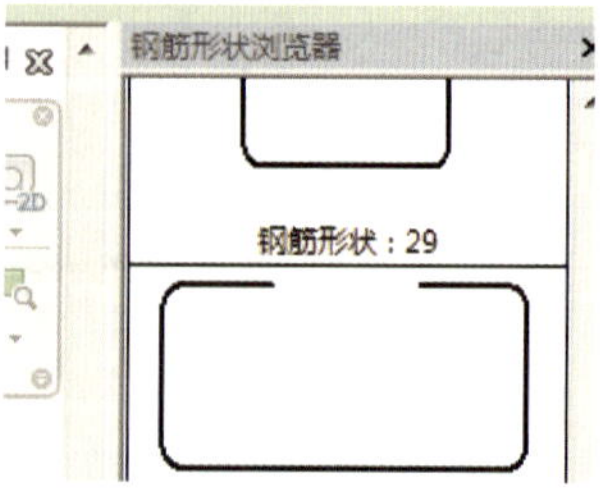

图 3.98

④选择钢筋在主体构件截面放置的方式和根数,如图 3.99 所示。然后在需要配筋的图元截面上单击即可完成该图元的配筋。

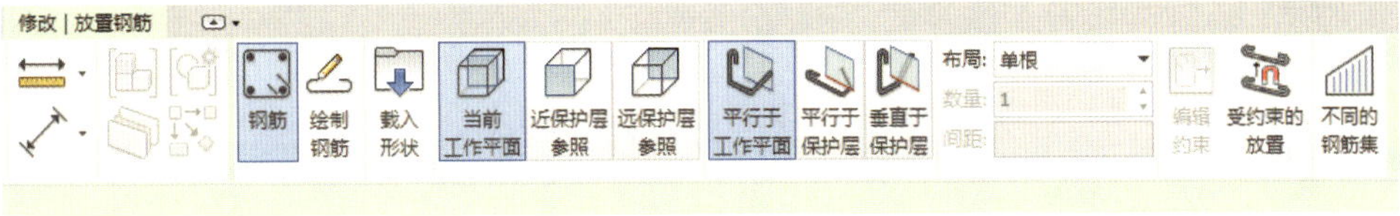

图 3.99

3.8.3　实例应用

1)独立基础配筋

独立基础基本信息:基础尺寸为 1 700 mm×1 700 mm×500 mm,基础混凝土强度等级为 C30,保护层厚度为 50 mm,钢筋 As1、As2 为 C16@ 150(C 为 HRB400 级热轧钢筋),如图 3. 100 所示。

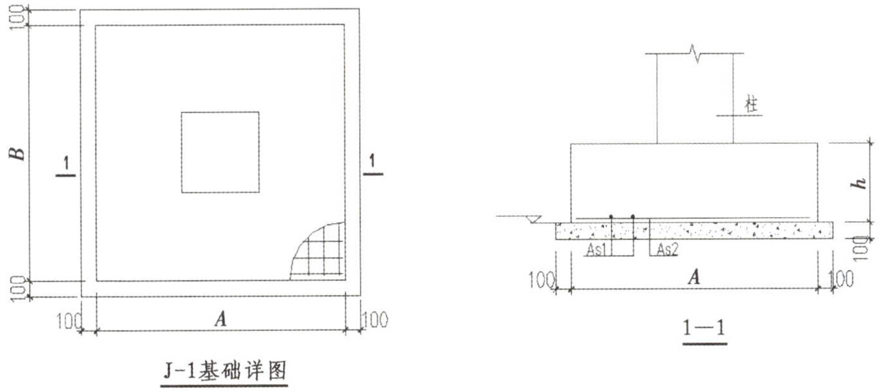

图 3.100

(1)创建独立基础

创建方法参见前面章节介绍,创建结果如图 3.101 所示。

(2)创建剖面

单击功能区“视图”选项卡下“创建”选项板中的“剖面”命令,创建剖面视图 1,如图 3. 102 所示。在项目浏览器中双击“剖面 1”,进入剖面视图 1,如图 3.103 所示。

图 3.101

图 3.102

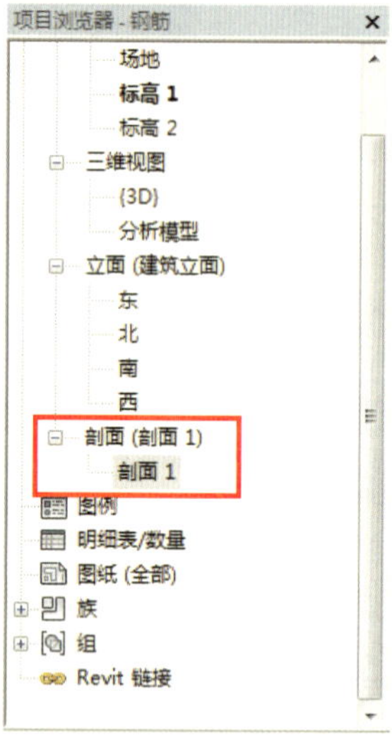

图 3.103

【注意】

剖面框线需穿过构件内部方可进行配筋，否则无法对构件截面配筋。

(3)设置保护层

在功能区“结构”选项卡下“钢筋”选项板中单击“保护层”命令，如图 3. 104 所示。

在“编辑钢筋保护层”中设置保护层，如图 3.105 所示。

在弹出的“钢筋保护层设置”对话框中，选择与基础对应的保护层厚度。若没有相应的保护层厚度，可以单击“添加(A)”按钮，如图 3.106 所示。

图 3.104

图 3.105

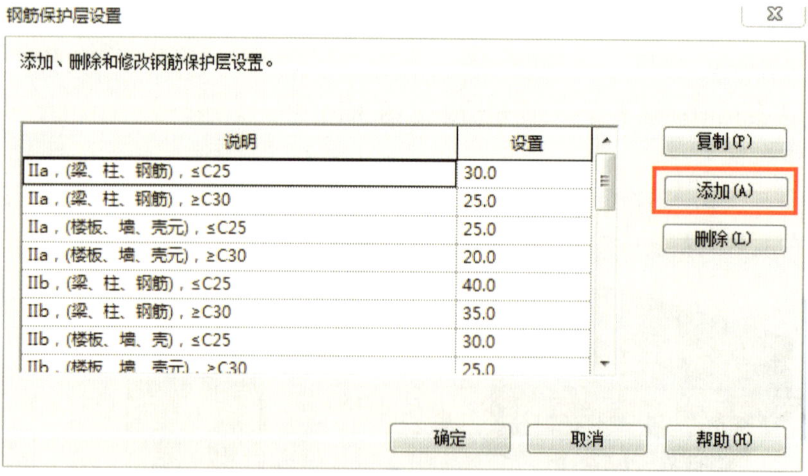

图 3.106

实例独立基础的保护层厚度为50 mm，在系统默认的选项中没有相匹配的，故需新建一个保护层厚度设置，如图 3.107 所示。单击“确定”按钮，为钢筋保护层选择图元，单击独立基础即可。

图 3.107

图 3.108 中箭头所指虚线为保护层内层。

图 3.108

查询构件的保护层厚度：单击构件，在构件属性面板中有钢筋保护层显示栏，如图 3.109 所示。单击钢筋保护层倒三角处可以选择构件保护层类型，如图 3.110 所示。

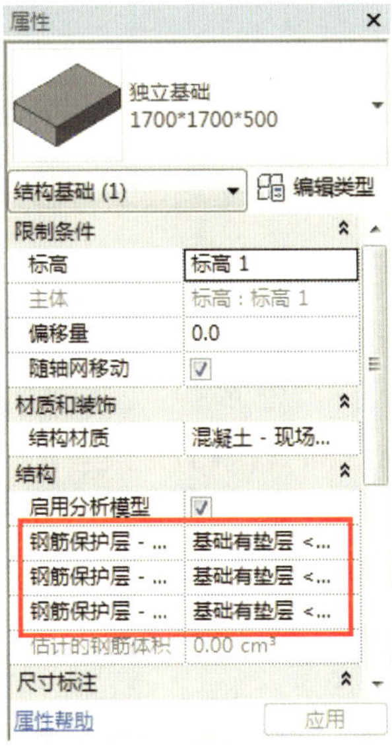

图 3.109

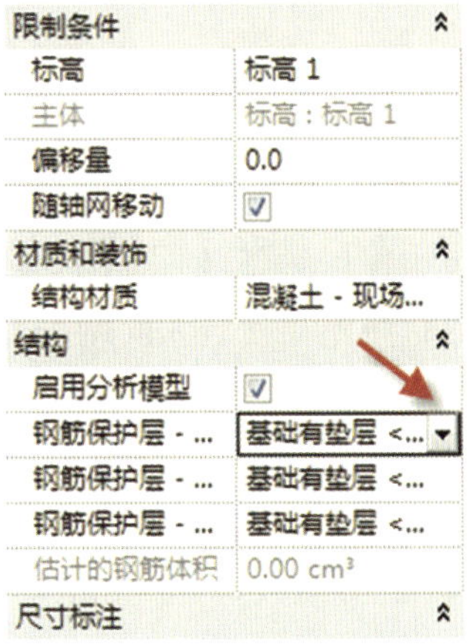

图 3.110

(4)为基础放置钢筋

在功能区“结构”选项卡下“钢筋”选项板中单击“钢筋”命令，如图 3.111 所示。

图 3.111

在选项栏选择所需的钢筋形状，如图 3.112 所示。在“钢筋形状浏览器”中，可查看所需钢筋的形状，如图 3.113 所示。该实例基础底部钢筋 As1 和 As2 的形状为“钢筋形状:01”。

图 3.112

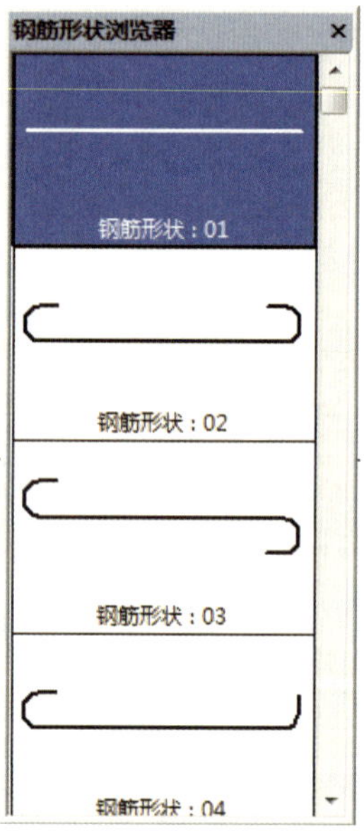

图 3.113

在属性面板“类型选择器”下拉列表中选择对应的钢筋类型，实例基础钢筋类型为直径 16 mm 的 HRB400 钢筋，如图 3.114 所示。在“放置方式”选项板选择合适的布置方式，该实例 As1 选择“垂直于保护层”方向，如图 3.115 所示。在“钢筋集”选项卡选择合适的布局方式，该实例 As1 的布局方式为最大间距，间距为 150 mm，数量为 12 根，如图 3.116 所示。

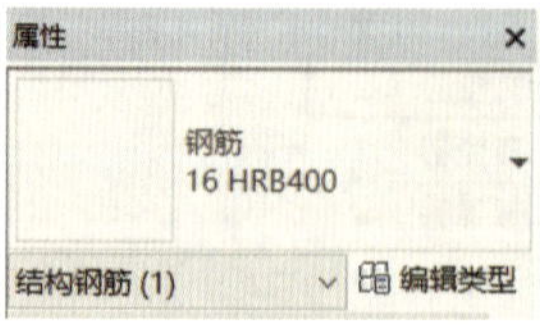

图 3.114

图 3.115

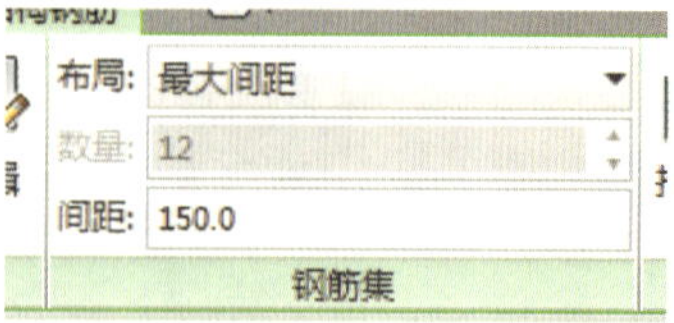

图 3.116

【注意】

"钢筋集"选项卡有5种布局方式,除单根外,其余方式如下:

①固定数量:钢筋之间的间距是可以调整的,但钢筋数量是固定的,以输入数据为准。

②最大间距:指定钢筋之间的最大距离,但钢筋数量会根据第一根和最后一根钢筋之间的距离发生变化。

③间距、数量:指定数量和间距的常量值。

④最小净间距:指定钢筋之间的最小距离,但钢筋数量会根据第一根和最后一根钢筋之间的距离发生变化,即使钢筋大小发生变化,该间距仍会保持不变。

"放置方式"选项板提供了3种放置方式:

①平行于工作平面:将平面钢筋平行于工作平面放置。

②平行于保护层:放置平面钢筋,使其与工作面垂直并与最近的保护层参照平行。

③垂直于保护层:将平面钢筋垂直于工作平面以及与最近的保护层参照放置。

放置钢筋后,结果如图3.117所示。

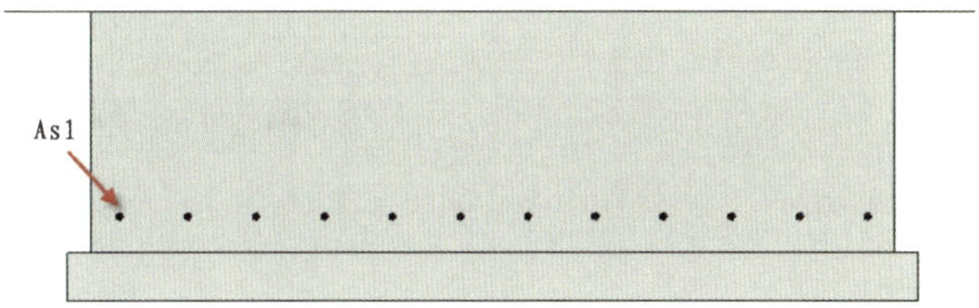

图3.117

As2钢筋的放置方法与As1大致相同,"放置方向"改为"平行于工作平面",在此不做详细介绍。此基础实例钢筋布置剖面图如图3.118所示,平面图如图3.119所示,三维图如图3.120所示。

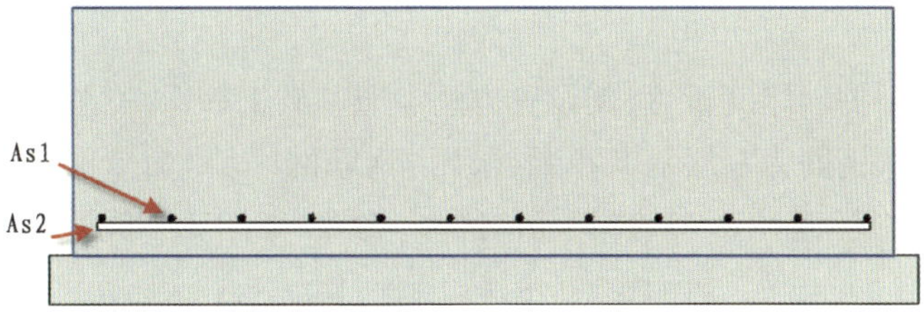

图3.118

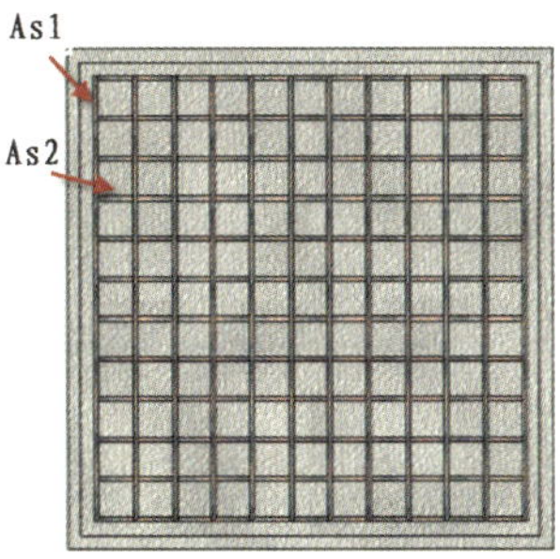

图3.119

图3.120

【注意】

在平面图和三维图中钢筋不可视怎么办?

单击钢筋构件,在构件属性选项卡单击“钢筋图元视图可见性状态”左侧的“编辑”按钮,在“钢筋图元视图可见性状态”对话框中勾选所需钢筋可视的视图即可,如图 3.121 所示。

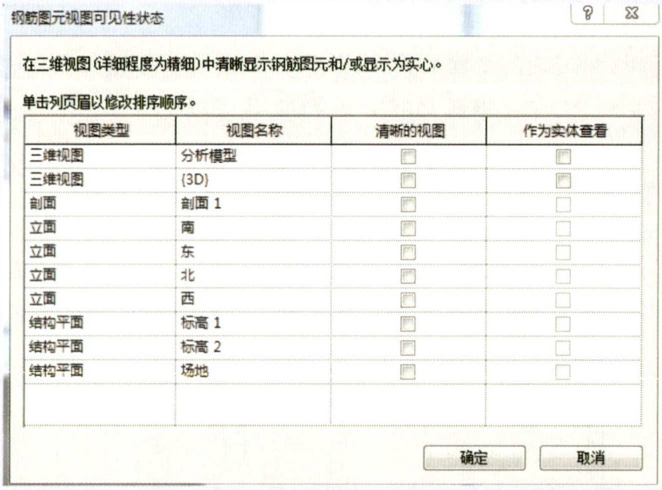

图 3.121

2) 楼板配筋

楼板信息:板尺寸为 3 000 mm×3 000 mm,板厚为 100 mm,板受力筋为双层双向布置,板上部钢筋为 C10@ 100(C 为 HRB400 级热轧钢筋,下同),板下部钢筋为 C10@ 150,钢筋保护层厚度为 25 mm。

步骤:

①楼板的钢筋保护层厚度设置,其设置方法参照基础钢筋保护层设置。

②实例结构楼板钢筋为双层双向布置,采用“钢筋网区域”命令布置钢筋。单击功能区“结构”选项卡下“钢筋”选项板中的“钢筋网区域”命令,如图 3.122 所示。

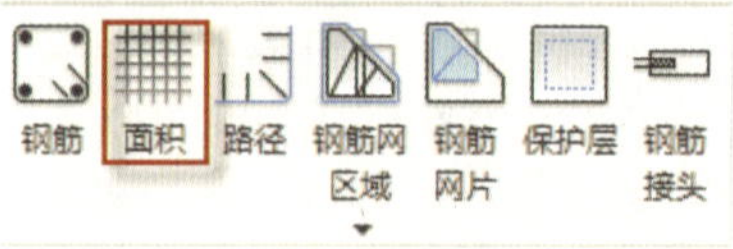

图 3.122

③选择需要配筋的结构楼板。

④在属性面板中对钢筋的“构造”和“图层”进行设置,如图 3.123 所示。实例板顶钢筋为 C10@ 100,钢筋设置如图 3.124 所示;板底钢筋为 C10@ 150,钢筋设置如图 3.125 所示。

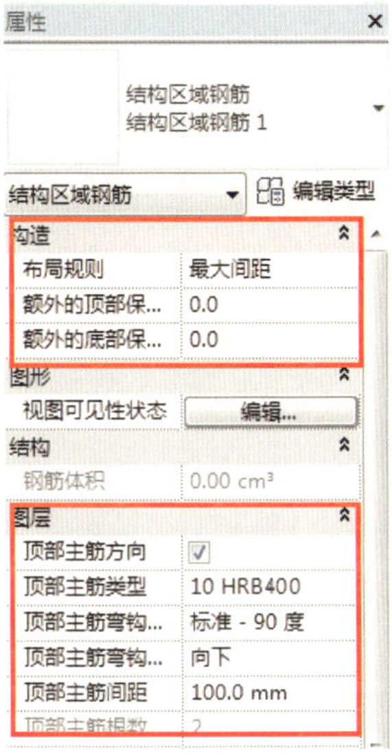

图 3.123

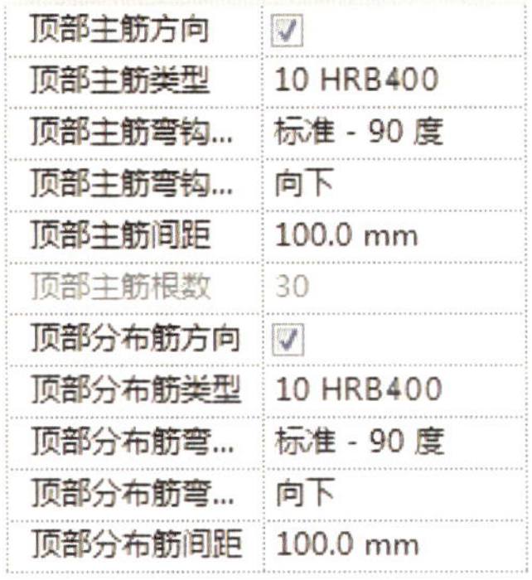

图 3.124

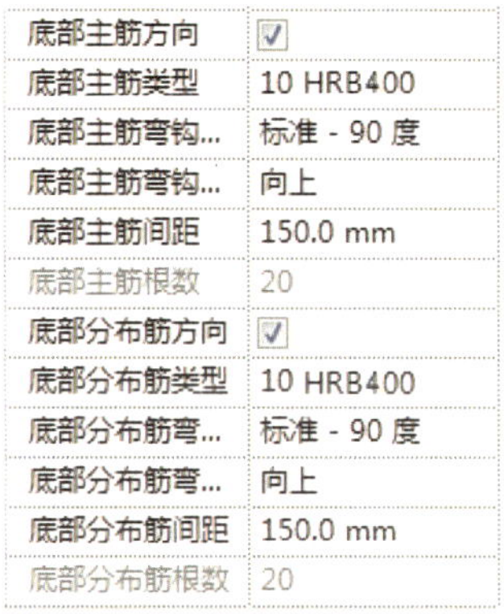

图 3.125

⑤单击“修改|创建 钢筋边界”选项卡下“绘制”选项板中的“线性钢筋”命令，选择“矩形”绘制方式，绘制结果如图 3.126 所示。

⑥单击“修改|创建 钢筋边界”选项卡下“模式”选项板中的“完成编辑模式”命令，钢筋布置完成。Revit 将区域钢筋的符号和标记放置在区域钢筋中心的已完成草图上，如图 3.127 所示。

图 3.126

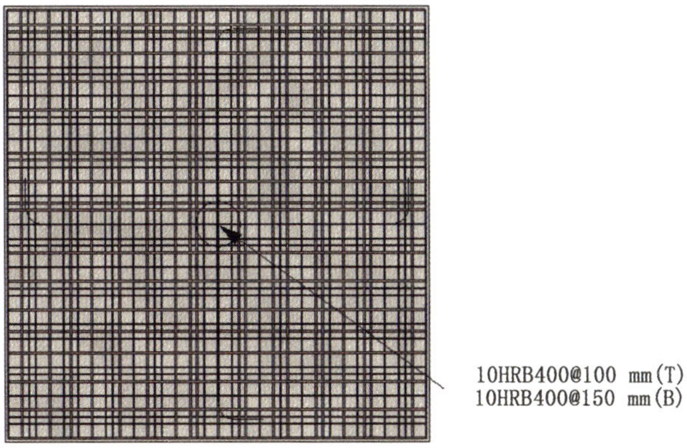

图 3.127

⑦为了更好地观察钢筋的布置，在此创建剖面，进入剖面视图，如图 3.128 所示。

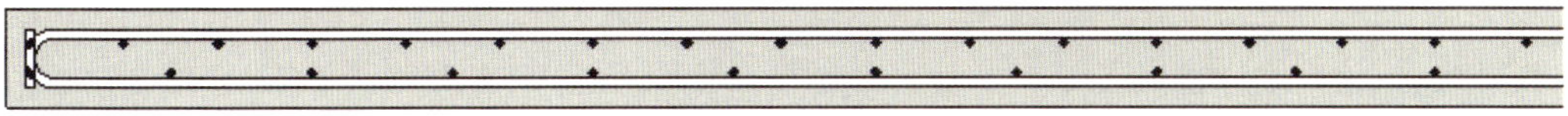

图 3.128

【注意】

以上实例结构楼板的钢筋配筋是在平面视图采用“钢筋网区域”命令布置的，也可以采用基础钢筋的方法在剖面图中布置（此方法读者自己尝试）。

第 4 章

建筑建模基础

4.1 柱

4.1.1 建筑柱的类型

建筑柱主要起装饰作用，其种类繁多，除矩形柱以外，还有壁柱、倒角柱、欧式柱、中式柱、现代柱、圆柱、圆锥形柱等，一般根据设计要求来确定。也可以通过族模型创建设计要求的柱类型。

4.1.2 建筑柱的载入与属性调整

1）建筑柱的载入

方式：功能区“建筑”选项卡→“构建”选项板→“柱”下拉菜单→“柱：建筑”。

步骤：

①执行上述方式的操作，软件进入放置柱模式，单击“修改｜放置柱”选项卡下“模式”选项板中的“载入族”（图 4.1）。

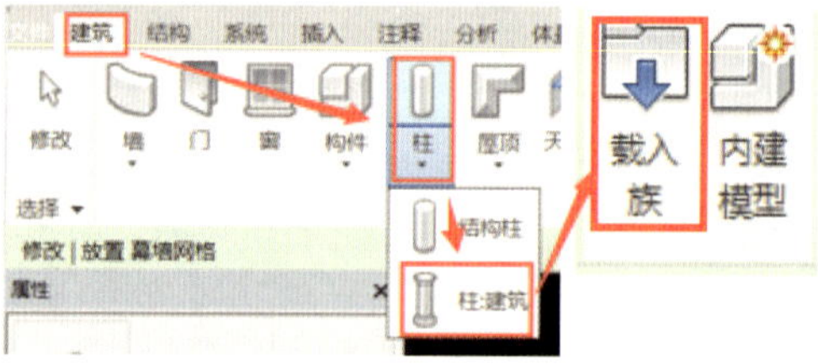

图 4.1

②在弹出的“载入族”对话框中，选择相关的建筑柱族文件，单击“打开”按钮即可将柱族载入到项目中，如图 4.2 所示。

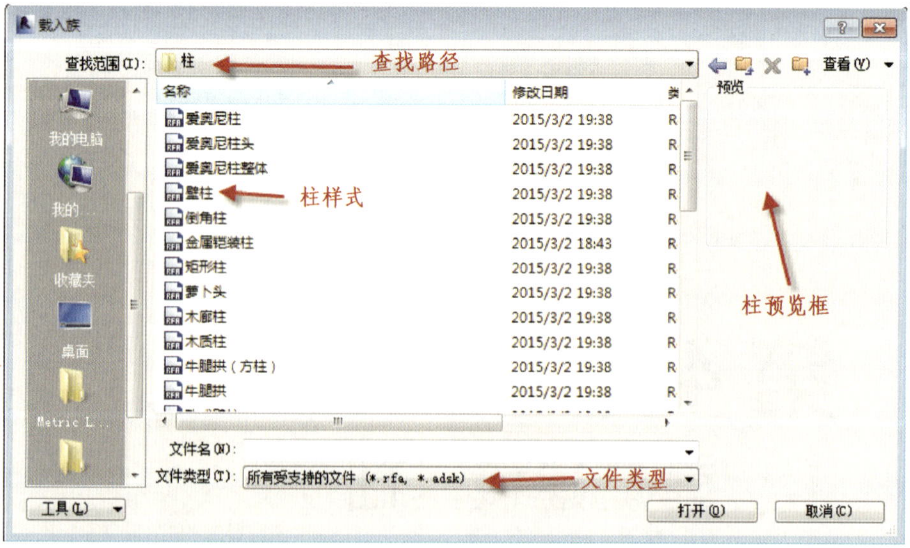

图 4.2

③单击属性面板中的“类型选择器”下拉列表，就可以看到刚刚载入的新柱类型，如图 4.3 所示。

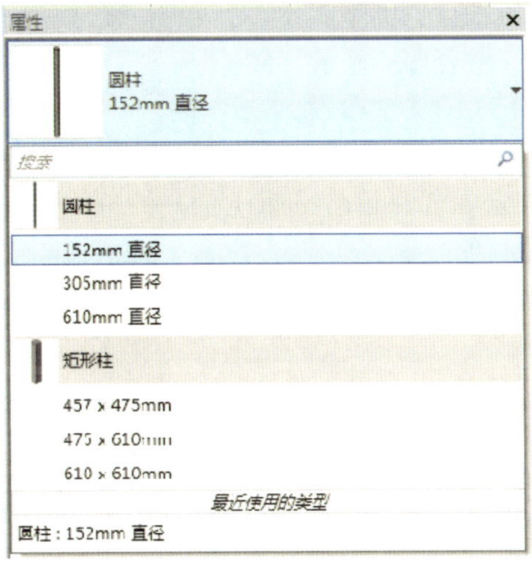

图 4.3

2) 设置柱的属性参数

将柱族载入到项目中后，需要对柱的属性进行调整，以满足设计要求。柱的属性设置包括类型属性设置和实例属性设置两种。通常先设置类型属性，再设置实例属性。

(1) 设置类型属性

保持放置柱的状态，在属性面板“类型选择器”下拉列表中任选一种尺寸的柱，如矩形柱 610 mm×610 mm，单击“编辑类型”按钮，弹出如图 4.4 所示的“类型属性”对话框。

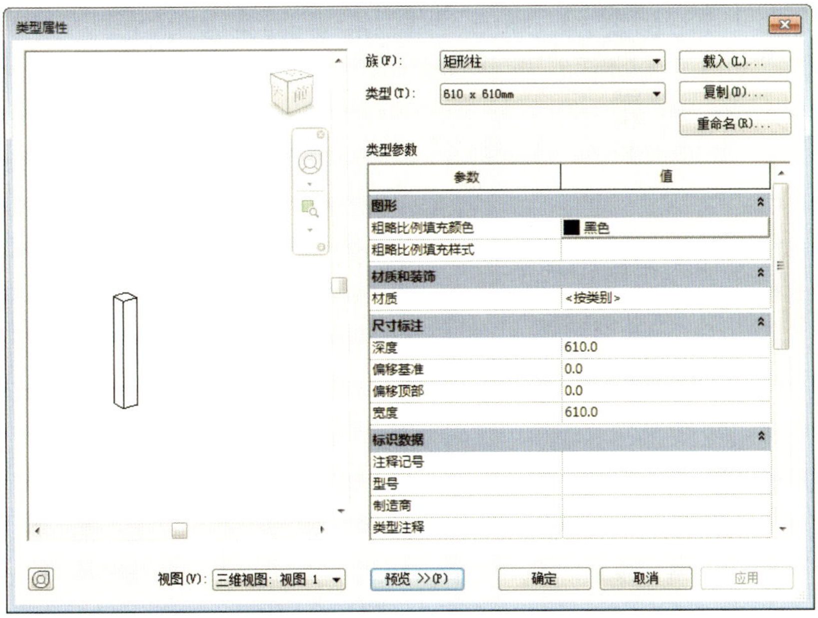

图 4.4

当前设置为矩形柱的类型属性，以创建“矩形柱 350×400 mm”为例来进行调整，从上往下一项项地设置。“族(F)”为“矩形柱”,在“类型(T)”下拉列表中没有该类型的柱,单击“复制(D)”按钮,在弹出的“名称”对话框中输入“350×400 mm”,如图 4.5 所示。

完成后单击“确定”按钮,返回“类型属性”对话框。这时在“类型(T)”一栏会自动显示“350×400 mm”。然后继续设置下面的类型参数,各参数说明如下:

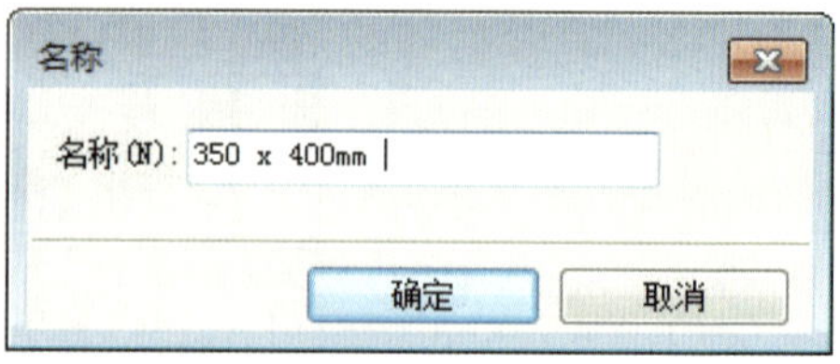

图 4.5

粗略比例填充颜色:指定在任一粗略平面视图中,粗略比例填充样式的颜色。

粗略比例填充样式:指定在任一粗略平面视图中,柱内显示的截面填充图案。

材质:柱的材质。

深度:放置时设置柱的深度。

偏移基准:设置柱基准的偏移。

偏移顶部:设置柱顶部的偏移。

宽度:放置时设置柱的宽度。

(2)设置实例属性

如图 4.6 所示,各参数说明如下:

随轴网移动:确定柱在放置时是否随着网格线移动。

房间边界:确定放置的柱是否构成房间的边界。

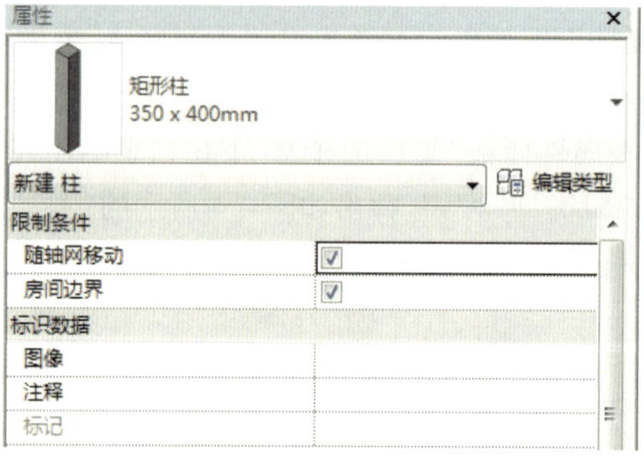

图 4.6

4.1.3 建筑柱的布置和调整

在完成柱的类型属性和实例属性设置后,就可以把柱放置到项目中所在的位置。

方式:功能区“建筑”选项卡→“构建”选项板→“柱”面板下拉菜单→“建筑柱”。

步骤:

①执行上述方式的操作。

②在属性面板“类型选择器”下拉列表中选择柱类型。

③设置柱选项栏的参数,如图 4.7 所示,相关说明如下:

图 4.7

放置后旋转:确定放置柱后可继续进行旋转操作。

高度|深度：设置柱的布置方式，并设置高度或深度值。

房间边界：确定此柱是否是房间边界。

④布置柱。将鼠标移动到绘图区域，柱的平面视图形状会随着鼠标的移动而移动。将鼠标移动到横纵轴网的交点，相应的轴网高亮显示，单击鼠标左键，将柱放置在轴网交点上，按两次“Esc”键退出当前状态；单击选择放置的柱，通过临时尺寸标注将柱调整到合适位置，如图 4.8 所示。

通过此方法将其他类型柱放置到合适的位置，再通过临时尺寸标注进行调整。对于柱类型一致，且与相邻轴网的位置关系相同的，可以通过复制的方法快速创建。

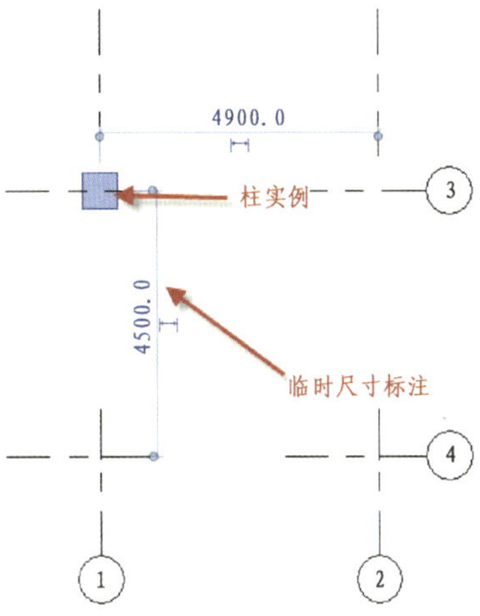

图 4.8

4.2 墙

4.2.1 结构墙与非结构墙的区别

结构墙是建筑物中具有承重作用的框架墙、剪力墙；非结构墙是指在建筑物中不具有承重作用，只起分隔和装饰作用的墙体，如砌体墙、女儿墙等。

在模型的建模过程中，结构墙在“结构”或“建筑”选项卡下选“墙：结构”，非结构墙则选择“墙：建筑”。图 4.9 所示为结构墙、建筑墙的属性对比。

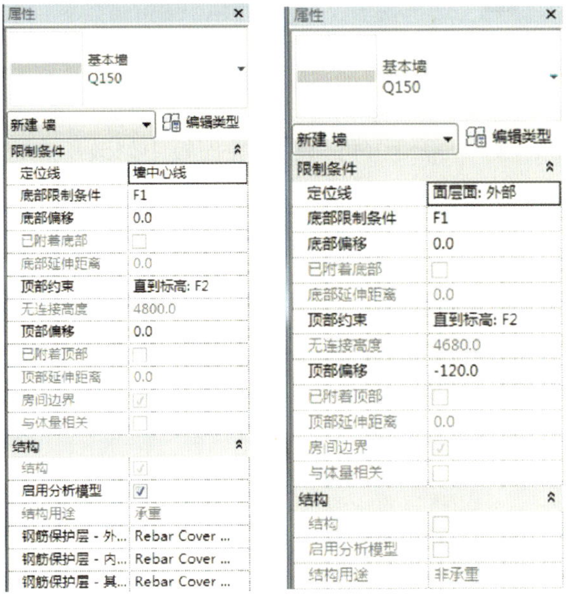

结构墙属性　　　　建筑墙属性

图 4.9

4.2.2 非结构墙绘制

结构墙与建筑墙的绘制方法及编辑类型相同，不再赘述。

4.2.3 面墙绘制

面墙是基于体量模型来绘制的，某些异形的墙体可先创建体量模型，再用面墙转化成实体墙。

步骤：单击功能区“建筑”选项卡→选择“墙”→单击“面墙”→在绘图区域选中已绘制的体量，完成体量转面墙，如图 4.10 所示为面墙的转化。

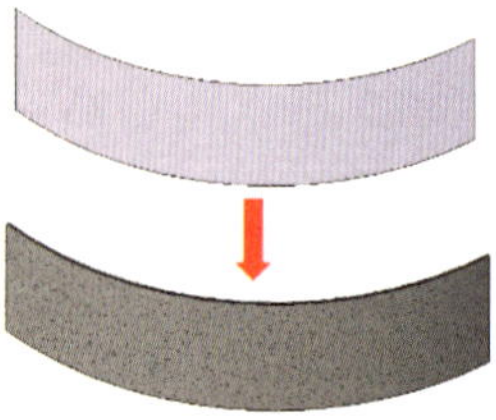

图 4.10

4.2.4 饰条和分隔缝绘制

饰条是用于绘制踢脚板和冠顶饰的工具；分隔缝是在设计阶段考虑大面积施工时刚性防水层的变形而采取的结构或构造措施。两者皆依附于已绘制的结构墙和建筑墙。

1) 绘制

单击功能区“建筑”选项卡→选择“墙”→单击“墙：饰条”→进入“修改|放置 墙饰条 ”选项卡，这里点选绘制→单击绘图区域→选中墙→自动捕捉到墙面→完成绘制，绘制结果如图 4.11 所示。

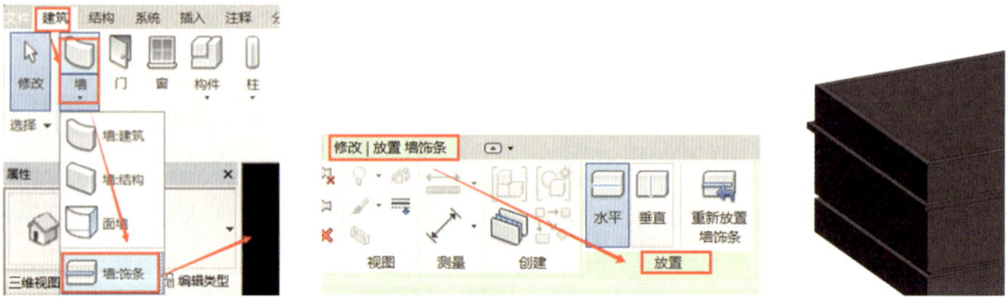

图 4.11

2) 修改

选中已绘制的“饰条”或“分隔缝”，可以在属性面板中修改所在标高位置和相对标高的偏移值，如图 4.12 所示。

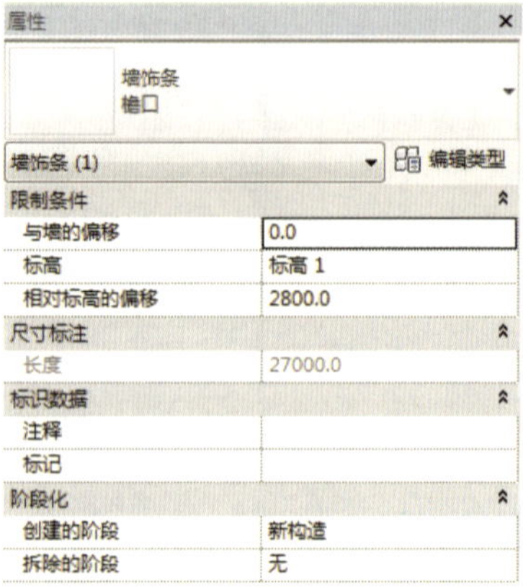

图 4.12

4.3 幕 墙

Revit 软件根据幕墙的绘制形式不同,把幕墙分为线性幕墙和幕墙系统。线性幕墙的创建与基本墙体的创建方式基本相同;幕墙系统不能单独创建,它是基于幕墙系统体量模型,并可以根据体量模型的变化而变化。图 4.13 为本案例创建的线性幕墙,图 4.14 为幕墙系统。

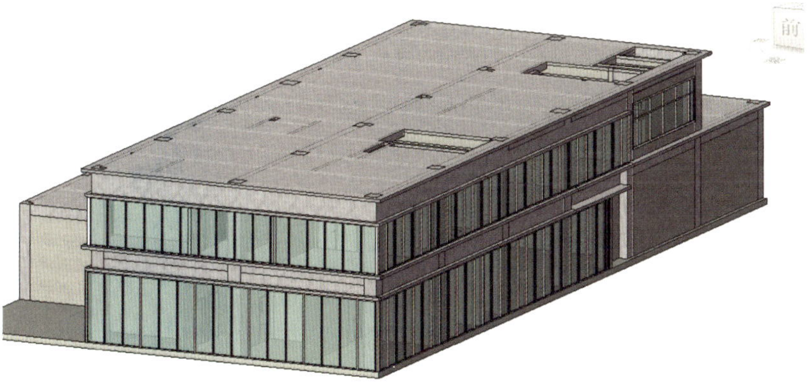

图 4.13

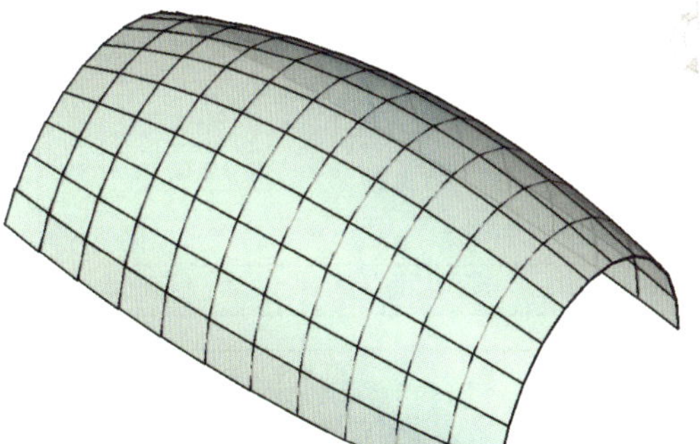

图 4.14

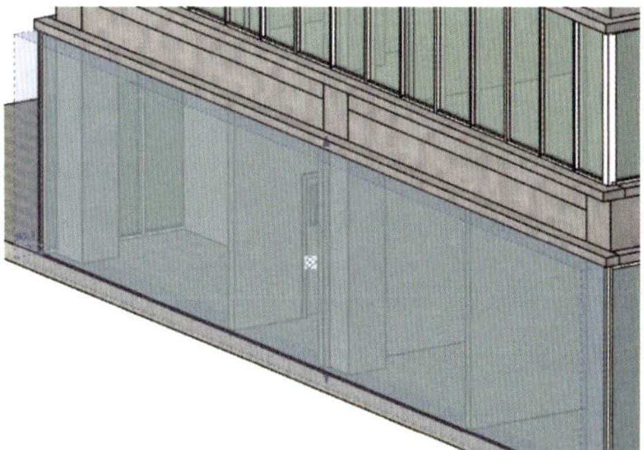

图 4.15

4.3.1 线性幕墙绘制

步骤:单击功能区“建筑”选项卡→单击“墙”选项下拉菜单→选择“墙:建筑”→在属性面板“类型选择器”下拉列表中选择“幕墙”→选某一平面图(这里选择 F1 层平面图)→单击绘图区域→再单击起始点、终点→按两次“Esc”键退出,完成幕墙的绘制→切换到三维视图,结果如图 4.15 所示。

1)幕墙的实例属性

幕墙的实例属性如图 4.16 所示,各参数说明如下:

底部限制条件、顶部约束:与前述所绘制的基本墙的底部限制条件和顶部约束一样。

房间边界:勾选,即所创建幕墙定义为房间的边界。

与体量相关:这里灰色显示,表示不是从体量创建的幕墙。

编号、对正:灰色显示,Revit 默认设置。

角度:旋转幕墙网格到指定角度。

偏移量:从距离网格的对正点的指定距离开始放置幕墙。

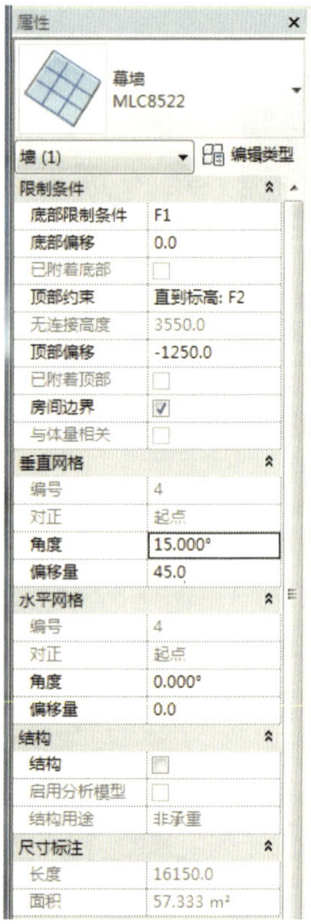

图 4.16

2)幕墙的类型属性

幕墙"类型属性"对话框如图 4.17 所示,各参数说明如下:

功能:指定墙体的功能,Revit 提供了外部、内部、挡土墙、基础墙、檐底板、核心竖井共六类功能墙。

自动嵌入:勾选,幕墙自动嵌入墙体。

幕墙嵌板:单击下拉列表,指定幕墙嵌板中嵌入的嵌板族类型。可通过功能区"插入"选项卡→"载入族",添加新的嵌板族。

连接条件:指定幕墙图元交点处的连接方式。

布局:指网格在垂直、水平方向的布置方式。

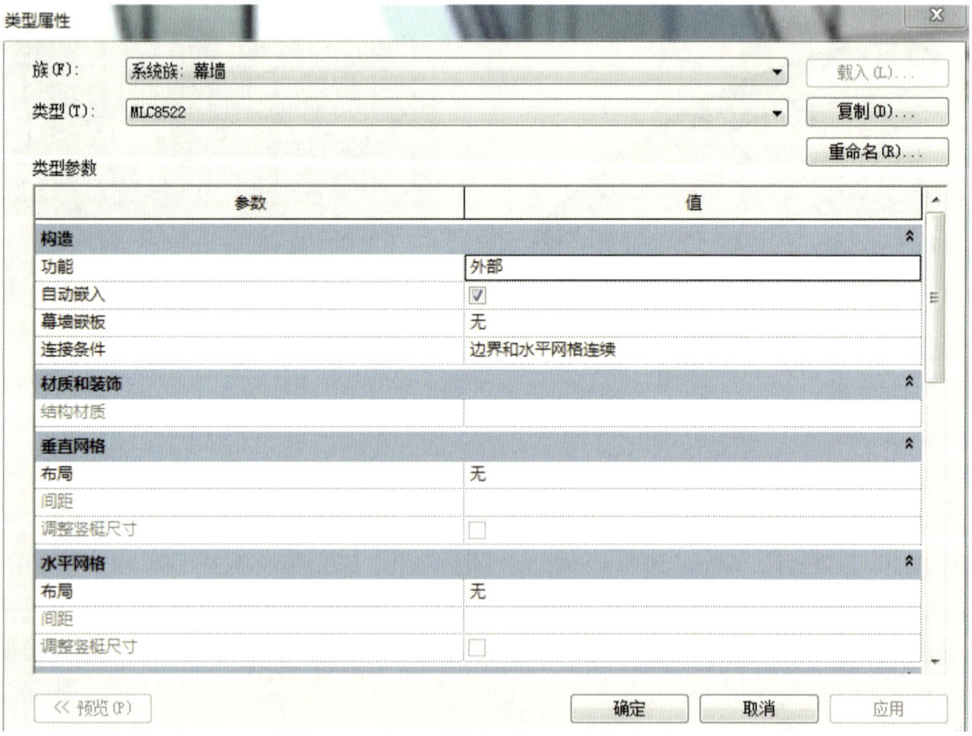

图 4.17

竖梃内部类型、边界类型:指幕墙内部、左右边界竖梃族的类型。

4.3.2 网格划分

幕墙绘制完后,进行网格的划分。有以下两种划分网格的方式:

方式一:自动划分网格。

当相邻网格的间距一致时,可通过"类型属性"对话框设置垂直和水平网格。

步骤:

①选择需要修改的幕墙。

②单击属性面板中的"编辑类型"按钮,进入"类型属性"对话框。

③在"类型属性"对话框中设置布局、间距(图 4.18),单击"确定"按钮完成设置。

垂直网格	
布局	固定距离
间距	1500.0
调整竖梃尺寸	☑
水平网格	
布局	无
间距	
调整竖梃尺寸	☐

图 4.18

方式二:手动划分网格。

划分不同间距、不同样式的网格。

步骤:

①切换至三维视图或剖面图。

②单击功能区"建筑"选项卡下"幕墙网格",进入"修改|放置 幕墙网格"选项卡。

③选择一种绘制方式(Revit 提供了 3 种绘制方式),如图 4.19 所示。

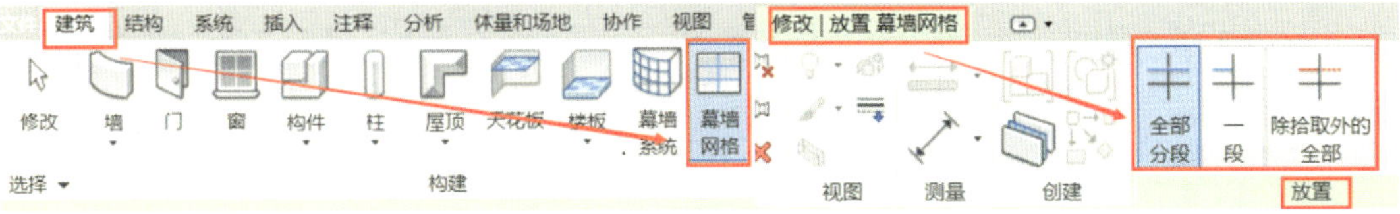

图 4.19

④移动鼠标光标至绘图区域的幕墙上,这时幕墙上会出现随鼠标光标移动的网格线和临时尺寸标注,单击鼠标左键完成网格的绘制。

⑤单击网格上的临时尺寸标注,可手动输入数值进行精确定位,如图 4.20 所示。

⑥选择某网格,通过"修改|放置 幕墙网格"选项卡来修改网格线。

【提示】

先连续添加网格线,再通过临时尺寸的精确定位,可加快不同相邻间距网格的划分。

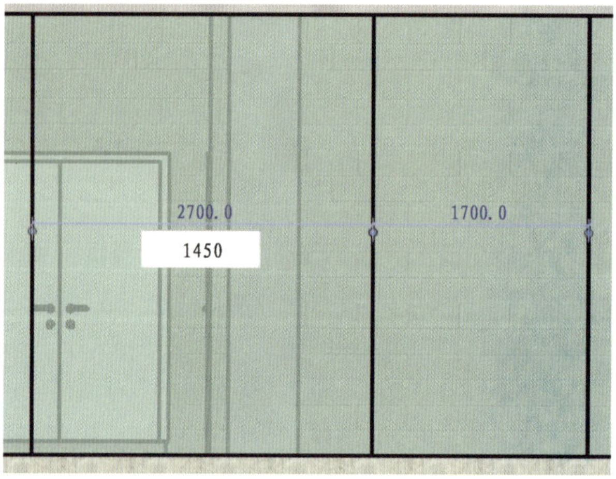

图 4.20

4.3.3 竖梃的设置

1) 添加竖梃

网格线绘制完后,可在网格线的基础上生成竖梃。竖梃的生成方式也有两种。

方式一:自动添加竖梃。

①选中需添加竖梃的幕墙。

②在幕墙“类型属性”对话框中设置垂直竖梃和水平竖梃的“内部类型”、“边界 1 类型”“边界 2 类型”,如图 4.21 所示。

垂直竖梃	
内部类型	矩形竖梃 : 150 x 150mm
边界 1 类型	矩形竖梃 : 150 x 150mm
边界 2 类型	矩形竖梃 : 150 x 150mm
水平竖梃	
内部类型	矩形竖梃 : 50 x 150mm
边界 1 类型	矩形竖梃 : 50 x 150mm
边界 2 类型	矩形竖梃 : 50 x 150mm

图 4.21

③单击“确定”按钮完成竖梃的设置,结果如图 4.22 所示。

图 4.22

方式二：手动添加竖梃。

①选择功能区“建筑”选项卡，单击“竖梃”，进入“修改 | 放置 竖梃”选项卡。Revit 提供了 3 种添加方式，选择其中一种即可，如图 4.23 所示。

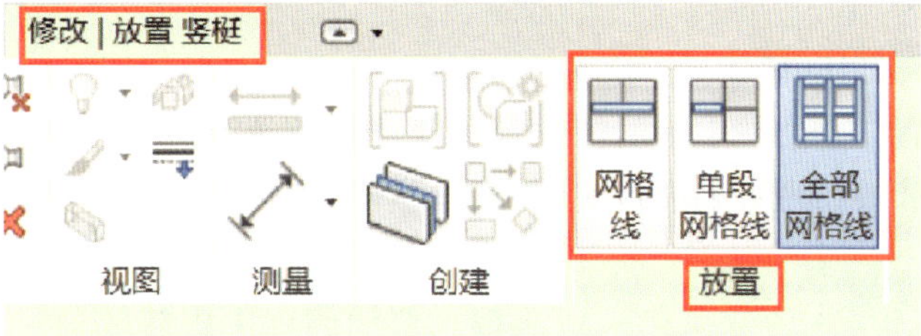

图 4.23

②在属性面板“类型选择器”下拉列表中选择一种竖梃类型。

③移动鼠标至绘图区域，拾取幕墙上的网格线，高亮显示时，单击鼠标左键完成竖梃的放置，双击“Esc”键退出竖梃放置。

2) 竖梃的类型属性

在 ……择某一类型竖梃，单击“编辑类型”按钮，进入“类型属性”对话框，如图 4.24 所……示：

……于幕墙嵌板的旋转角度。

……于幕墙嵌板的偏移值。

……击下拉列表选取不同的轮廓，可以自定义创建，也可以载入其他的竖……

图 4.24

厚度：设置竖梃的厚度。

材质：单击进入材质浏览器，选取竖梃的材质。

边 2、边 1 上的宽度：设置左右边竖梃的宽度。

4.3.4 添加幕墙门窗

幕墙门窗的放置与普通墙上的门窗放置不同，普通门窗无法放置在幕墙上，幕墙门窗只能通过用幕墙嵌板族替换现有的嵌板完成放置。

步骤：

①通过“类型属性”对话框的载入功能载入幕墙门窗嵌板族或通过“插入”栏的“载入族”功能载入幕墙嵌板族。

②选取已划分网格的幕墙。

③通过“Tab”键来回切换，选中需要替换的嵌板，在属性面板“类型选择器”下拉列表中选择载入的门窗嵌板族，单击“应用”按钮完成替换，结果如图 4.25 所示。

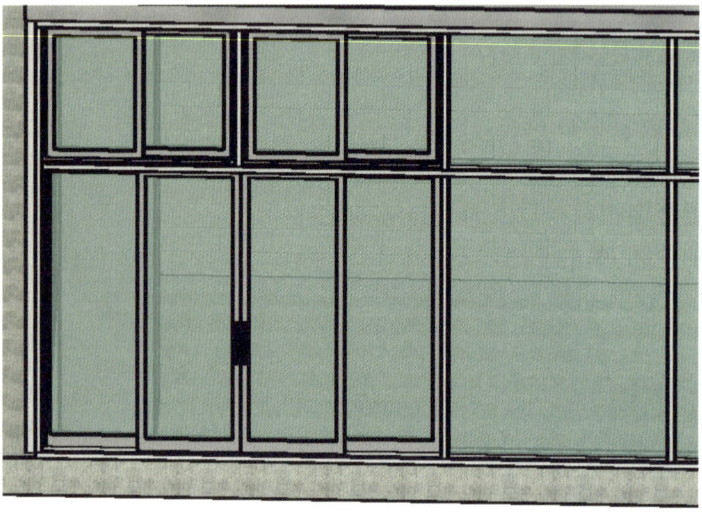

图 4.25

4.3.5 幕墙系统

①首先用内建体量创建一个曲面，如图 4.26 体量模型所示。

②单击“建筑”选项卡下的“幕墙系统”，选择绘图区域的体量面，通过“Tab”键切换选择；单击功能区“修改|放置 面幕墙系统”的“创建系统”完成幕墙系统的创建，如图 4.27 所示。

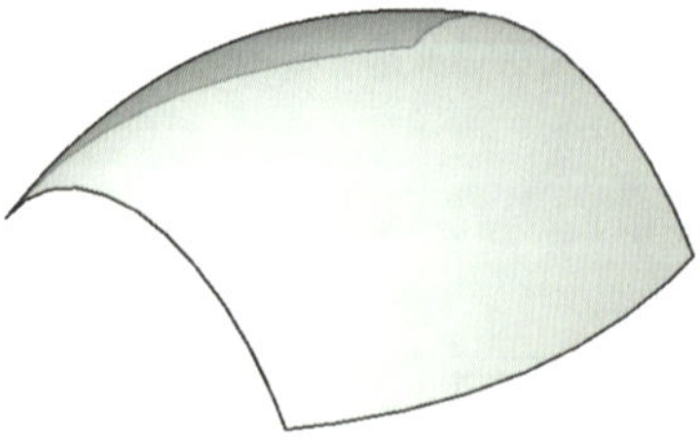

图 4.26

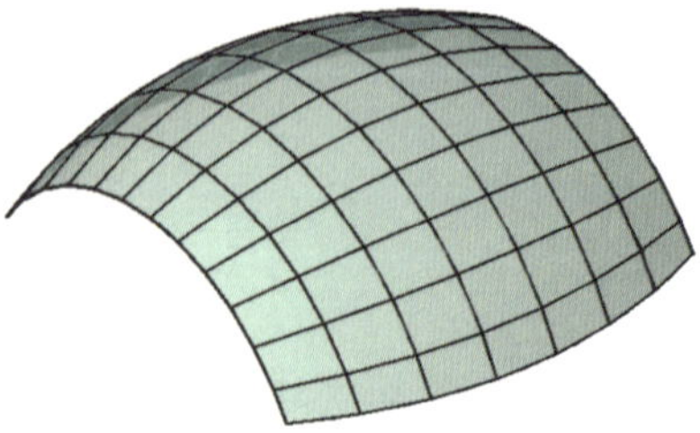

图 4.27

4.3.6　巩固练习“幕墙的布置”

①打开“P141010-ARC-F1～F2”项目，在项目浏览器中双击打开“F1”平面图。

②单击功能区“建筑”选项卡下“墙”下拉菜单，选择“墙：建筑”。在属性面板中选择幕墙。在“类型属性”对话框中，复制创建“MQ-1”幕墙，设置幕墙功能为外部，连接条件为垂直网络连续；设置网格自动布局，在垂直网络中，布局为固定距离，间距为 1 000 mm，勾选调整竖梃尺寸，如图 4.28 所示。

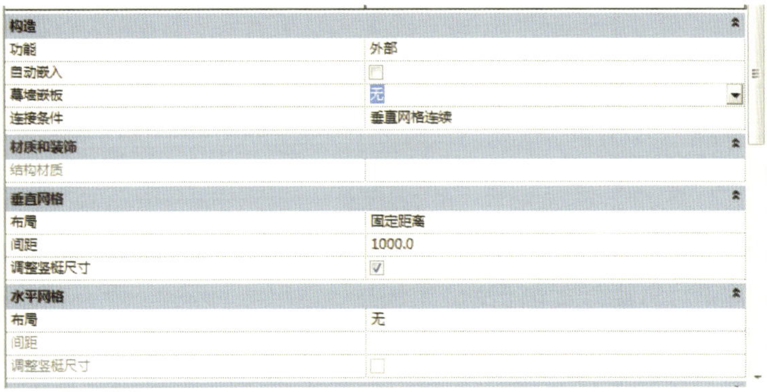

图 4.28

③在属性面板中设置幕墙底部限制条件为 F1，底部偏移为 0，顶部约束为直到标高 F2，系统自动换算为 3 550 mm，顶部偏移为-1 250 mm，勾选房间边界，垂直网格、水平网格这里不更改，如图 4.29 所示。

④单击绘图区域，捕捉链接底图中幕墙所在位置的一端绘制幕墙。

⑤使用功能区“建筑”选项卡下的“竖梃”按钮，进入“修改|放置 竖梃”选项卡，选择“全部网格线”工具，单击绘图区域已绘制好的幕墙网格，生成相应的竖梃。

⑥按上述步骤绘制其他幕墙，完成幕墙创建，如图 4.30 所示。单击“保存”按钮，进行下一步操作。

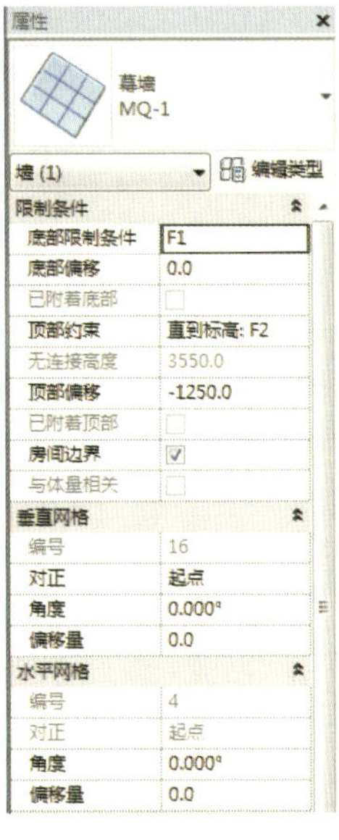

图 4.29

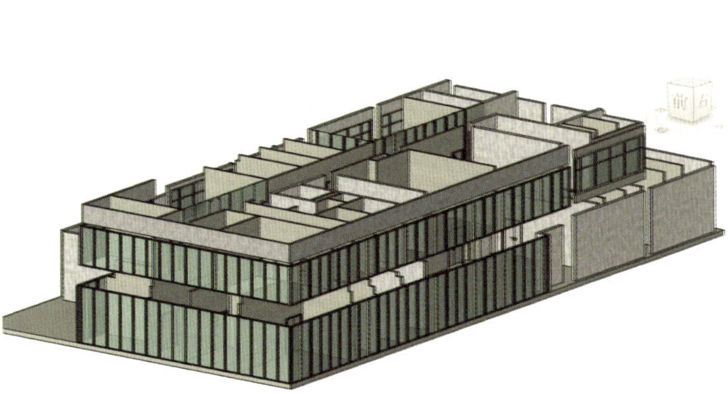

图 4.30

4.4 天花板

天花板是基于其所在标高以上指定某一高度值所创建的图元。

4.4.1 天花板的构造

本节主要介绍天花板构造的设置,包括天花板的功能、材质、厚度设置等。

方式:功能区“建筑”选项卡→“构建”选项板→ (天花板)。

步骤:

①执行上述方式的操作。

②在属性面板中选择天花板的类型。

③单击“编辑类型”按钮,打开天花板“类型属性”对话框,如图 4.31 所示。

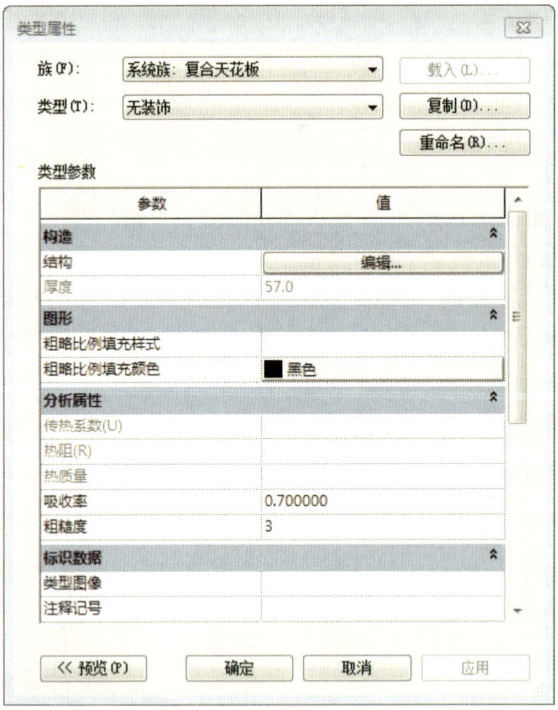

图 4.31

④单击“结构”栏右边的“编辑”按钮,打开天花板“编辑部件”对话框,设置相关参数,如图 4.32 所示。

⑤单击功能板块前的序号,这时该行处于全部选择状态,再次单击“插入(I)”按钮,则插入一层墙面。

⑥单击功能板块下“结构[1]”后的下拉列表,选择功能类型,如图 4.33 所示。

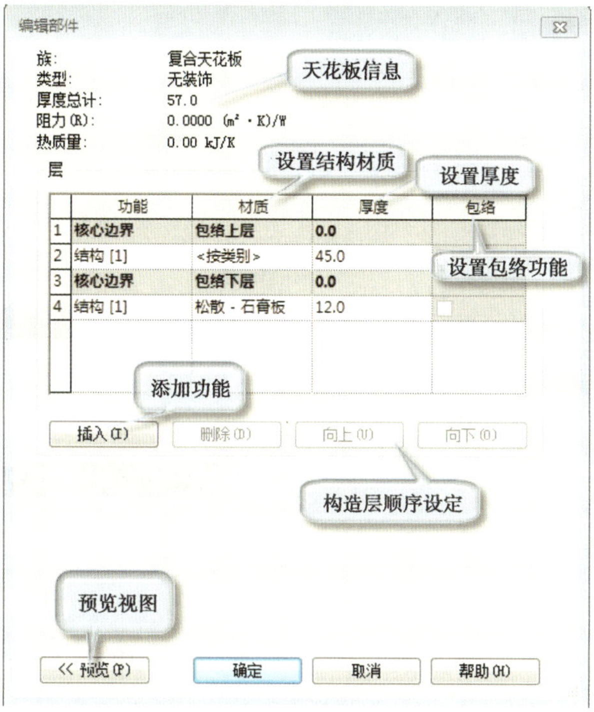

图 4.32

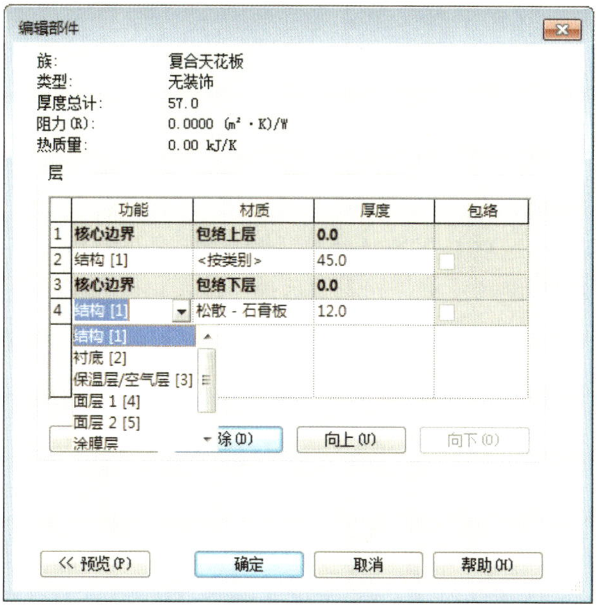

图 4.33

按照此方式继续添加天花板的构造功能，完成后，可以选择某行，单击下面的“向上（U）”或“向下（O）”按钮调整功能所处的位置。如果需要删除，在选择状态下单击“删除（D）”按钮即可。

⑦完成功能的添加后，需要对每一项功能赋予相应的材质。单击材质板块下每行后面的按钮，弹出材质浏览器对话框（图 4.34），选择相应的材质，单击“确定”按钮完成材质设置。

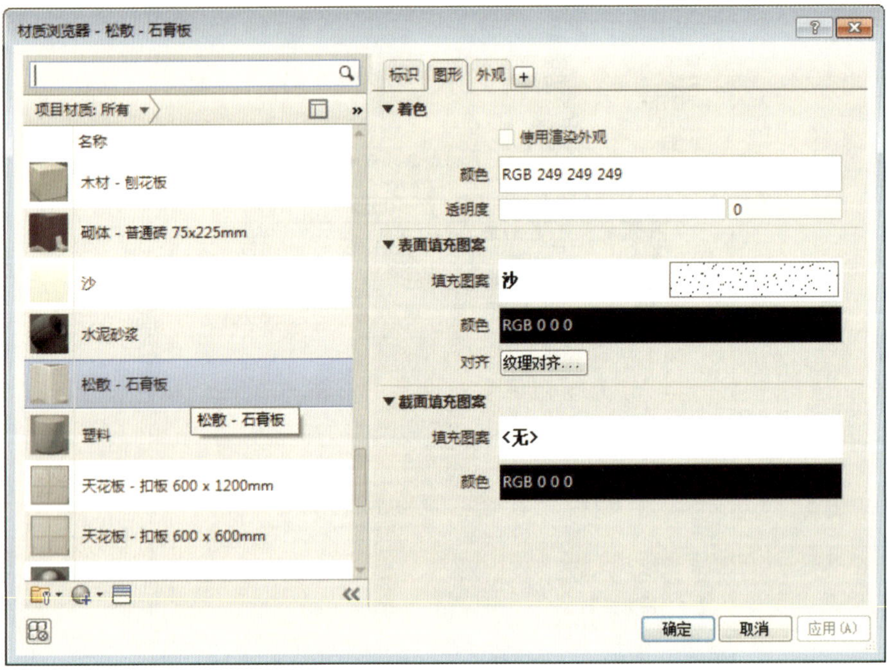

图 4.34

⑧在结构功能后面的"厚度"栏中输入相应的数据，当所有的厚度值都输入完成后，在"厚度总计"一项即可显示当前墙体的总厚度值，单击"确定"按钮完成楼板的构造设置。

4.4.2 天花板的创建

使用"天花板"工具在天花板投影平面视图中创建天花板。

方式：

①打开天花板平面视图。

②单击功能区"建筑"选项卡→"构建"选项板→（天花板）。

③在属性面板"类型选择器"下拉列表中选择一种天花板类型。

④选择一个创建天花板的方式，如图 4.35 所示。

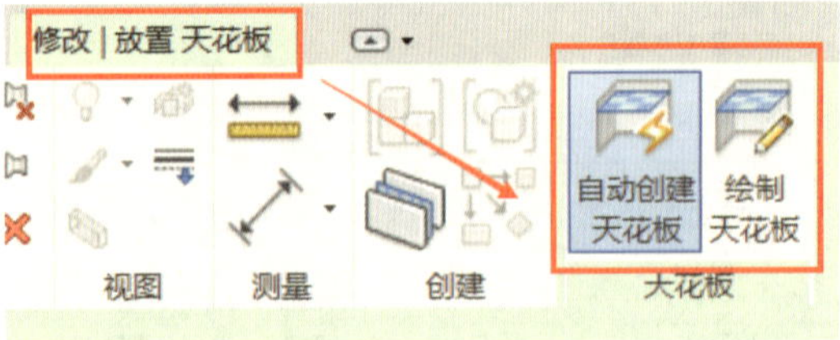

图 4.35

1）自动创建天花板

默认情况下，"自动创建天花板"工具处于活动状态。在单击构成闭合环的内墙时，该工具会在这些边界内部放置一个天花板，而忽略房间分隔线。

步骤：

①选择"自动创建天花板"工具。

②更改属性面板中的"标高"及"自标高的高度偏移"，如图 4.36 所示。

③鼠标放到闭合墙中间，将出现高亮显示的红线，如图 4.37 所示，单击鼠标左键创建天花板。

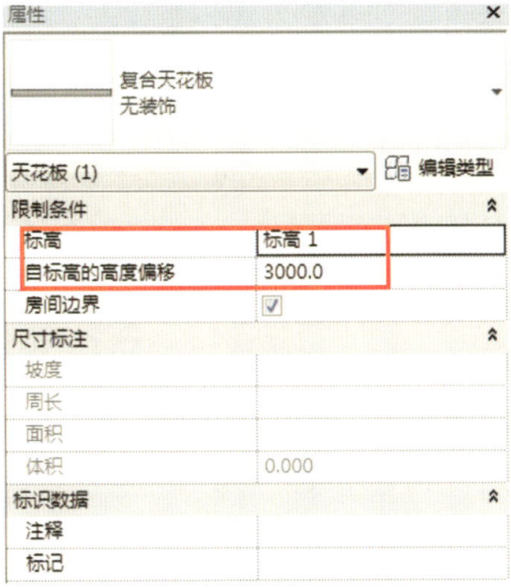

图 4.36

图 4.37

④按“Esc”键退出绘制，绘制结果如图 4.38 所示。

2) 绘制天花板

步骤：

①选择“绘制天花板”工具。

②更改属性面板中的“标高”及“自标高的高度偏移”，如图 4.36 所示。

③在“绘制”选项板选择一种绘制方式，绘制天花板边界，结果如图 4.39 所示，方式同“楼板”创建；单击✔完成天花板的绘制，绘制结果如图 4.38 所示。

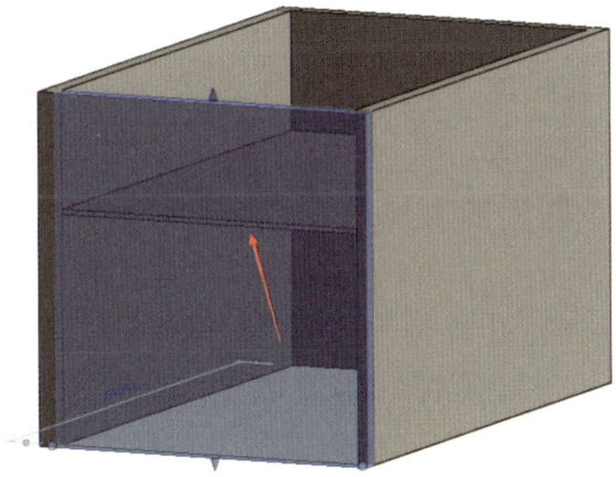

图 4.38

图 4.39

如果需要对创建的天花板进行修改，选择该天花板，通过“编辑边界”修改天花板的轮廓形状，并可在属性面板中修改其实例属性参数。

4.5 屋　顶

在 Revit 软件中，屋顶的创建方式主要有 3 种，分别是迹线屋顶、拉伸屋顶和面屋顶。在“建筑”选项卡下“屋顶”下拉列表中可以看到这几种类型，如图 4.40 所示。

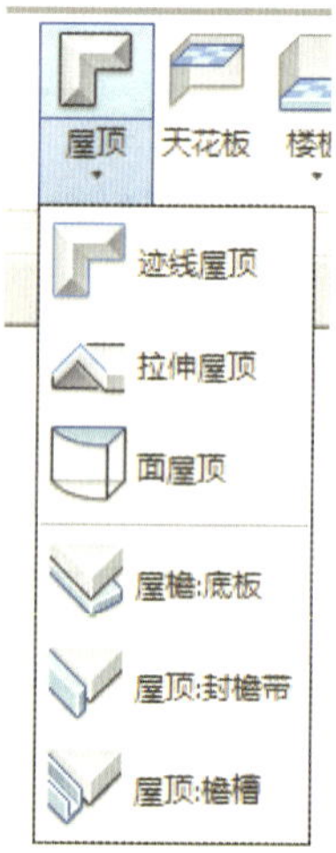

图 4.40

4.5.1　迹线屋顶的创建和修改

创建屋顶时使用建筑迹线定义其边界，在楼层平面视图或天花板投影平面视图中创建屋顶。

方式：功能区“建筑”选项卡→“构建”选项板→“屋顶”下拉列表→（迹线屋顶）。

步骤：

①切换操作平面至屋顶楼层平面。

②执行上述方式的操作。

③在属性面板“类型选择器”下拉列表中选取屋顶类型，在屋顶属性面板中进行相关实例参数的设置，如图 4.41 所示。

图 4.41 中部分参数说明如下：

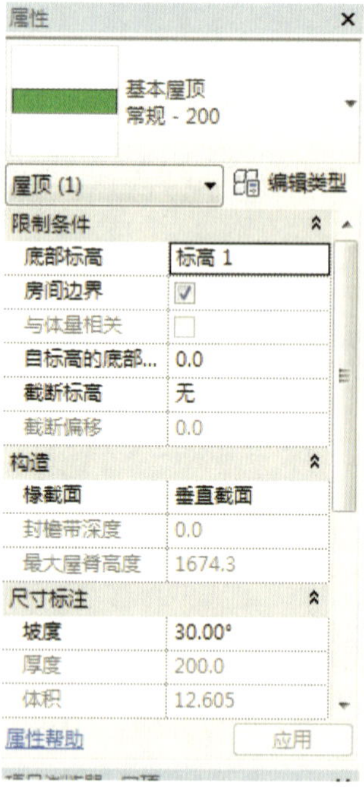

图 4.41

房间边界：如果选中，则意味着屋顶是房间边界的一部分；如果未选中，则意味着屋顶不是房间边界的一部分。此属性在创建屋顶之前为只读。在绘制屋顶之后，可以选择屋顶，然后修改此属性。

与体量相关：指示此图元是从体量图元创建的，该值为只读。

截断标高：指定标高，在该标高上方所有迹线屋顶几何图形都不会显示。以该方式剪切的屋顶可与其他屋顶组合，构成荷兰式四坡屋顶、双重斜坡屋顶或其他屋顶样式。

截断偏移：在“直到标高”中指定的标高以上或以下的截断高度。

拉伸起点：设置拉伸的起点。例如，如果在拉伸创建期间拾取墙的外边缘，则起点会在墙外边缘的某点上开始拉伸。仅为拉伸屋顶启用此参数。

拉伸终点：设置拉伸的终点。例如，如果在拉伸创建期间拾取墙的外边缘，则终点会在墙外边缘的某点上结束拉伸。仅为拉伸屋顶启用此参数。

参照标高:屋顶的参照标高。默认标高是项目中的最高标高。仅为拉伸屋顶启用此参数。

标高偏移:从参照标高升高或降低屋顶。仅为拉伸屋顶启用此参数。

封檐带深度:定义封檐带的线长。

椽截面:定义屋檐上的椽截面。

最大屋脊高度:屋顶顶部位于建筑物底部标高以上的最大高度。可以使用“最大屋脊高度”工具设置最大允许屋脊高度,该值为只读,仅当使用迹线创建屋顶时启用此属性。

④设置屋顶选项栏,如图 4.42 所示。

图 4.42

⑤绘制迹线。设置各参数后,即可绘制迹线,为屋顶绘制或拾取一个闭合的环,如图 4. 43 所示。若要修改某一边坡度,选择该草图线,在属性面板中“尺寸标注”下“坡度”对应的栏中输入修改后的数值,也可在绘图区域单击尺寸值修改;若某一条迹线无坡度,选择该草图线,在选项栏中取消勾选“定义坡度”。单击“修改|创建 屋顶迹线”选项卡中的完成编辑模式按钮✔完成迹线的绘制,结果如图 4.44 所示。

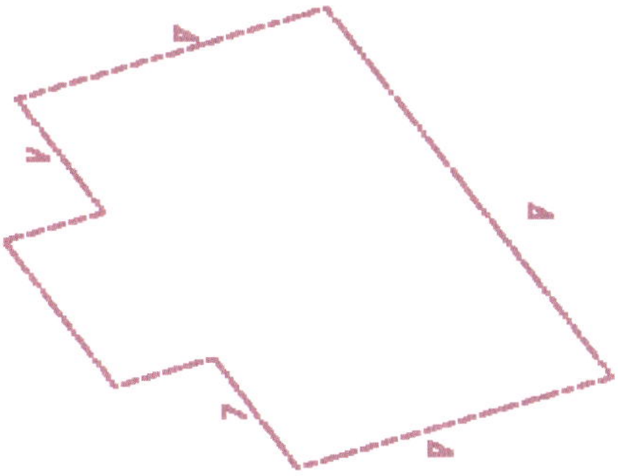

图 4.43

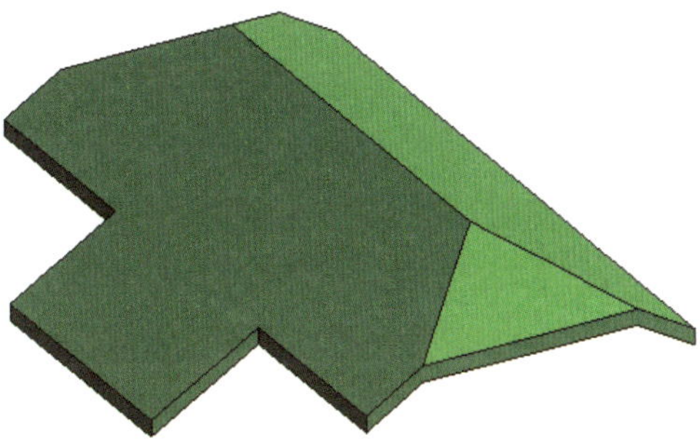

图 4.44

4.5.2　拉伸屋顶的创建和修改

1) 屋顶创建

通过拉伸绘制的轮廓线来创建屋顶。

方式:功能区“建筑”选项卡→“构建”选项板→“屋顶”下拉列表→(拉伸屋顶)。

步骤:

①执行上述方式的操作。

②设置绘制轮廓线工作平面。执行“拉伸屋顶”命令后,软件会弹出“工作平面”对话框,如图 4.45 所示。在对话框中选择指定一个新的工作平面方式,单击“确定”按钮。下面以“拾取一个平面”为例。

光标呈十字光标形式,提示拾取垂直平面,软件会弹出“转到视图”对话框,如图 4.46 所示,此对话框只有在平面视图中拾取工作平面才会显示。

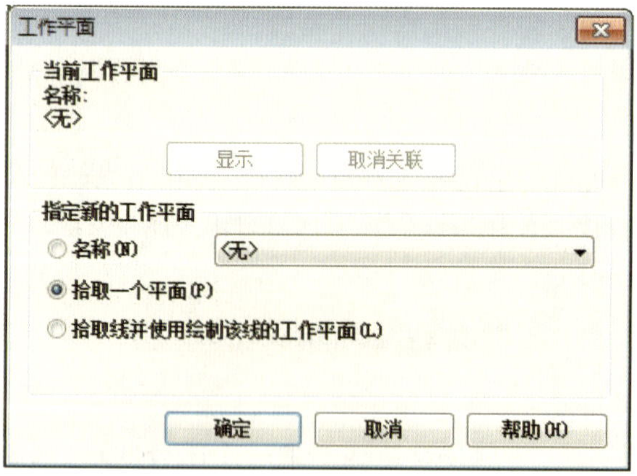

图 4.45

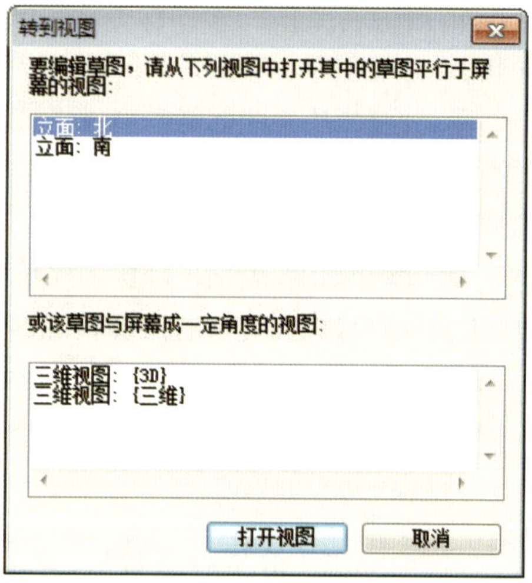

图 4.46

在对话框中选择某一立面视图,此视图即为轮廓线的绘制视图,也是拉伸屋顶的起始位置,然后单击“打开视图”按钮,这时视图会自动切换到选择的视图界面下,并弹出“屋顶参照标高和偏移”对话框,如图 4.47 所示。

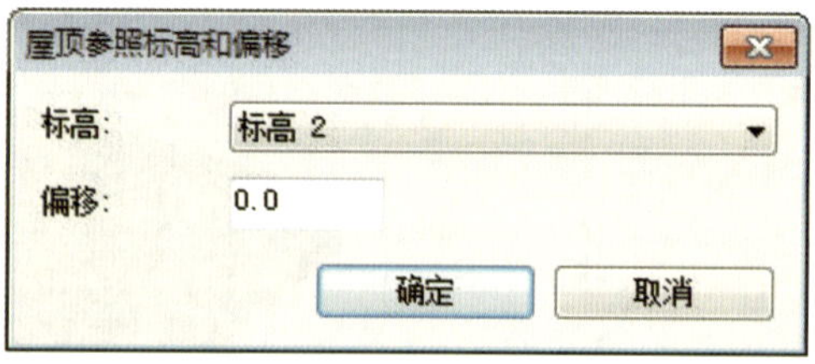

图 4.47

在“标高”下拉列表中选择要创建的屋顶所在的标高。默认情况下,将选择项目中最高的标高。设置偏移值,偏移值指以所选标高为基准,屋顶顶部到标高的距离。

③绘制轮廓。通过使用“绘制”选项板中的工具,绘制开放环形式的屋顶轮廓。可以使用样条曲线工具绘制屋顶轮廓,如图 4.48 所示。

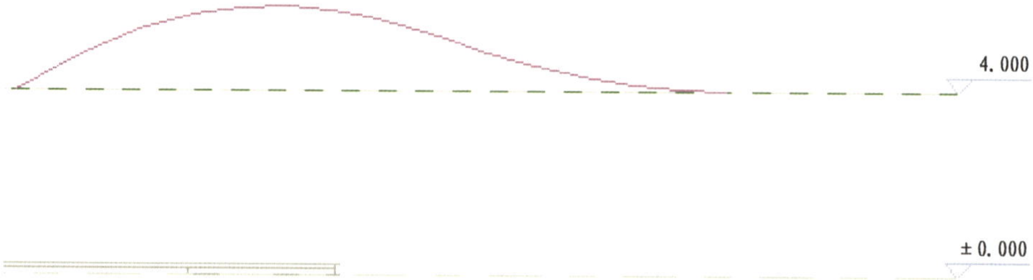

图 4.48

单击上下文选项卡下的✔完成轮廓的绘制,生成拉伸屋顶,结果如图 4.49 所示。

④修改调整。选择拉伸屋顶，在属性面板中可以选择屋顶类型，并可修改屋顶的类型属性和实例属性。

若需要继续修改屋顶的样式，可以选择屋顶，单击“编辑轮廓”按钮，进入绘制轮廓草图模式调整轮廓。

图 4.49

2) 屋檐底板的创建和修改

创建屋顶时，指定悬挑值来创建屋檐。完成屋顶的绘制后，可以对齐屋檐并修改其截面和高度。

方式：功能区“建筑”选项卡→“构建”选项板→“屋顶”下拉菜单→“屋檐|底板”。

步骤：

①执行上述方式的操作。

②选择屋檐底板并设置其相关参数。

③在屋檐底板属性面板“类型选择器”下拉列表中选择要创建的屋檐底板类型，如图 4.50 所示。

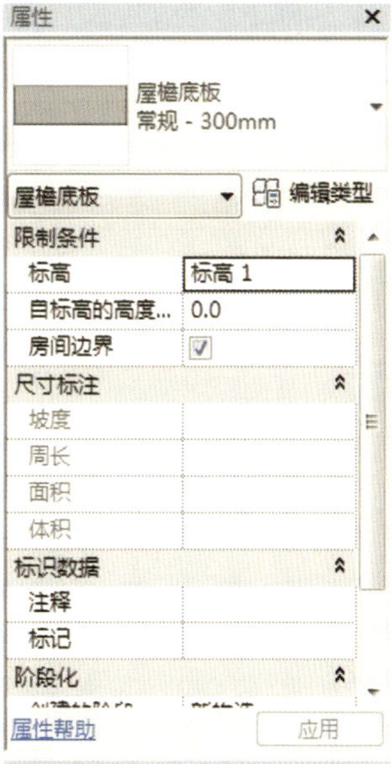

图 4.50

单击“编辑类型”按钮，设置屋檐底板的类型属性，如图 4.51 所示，相关参数设置与楼板一致。

单击“结构”栏右边的“编辑”按钮，设置屋檐底板构造层，如图 4.52 所示，相关参数设置与楼板一致。

④绘制屋檐底板草图。设置好屋檐底板类型及实例属性后，绘制屋檐底板草图。绘制屋檐底板草图时有若干绘制命令，如图 4.53 所示。

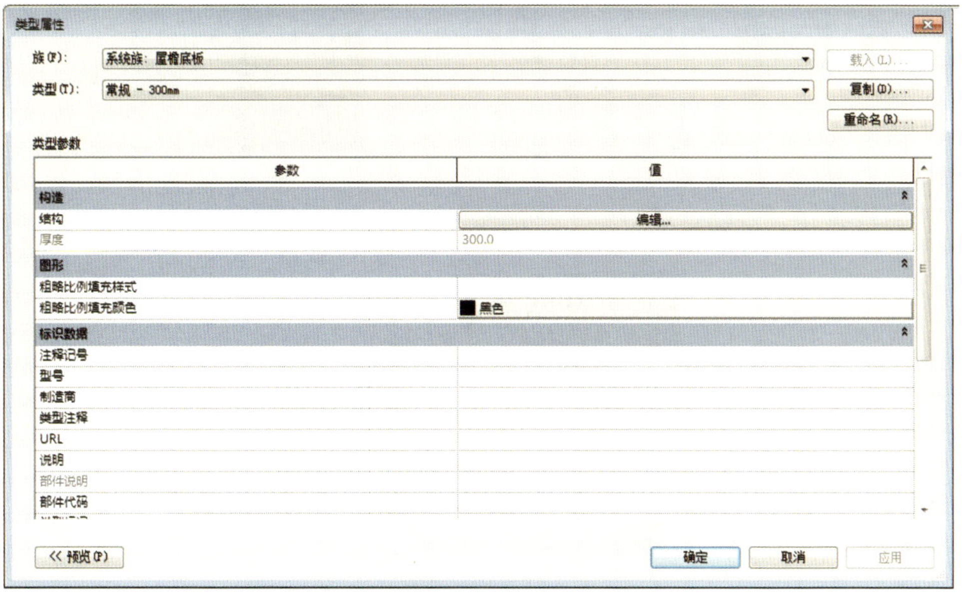

图 4.51

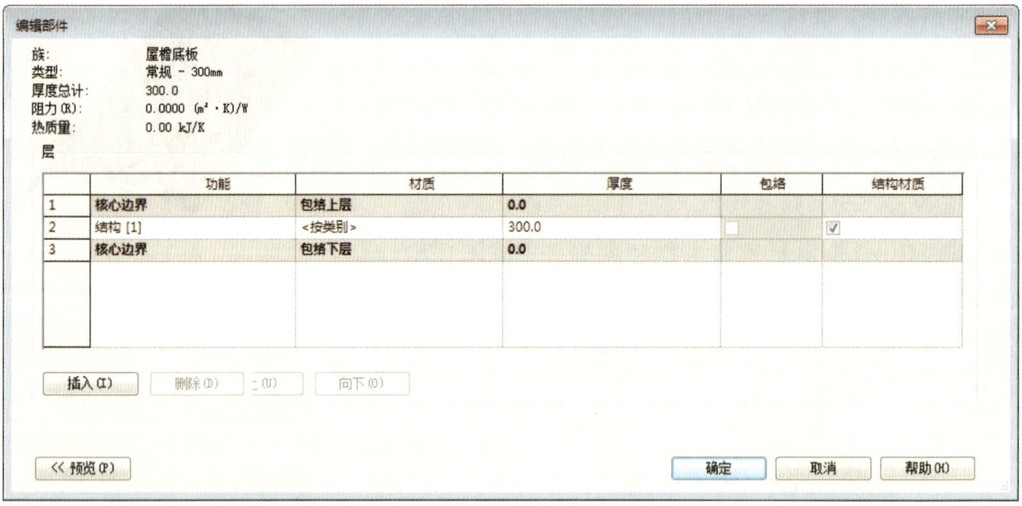

图 4.52

通常情况下,可以通过拾取墙体外部边线和屋顶外边线生成草图线,如图 4.54 所示。

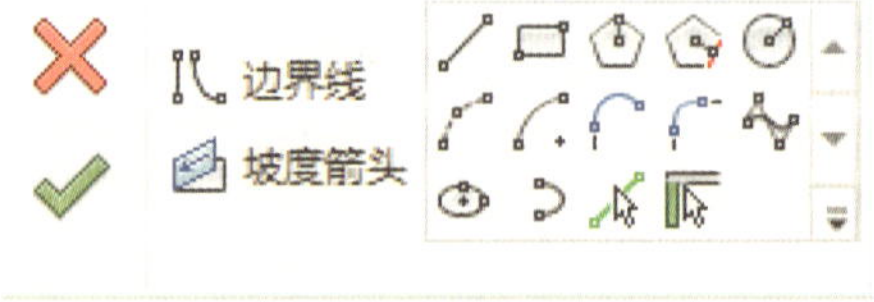

图 4.53

图 4.54

通过修剪命令,确保草图线形成闭合区域,单击✔生成屋檐底板,效果如图 4.55 所示。

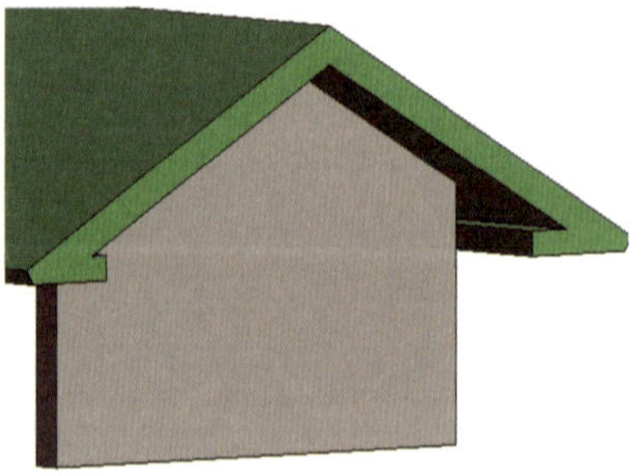

图 4.55

4.5.3　屋顶封檐带的创建和修改

通过创建可以为屋顶、屋檐底板和其他封檐带边缘添加封檐带,也可以为模型线添加封檐带。

方式:功能区“建筑”选项卡→“构建”选项板→“屋顶”下拉菜单→“屋顶|封檐带”。

步骤:

①执行上述方式的操作。

②设置封檐带类型。

在屋顶封檐带属性面板“类型选择器”下拉列表中选择要创建的屋顶封檐带类型,并在其属性面板中设置相关实例参数,如图 4.56 所示。

单击“编辑类型”按钮,进入封檐带“类型属性”对话框,设置相应属性,如图 4.57 所示。

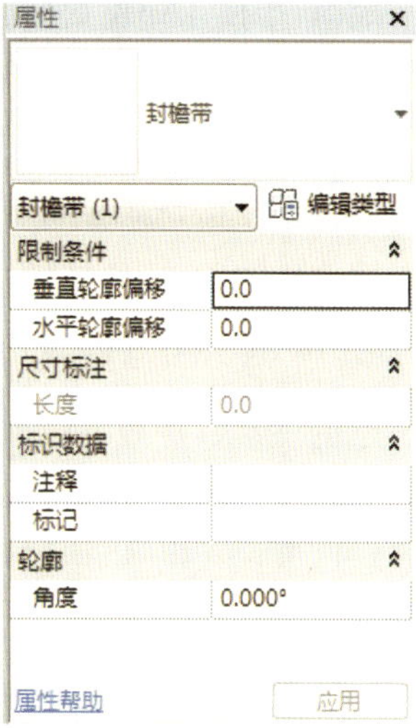

图 4.56

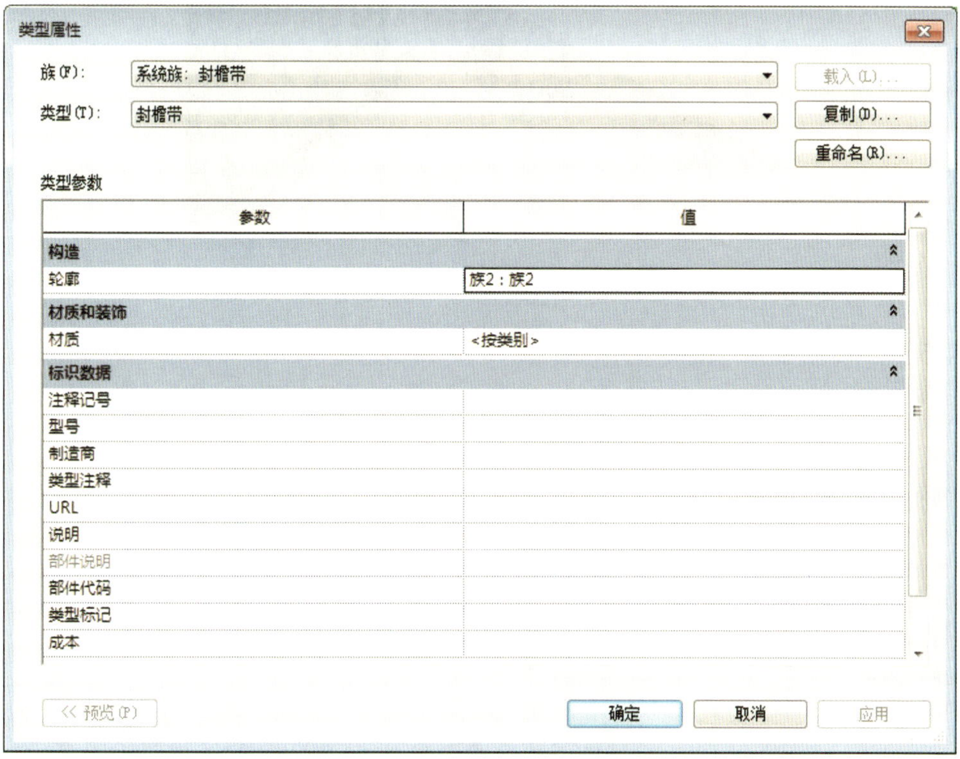

图 4.57

图 4.56 中各项参数说明如下:

垂直轮廓偏移:将封檐带或檐沟向创建时所基于的边缘以上或以下移动。例如,如果选择一条水平屋顶边缘,一个封檐带就会向此边缘以上或以下移动。

水平轮廓偏移:将封檐带或檐沟移向或背离创建时所基于的边缘。

长度:封檐带或檐沟的实际长度。

注释:有关屋顶封檐带或檐沟的注释。

标记:应用于屋顶封檐带或檐沟的标签。

角度:旋转封檐带或檐沟所需的角度。

③创建屋顶封檐带。

设置好屋顶封檐带的类型属性和实例属性后,将鼠标放置到屋顶、屋檐底板、其他封檐带或模型线的边缘,然后单击放置此封檐带。观察状态栏了解相关的有效参照信息。单击边缘时,Revit 会将其作为一个连续的封檐带,如果封檐带的线段在角部相遇,它们会相互斜接。单击“修改|放置 封檐带”选项卡→“放置”选项板→(重新放置封檐带)完成当前封檐带的放置,将鼠标移到新边缘并单击放置其他封檐带。这个不同的封檐带不会与其他现有的封檐带相互斜接,即便它们在角部相遇。单击此视图的空白区域,完成屋顶封檐带的放置,结果如图 4.58 所示。

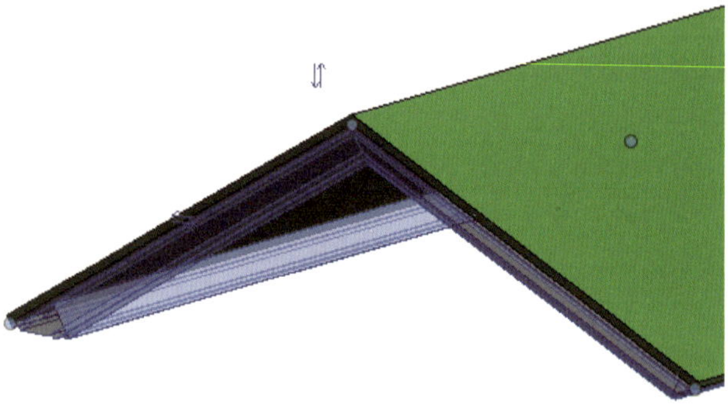

图 4.58

4.5.4 屋顶檐槽的创建和修改

通过创建屋顶檐槽,可以为屋顶、屋檐底板和其他封檐带边缘以及模型线添加屋顶檐槽。

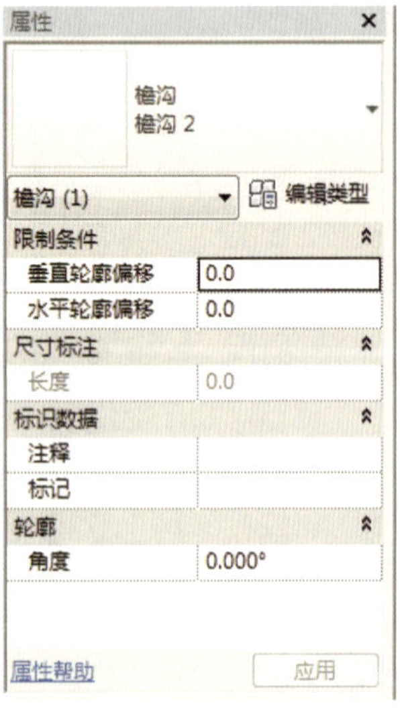

图 4.59

方式:功能区“建筑”选项卡→“构建”选项板→“屋顶”下拉菜单→“屋顶|檐槽”。

步骤:

①执行上述方式的操作。

②设置封檐带类型。

在屋顶檐槽属性面板“类型选择器”下拉列表中选择要创建的屋顶檐槽类型,并设置相关参数,如图 4.59 所示。

单击“编辑类型”按钮,进入“类型属性”对话框,设置相应属性,如图 4.60 所示。

其参数说明和封檐带相同。

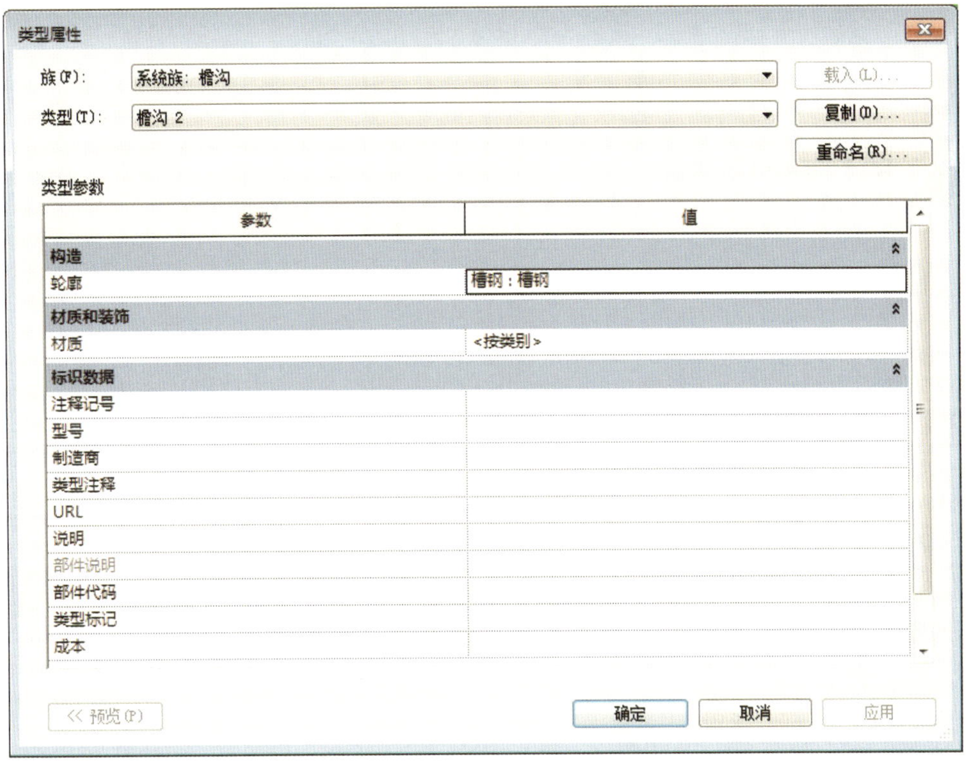

图 4.60

③创建屋顶檐槽。

设置好屋顶檐槽类型属性和实例属性后，将鼠标放置到屋顶、檐底板、其他封檐带或模型线的边缘，然后单击放置此封檐带。单击边缘时，Revit 会将其作为一个连续的檐槽，如果封檐带的线段在角部相遇，它们会互相斜接。单击此视图的空白区域，完成屋顶檐槽的放置，结果如图 4.61 所示。

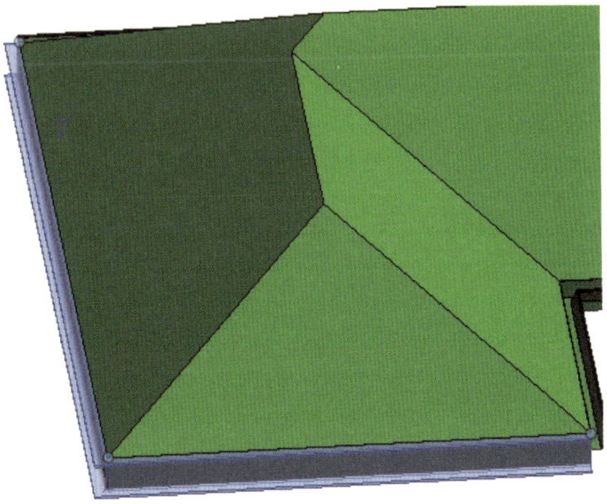

图 4.61

4.6 栏杆扶手

栏杆扶手系统包括栏杆、扶手、支座以及其他构件。

4.6.1 栏杆主体设置

栏杆主体是指栏杆依附的对象，默认情况下为标高。在某些情况下需要单独指定栏杆主体，如在楼梯、坡道上绘制栏杆，需要指定楼梯、坡道作为栏杆主体。

4.6.2 栏杆的属性设置

作为系统族的栏杆扶手，在绘制栏杆扶手前，需要设置栏杆扶手的属性，包括类型属性和实例属性。

方式：功能区“建筑”选项卡→“栏杆扶手”下拉菜单→“绘制路径”。

步骤：

①执行上述方式的操作。

②选择要绘制的栏杆扶手类型，单击属性面板中的“编辑类型”按钮，进入栏杆扶手“类型属性”对话框，如图 4.62 所示。

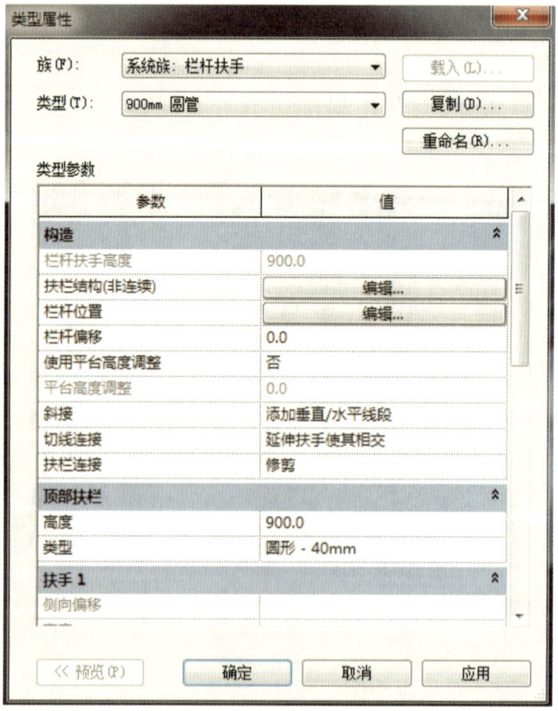

图 4.62

图 4.62 中各参数说明如下：

a.构造。

栏杆扶手高度：设置栏杆扶手系统中最高栏杆扶手的高度，为灰显状态，由顶部栏杆扶手高度确定。

扶栏结构（非连续）：单击其后的“编辑”按钮，在弹出的对话框中设置扶手的名称、高度、偏移、轮廓、材质等参数信息，如图 4.63 所示。

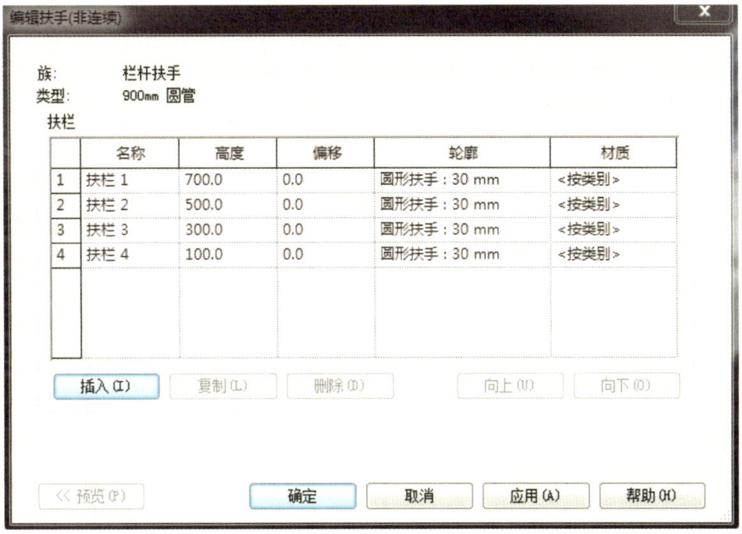

图 4.63

栏杆位置：单击其后的“编辑”按钮，在弹出的对话框中设置主样式以及各支柱的名称、高度等参数信息，如图 4.64 所示。

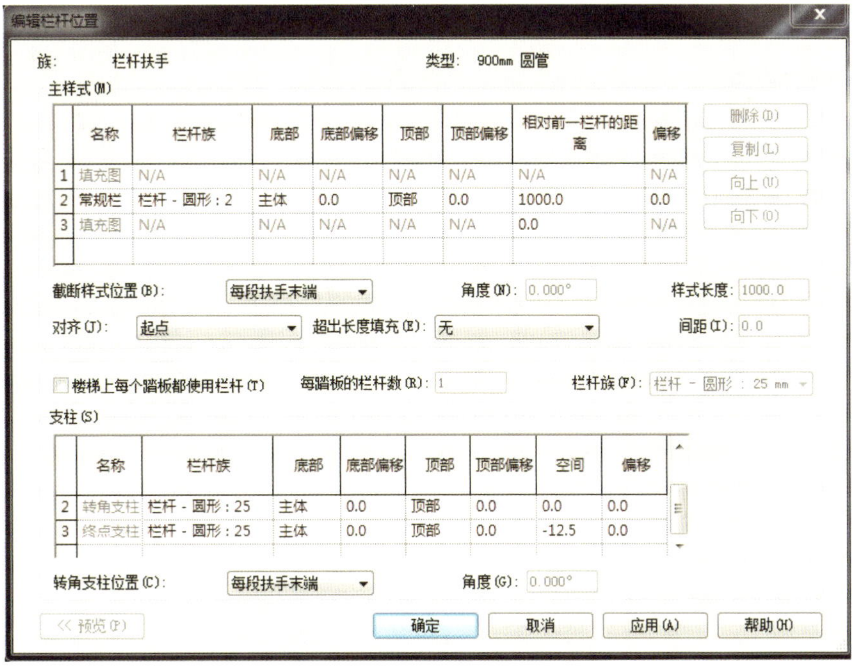

图 4.64

栏杆偏移:距扶栏绘制线的栏杆偏移。通过调整此参数,能够创建扶栏与栏杆的不同组合。

使用平台高度调整:控制平台栏杆扶手的高度。选择“否”,栏杆扶手和平台像在楼梯梯段上一样使用相同的高度;选择“是”,栏杆扶手高度会根据“平台高度调整”设置值进行调整。

平台高度调整:参数“使用平台高度调整”选择“是”后亮显,通过设置它来调整基于平台的栏杆扶手的高度。

斜接:若两段栏杆扶手在平面内相交成一定角度,但没有垂直连接,则可以通过选择“添加垂直/水平线段”创建连接;如果选择“不添加连接件”,则会留下间隙。

切线连接:如果两段相切栏杆扶手在平面中共线或相切,但没有垂直连接,则可以选择“添加垂直/水平线段”创建连接,“不添加连接件”则会留下间隙,或者“延伸扶栏使其相交”创建平滑连接。

扶栏连接:若 Revit 无法在栏杆扶手段之间进行连接时创建斜接连接,则可以选择“修剪”,使用垂直平面剪切分段;选择“焊接”,以尽可能接近斜接的方式连接分段(注:接合连接最适合于圆形扶栏轮廓。)

b.顶部扶栏。

高度:栏杆扶手系统中顶部扶栏的高度。

类型:指定顶部扶栏的类型。

c.扶手 1、扶手 2。

类型:指定扶手的类型。

③设置完栏杆扶手的类型属性后,还要设置其实例属性。实例属性的参数在属性面板中设置,如图 4. 65 所示。

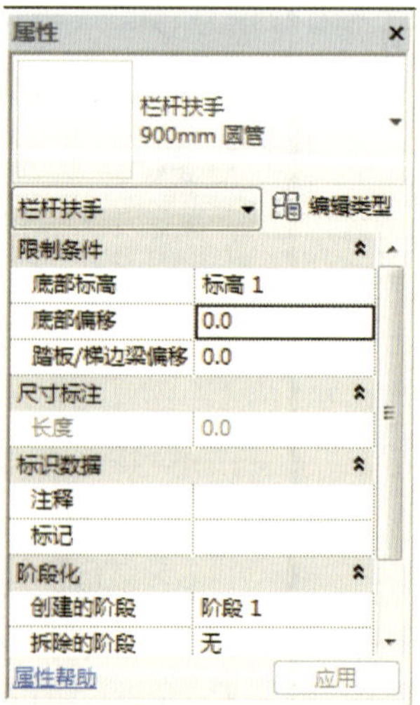

图 4.65

图 4.65 中各参数说明如下:

底部标高:指定栏杆扶手系统不位于楼梯或坡道上时的底部标高,如果在创建楼梯或坡道时自动放置了栏杆扶手,则此值由楼梯或坡道的底部标高决定。

底部偏移:此值是指楼板或标高到栏杆扶手系统底部的距离。

踏板/梯边梁偏移:此值默认设置为踏板和梯边梁放置位置的当前值。

长度:栏杆扶手的实际长度。

4.6.3 栏杆的绘制

栏杆的绘制方式有两种,一种是绘制路径生成栏杆扶手,另一种是拾取主体生成栏杆扶手。

1) 绘制路径

如图 4.66 所示,在红色区域绘制栏杆,将界面切换至楼层平面,进行 F1 层的绘制。

方式:功能区“建筑”选项卡→“栏杆扶手”下拉菜单→“绘制路径”。

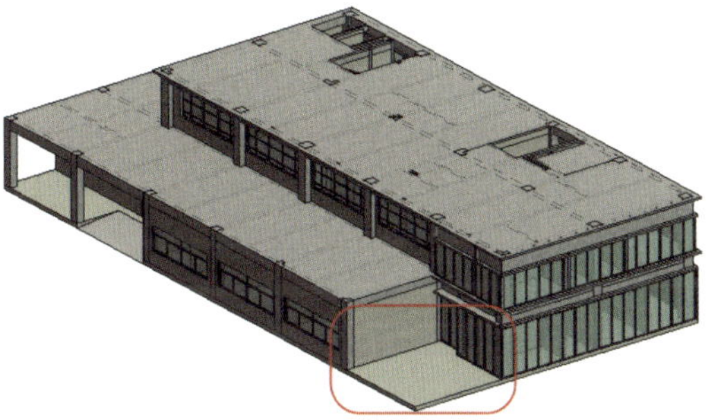

图 4.66

步骤：

①执行上述方式的操作。

②进入绘制模式，在属性面板中选择需要的栏杆扶手类型，调整类型属性中扶栏结构以及栏杆位置的名称、高度等参数信息，如图 4.67 和图 4.68 所示。

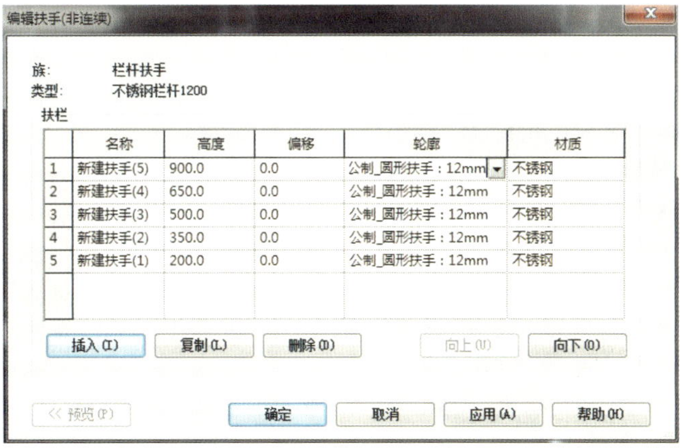

图 4.67

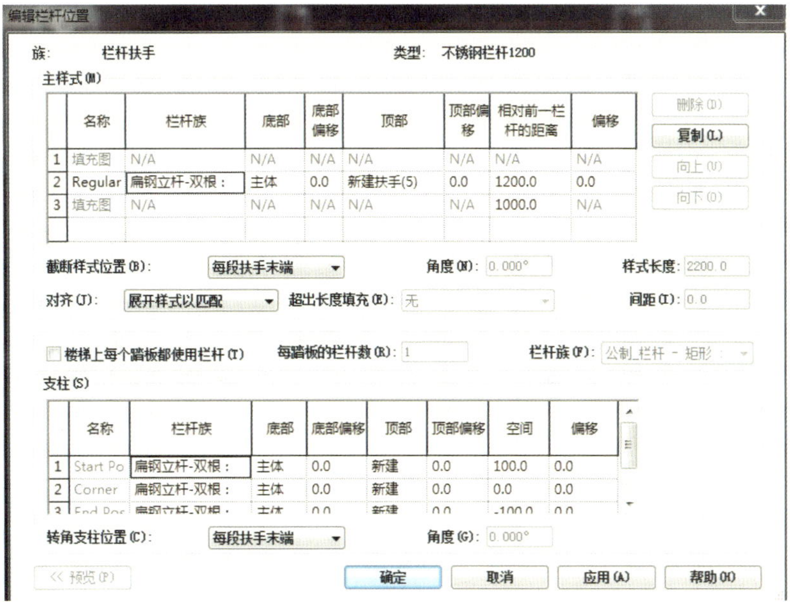

图 4.68

③设置实例属性中底部标高为 F1，底部偏移及踏板/梯边梁偏移均为 0，设置完成后，在绘制区绘制路径草图，如图 4.69 所示。

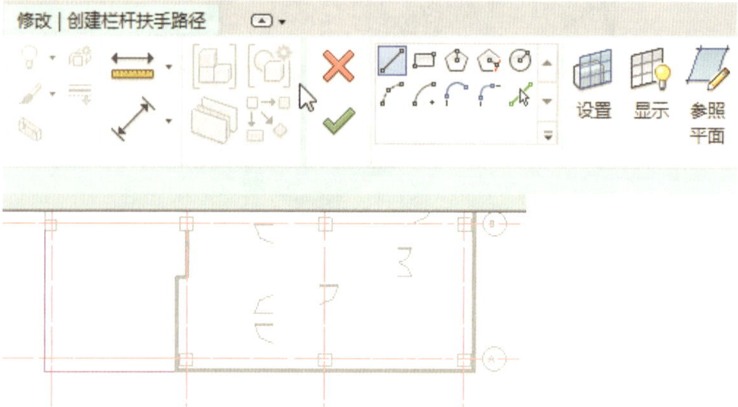

图 4.69

④绘制完成后，单击✔完成绘制。在三维状态下查看绘制完成的栏杆扶手，如图 4.70 所示。

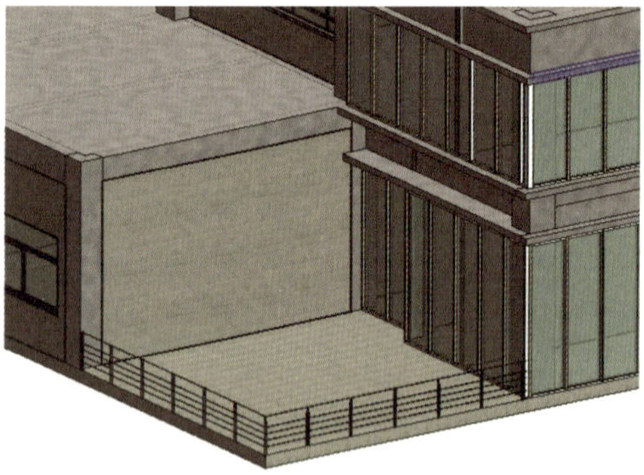

图 4.70

图 4.71

2）拾取主体

如图 4.71 所示，以楼梯为主体添加栏杆扶手。

方式：功能区"建筑"选项卡→"栏杆扶手"下拉菜单→"放置在主体上"。

步骤：

①执行上述方式的操作。

②在属性面板中选择需要的栏杆类型。

③在"位置"选项板上单击"踏板"，如图 4.72 所示。

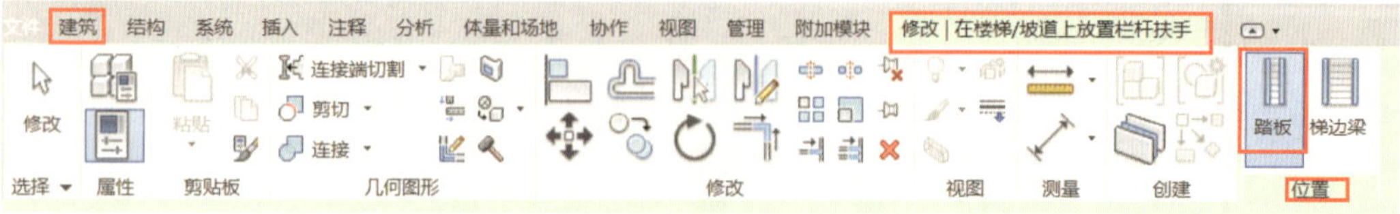

图 4.72

④将鼠标光标移动到需要添加栏杆扶手的楼梯主体上，这时楼梯会高亮显示，单击鼠标

左键,软件会自动在楼梯踏板边界位置生成栏杆扶手,如图4.73所示。

⑤执行相同操作,在F1层的楼梯上添加栏杆扶手,楼梯栏杆绘制完成后的效果如图4.74所示。

图4.73

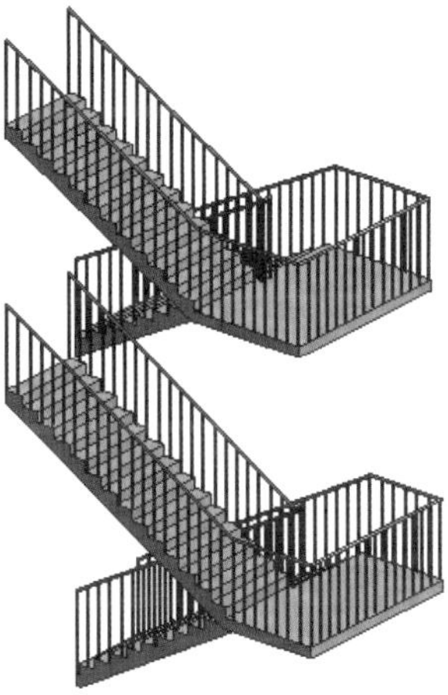

图4.74

【注意】

栏杆和扶手均由轮廓族形成,绘制栏杆扶手相当于执行"放样"命令,绘制的路径等于"放样"中的放样路径,栏杆及扶手的样式则是"放样"中的轮廓族。

第5章

机电建模基础

机电建模是建筑安装工程 BIM 模型创建的重要内容,在 Revit 软件中以系统为专业进行机电建模设计。机电模型创建的基本思路是在已有建筑模型的基础上进行机电模型创建,最终形成一个完整的项目模型,为后期深化设计及碰撞检查打下基础。本章我们将以机电典型案例“某水泵房项目”为例进行实例操作讲解。

5.1 新建项目

5.1.1 选择样板

打开 Revit 软件→新建项目→选择“机械样板”→单击“确定”按钮,如图 5.1 所示。

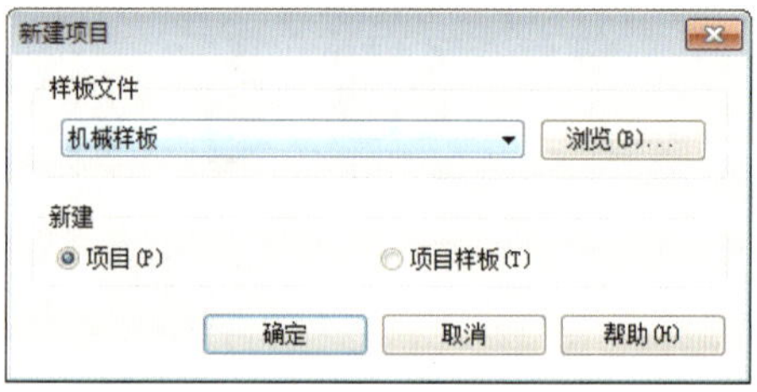

图 5.1

5.1.2 链接已建 Revit 项目

单击功能区“插入”选项卡→“链接 Revit”,如图 5.2 所示。在弹出的“导入/链接 RVT”对话框中找到已建项目“水泵房建筑结构”,定位为“自动-原点到原点”,单击“打开”按钮,如图 5.3 所示。

图 5.2

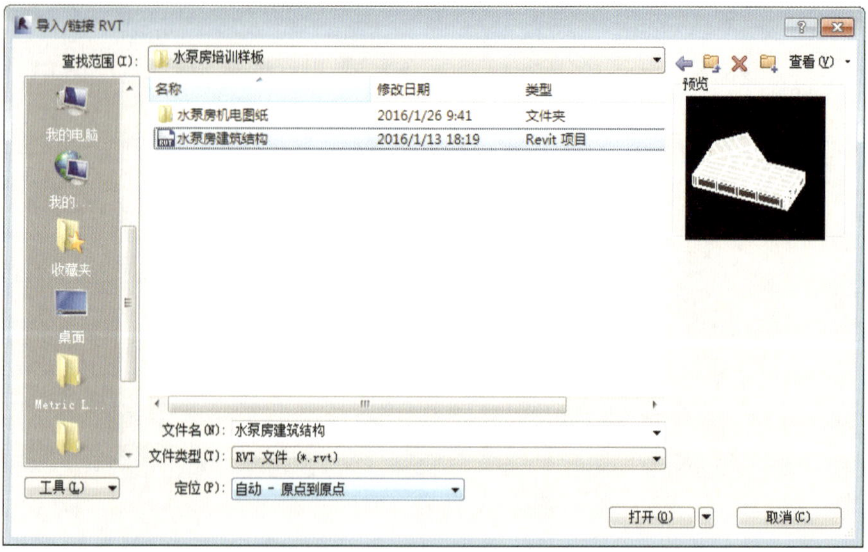

图 5.3

在项目浏览器中找到“机械”→“HVAC”→“立面(建筑立面)”→“东-机械”(图 5.4),并双击进入立面视图,删除模板原有标高(标高 1 和标高 2),双击鼠标滚轮使视口最大化。

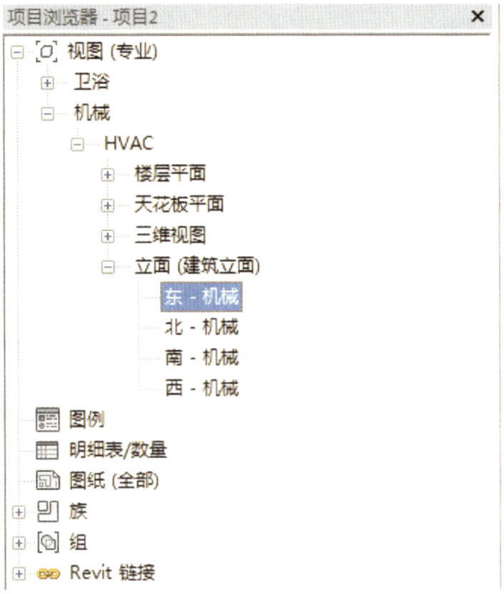

图 5.4

5.1.3　复制标高

单击功能区“协作”选项卡→“复制/监视”→“选择链接”(图 5.5),移动鼠标到当前视口,单击刚导入的链接文件“水泵房建筑结构”。

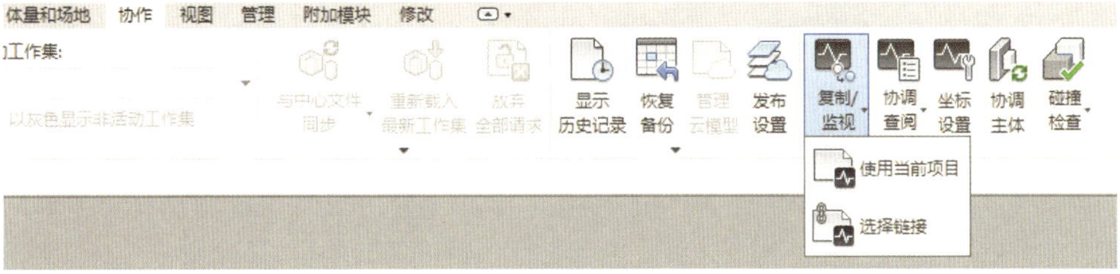

图 5.5

此时工具栏自动跳转到“复制/监视”选项卡,单击“复制”,勾选“复制”工具栏正下方的“多个”,如图 5.6 所示。

图 5.6

在当前视口,按住鼠标左键框选所有构件,回到“多个”工具栏下单击“过滤器”图标,在弹出的“过滤器”对话框中选择“放弃全部(N)”,勾选“标高”,单击“确定”按钮,如图 5.7 所示。

再回到“多个”工具栏下单击“完成”按钮,如图 5.8 所示。

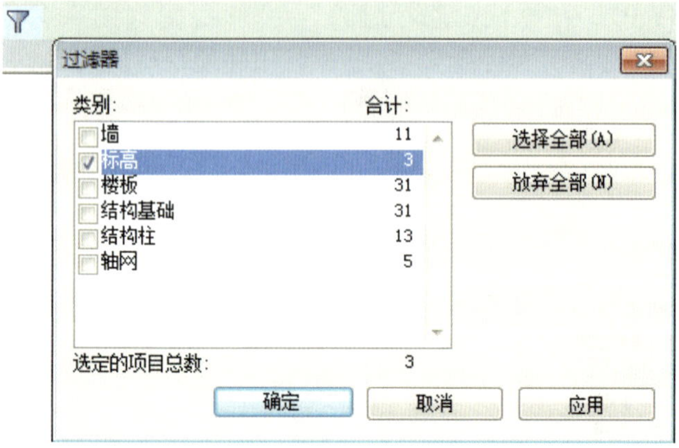

图 5.7

图 5.8

此时“复制/监视”还处于编辑状态，单击“复制/监视”，再单击✔完成标高的复制，如图 5.9 所示。

图 5.9

此时可以单击选择链接文件“水泵房建筑结构”，输入“hh”，临时隐藏链接文件，框选选中所有已复制的标高，在属性面板中单击“标高_8mm 标头”，在其下拉选项中选择“标高_上标头”，完成标高样式的修改。回到“修改 | 标高”选项卡下，单击锁定图标，将轴网锁定，输入“hr”快捷命令，恢复临时隐藏文件。

5.1.4 创建平面视图

单击功能区“视图”选项卡→“平面视图”→“楼层平面”，如图 5.10 所示。

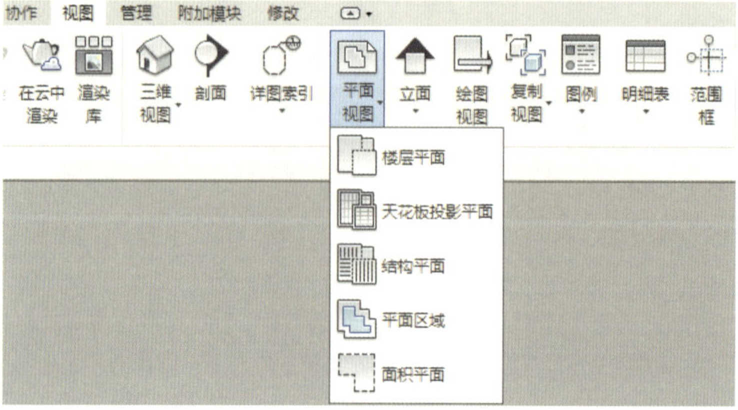

图 5.10

在属性面板中单击“编辑类型”按钮，进入“类型属性”对话框；找到“新视图取决于样板”参数，取消勾选；单击“确定”按钮，退出“类型属性”对话框，如图 5.11 所示。

回到“新建楼层平面”对话框，按住“Ctrl”键，单击鼠标左键，加选所有标高，单击“确定”按钮，完成平面视图的创建，如图 5.12 所示。

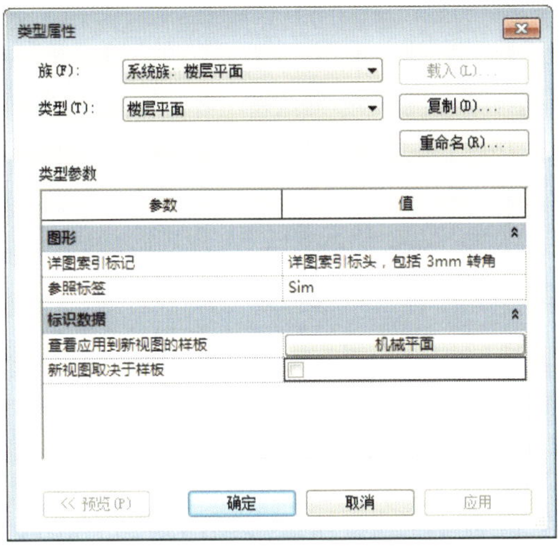

图 5.11

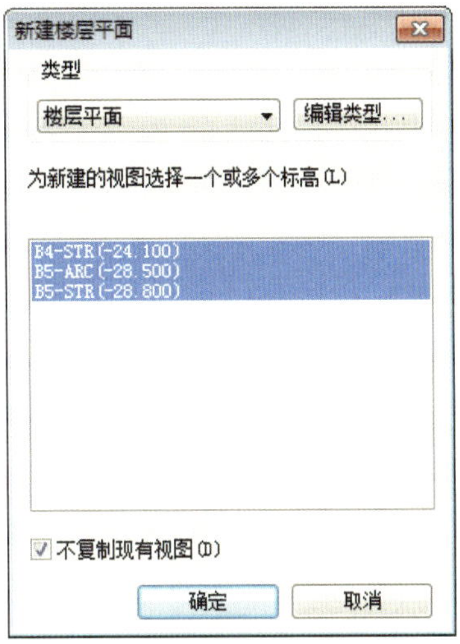

图 5.12

5.1.5　复制轴网

按照 5.1.3 节复制标高的方式对轴网进行复制，复制完成后，对轴网进行锁定。

5.1.6　视图整理

在项目浏览器中找到“视图(专业)”，把“卫浴”选项栏下最末端的子项全部删除，此时“卫浴”选项也跟着删除，如图 5.13 所示。

按住“Ctrl”键，加选所有视图，在属性面板中把“规程”改为“协调”，“子规程”编辑为“机电”，完成视图整理，结果如图 5.14 和图 5.15 所示。

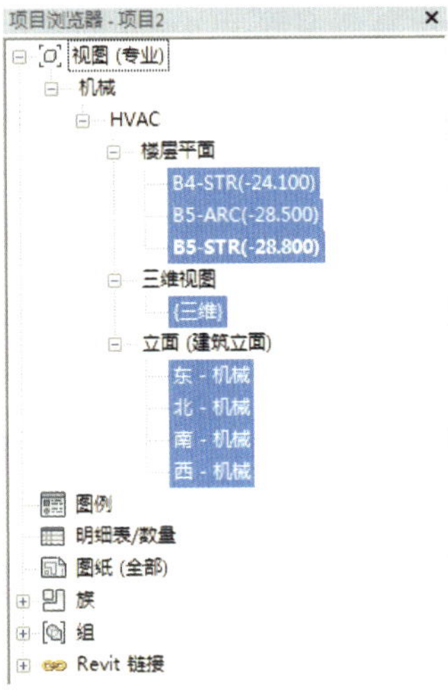

图 5.13

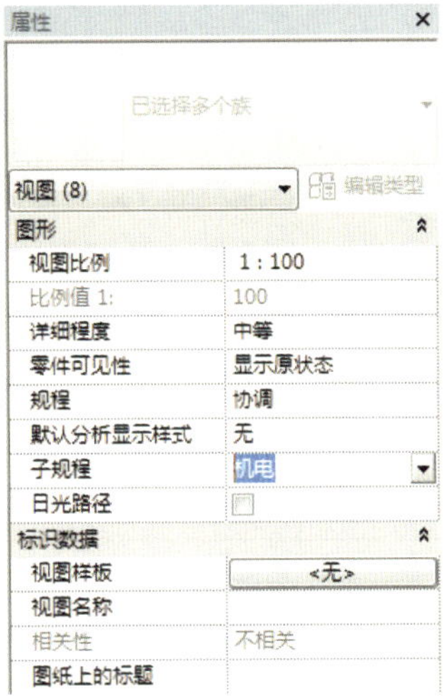

图 5.14

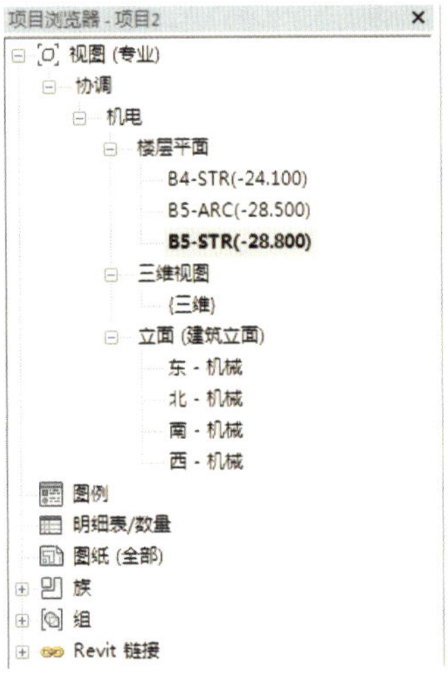

图 5.15

【说明】

视图规程只能根据默认的 5 个规程进行选取，视图子规程则可以自定义名称。

5.2 管道建模

5.2.1 管道设置

在管道建模之前，应先创建本项目使用到的管道类型及其对应的系统类型。

1) 创建管道材质

单击功能区“管理”选项卡→“材质”，进入材质浏览器对话框。选择“新建材质”(图 5.16)，鼠标右键重命名为“PP-R 管”，如图 5.17 所示。以此方式分别创建 PVC-U 排水管、镀锌钢管等项目中包含的所有管道管材，创建完成后单击“确定”按钮，完成管道材质的创建。

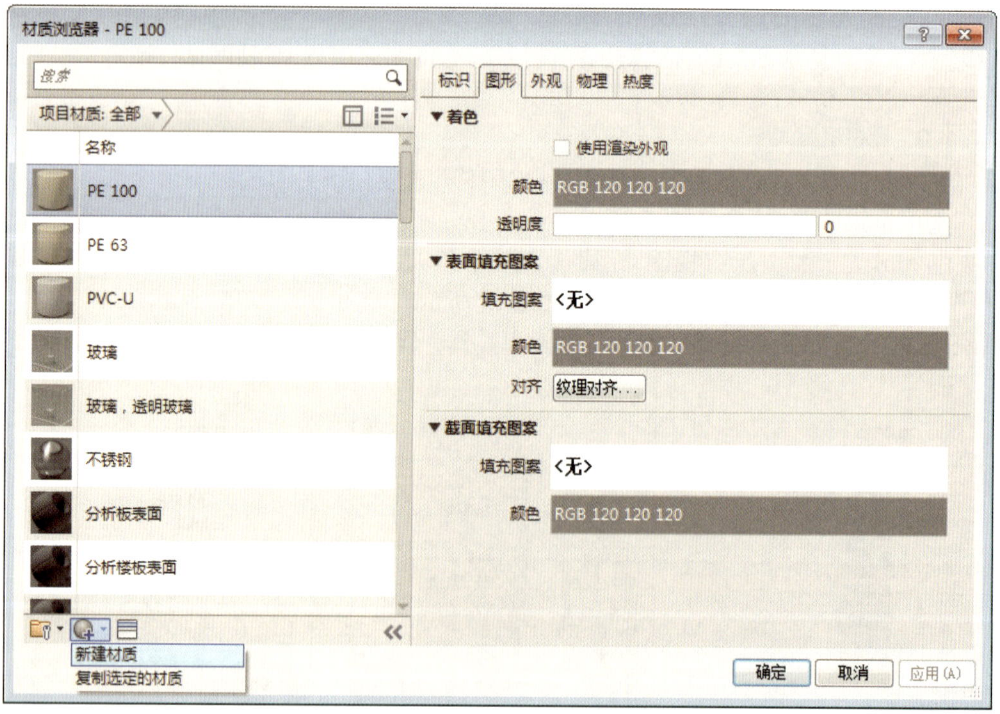

图 5.16

2) 创建管段和尺寸

单击功能区“管理”选项卡→“MEP 设置”→“机械设置”，如图 5.18 所示。

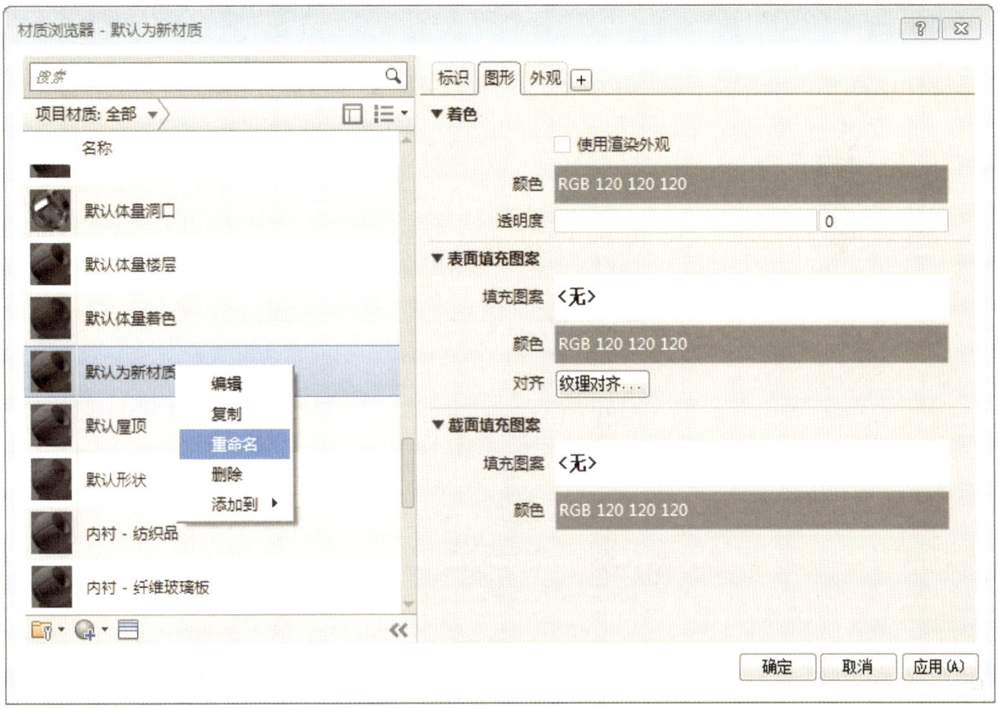

图 5.17

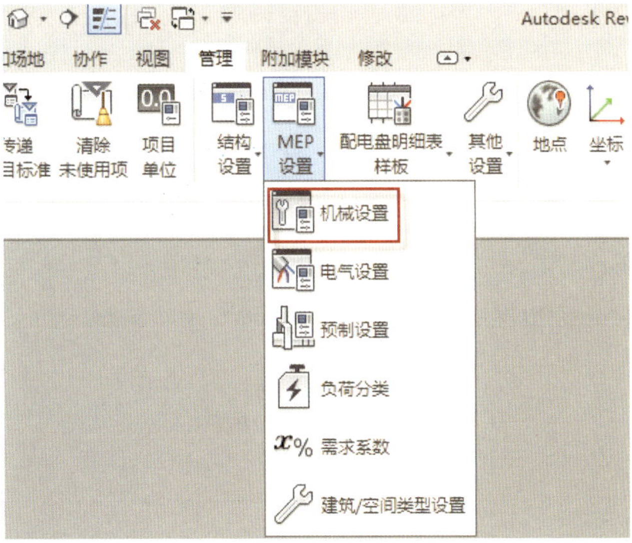

图 5.18

在弹出的“机械设置”对话框中，选中左侧的“管段和尺寸”，并单击右上角的新建图标，如图 5.19 所示。

在弹出的“新建管段”对话框中，点选“材质和规格/类型(A)”；在“材质(T)”栏中单击...进入材质浏览器对话框，找到刚刚创建的 PP-R 管，确定后自动返回“新建管段”对话框；在“规格/类型(D)”栏中输入“标准”，单击“确定”按钮，返回“机械设置”对话框；再单击“确定”按钮，完成管段创建。新建管段设置详情如图 5.20 所示。

以此方式分别创建 PVC-U 排水管、镀锌钢管等本项目中包含的所有管道的管段。

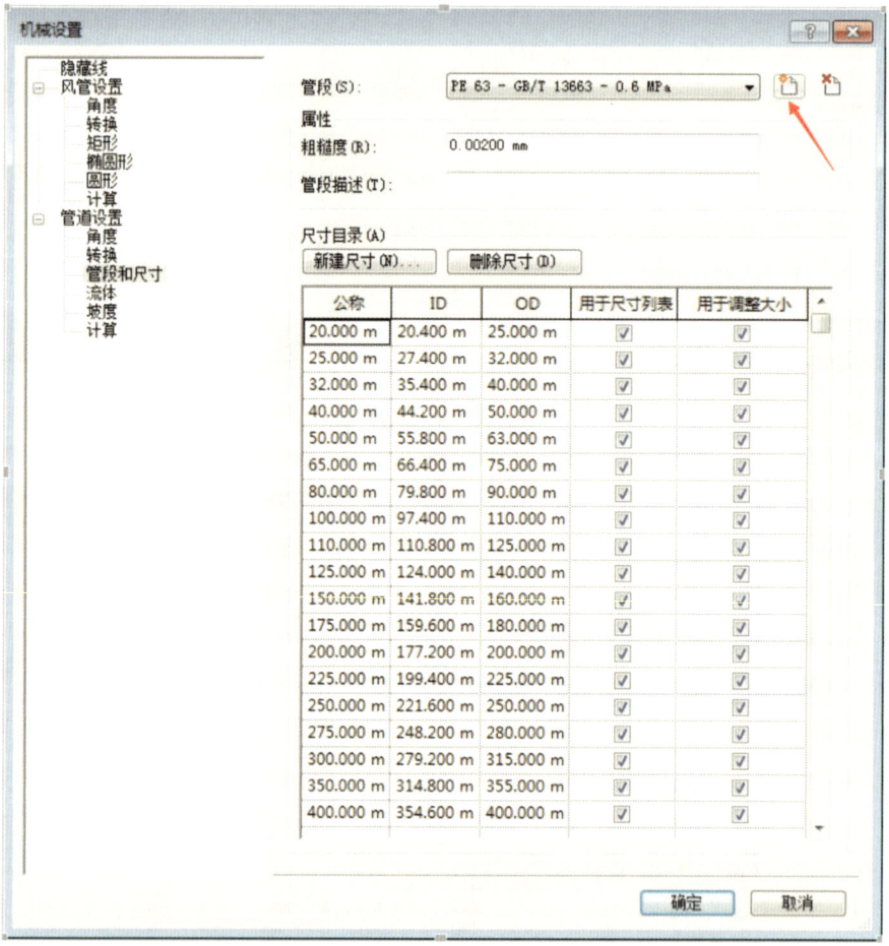

图 5.19

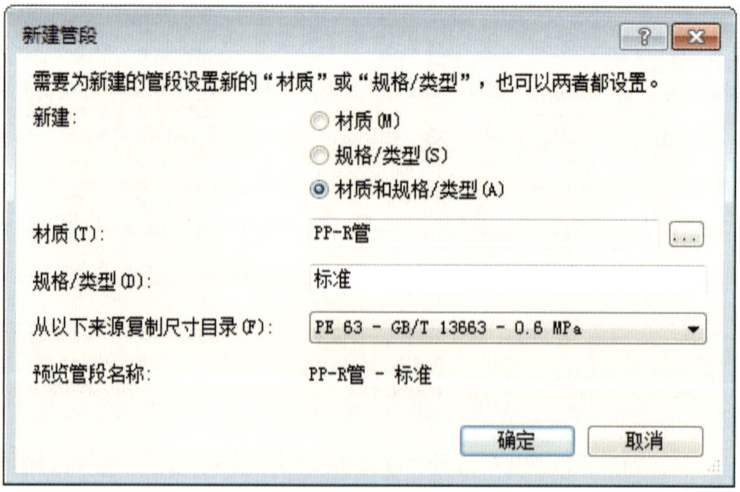

图 5.20

3) 创建管道类型

单击功能区“系统”选项卡→“管道”，进入管道的创建界面，如图 5.21 所示。

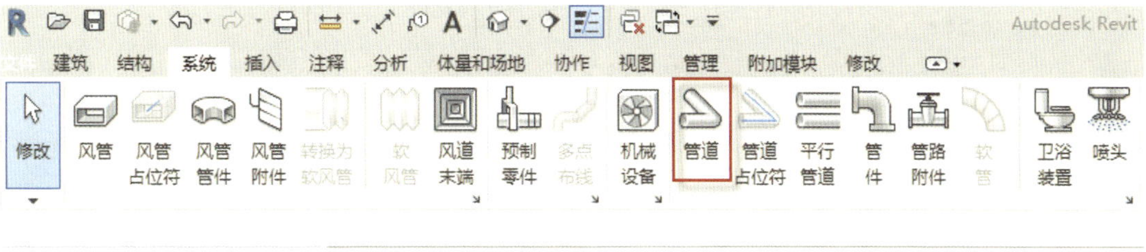

图 5.21

在属性面板中单击“编辑类型”按钮，进入“类型属性”对话框；单击“复制(D)”按钮，在弹出的“名称”对话框中命名管道类型为“PP-R 管”(图 5.22)；单击“确定”按钮返回“类型属性”对话框，单击“布管系统配置”栏后的“编辑”按钮，进入“布管系统配置”对话框；在“管段”栏下找到之前新建的“PP-R 管-标准”(图 5.23)，单击“确定”按钮完成 PP-R 管道类型的创建。

图 5.22

在“布管系统配置”对话框中，也可根据所使用管道的实际管材，分别载入与实物相同或更为相近的各类管件，替换系统默认的标准管件，如弯头、三通、四通、过渡件、活接头、管帽等。

以此方式分别创建 PVC-U 排水管、镀锌钢管等本项目中包含的所有管道类型。

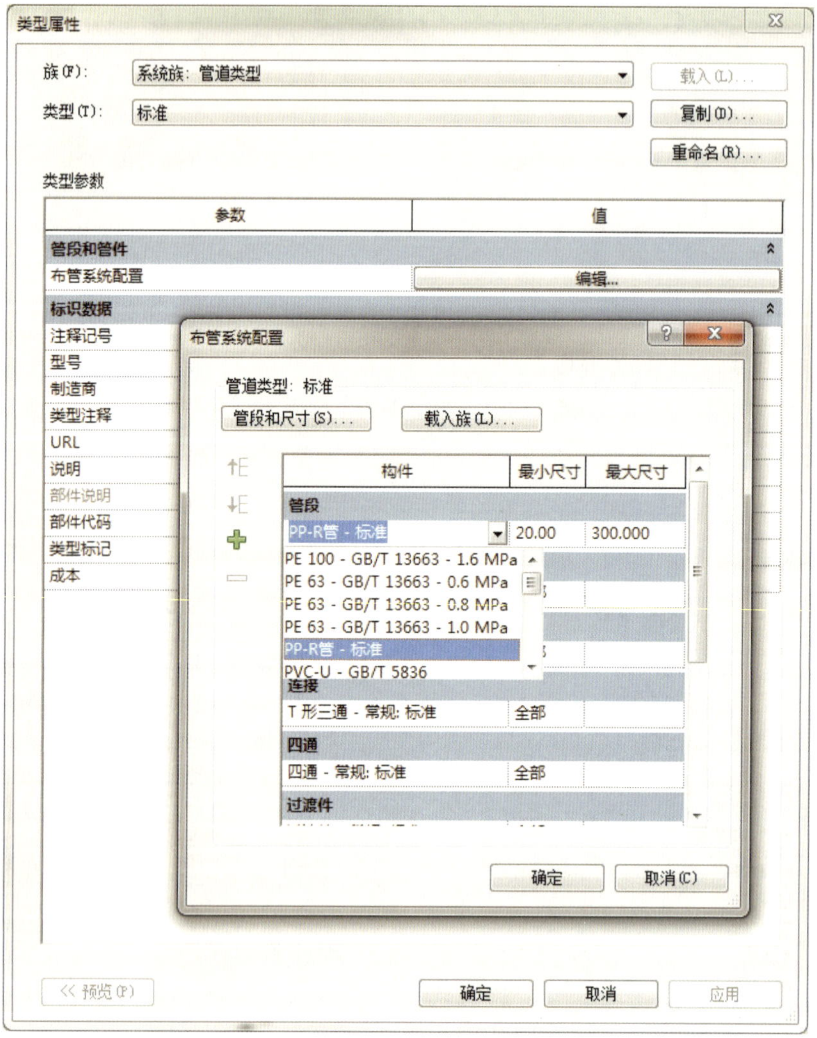

图 5.23

4) 创建系统类型

在项目浏览器中找到“族”→“管道系统”→“管道系统”，系统默认创建了 11 个系统类型，并对应 11 个系统分类，如图 5.24 所示。

系统分类是软件默认创建的最大系统归类，不能增加、删除或修改名称。系统类型是基于系统分类创建出的子系统，可新建、删除或修改名称，但当该系统类型仅剩唯一一个对应其系统分类时，则不允许删除。

双击“卫生设备”，进入“类型属性”对话框；单击“复制(D)”按钮，在弹出的“名称”对话框中重命名系统类型为“污水管”；单击“确定”按钮，系统类型创建完成，如图 5.25 所示。

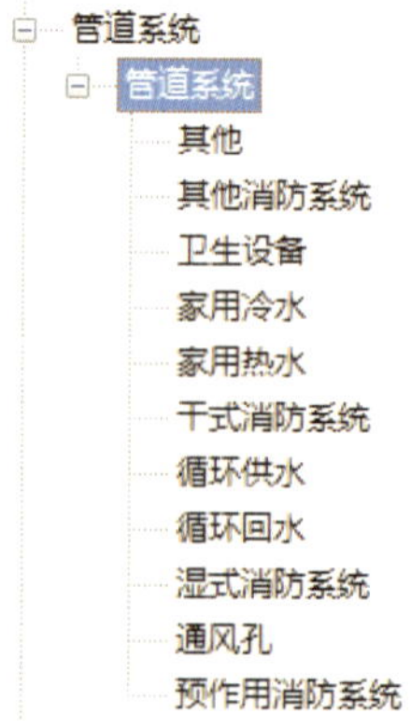

图 5.24

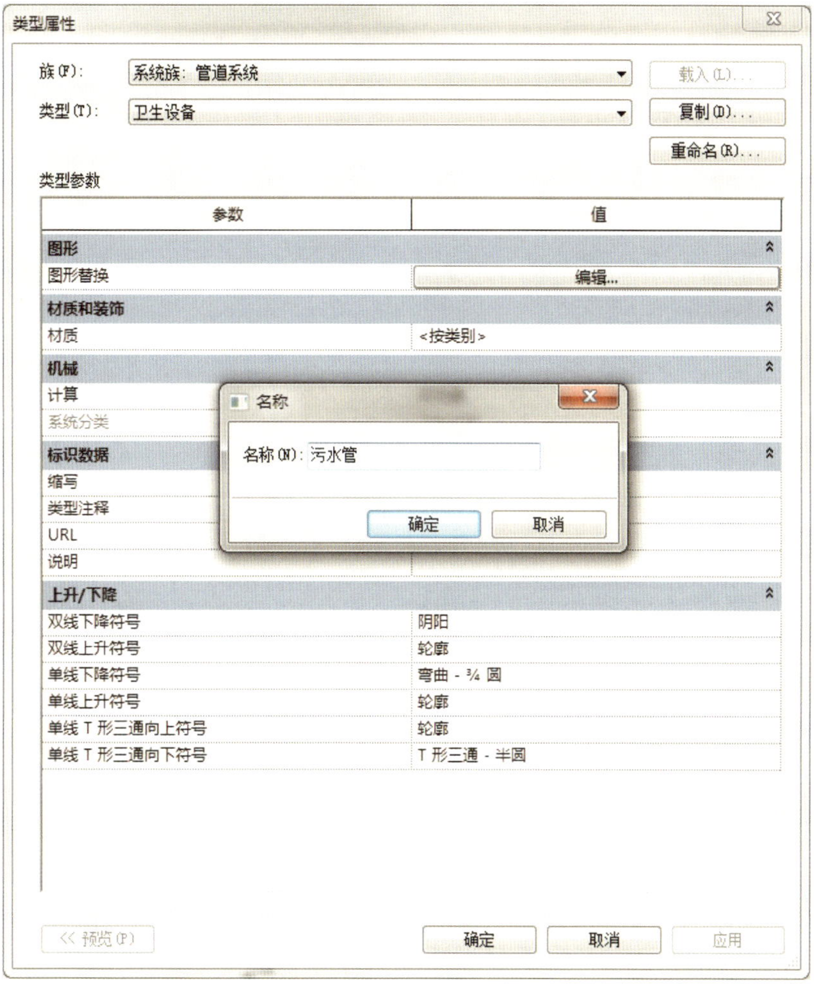

图 5.25

以此方式分别创建废水管、给水管、喷淋管等本项目中包含的所有系统类型。

5) 设置系统类型颜色

对系统类型进行颜色设置，可使该系统的管线及附件、设备等附上颜色，便于直观浏览和区分不同系统的模型。

双击新创建的系统类型“污水管”，进入“类型属性”对话框；单击“图形替换”栏后的“编辑”按钮，进入“线图形”对话框，分别设置线宽度、颜色、填充图案，如图 5.26 所示；单击“确定”按钮，返回污水管“类型属性”对话框。

在污水管“类型属性”对话框中，单击“材质”栏后“〈按类别〉”右边的省略号，进入“材质浏览器-污水管”对话框（图 5.27）；单击“新建材质”，重命名为“污水管”；单击右侧的“图形”选项卡，在“着色”中将“颜色”改为与线图形一致的颜色；单击“确定”按钮，返回污水管“类型属性”对话框；再单击“确定”按钮，完成系统材质颜色赋予工作。

以此方式分别为废水管、给水管、喷淋管等本项目中包含的所有系统类型赋予颜色。

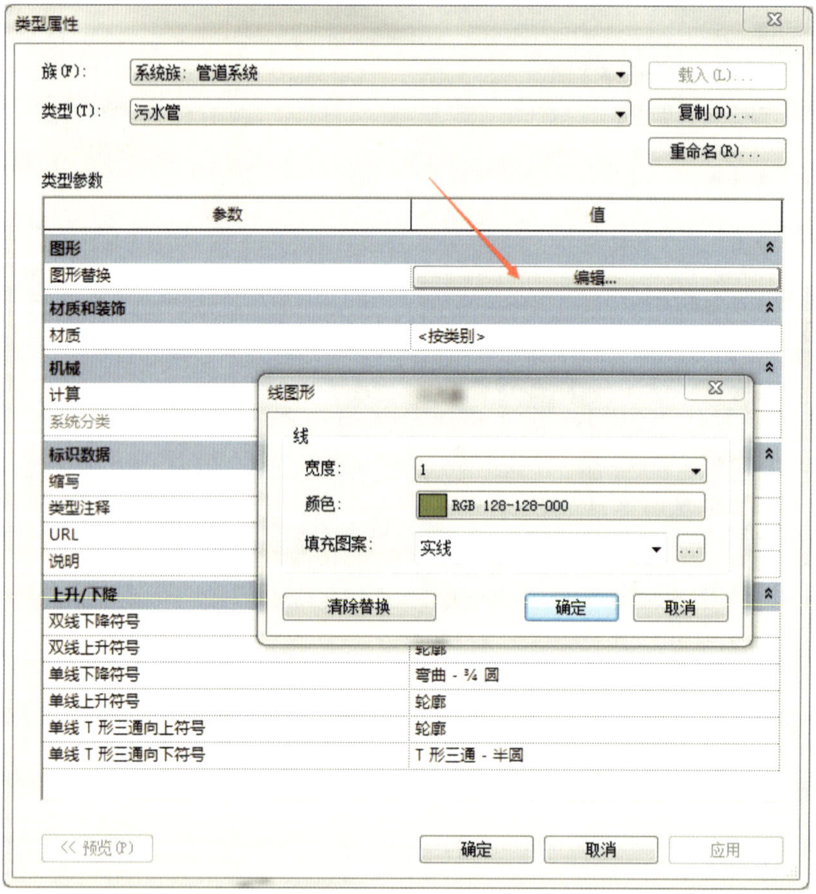
类型属性
族(F): 系统族：管道系统
类型(T): 污水管
载入(L)...
复制(D)...
重命名(R)...
类型参数
参数
值
图形
图形替换
编辑...
材质和装饰
材质
<按类别>
机械
计算
系统分类
标识数据
缩写
类型注释
URL
说明
上升/下降
双线下降符号
双线上升符号
单线下降符号
弯曲 - ¾ 圆
单线上升符号
轮廓
单线 T 形三通向上符号
轮廓
单线 T 形三通向下符号
T 形三通 - 半圆
<< 预览(P)
确定
取消
应用
线图形
线
宽度:
1
颜色:
RGB 128-128-000
填充图案:
实线
清除替换
确定
取消

图 5.26

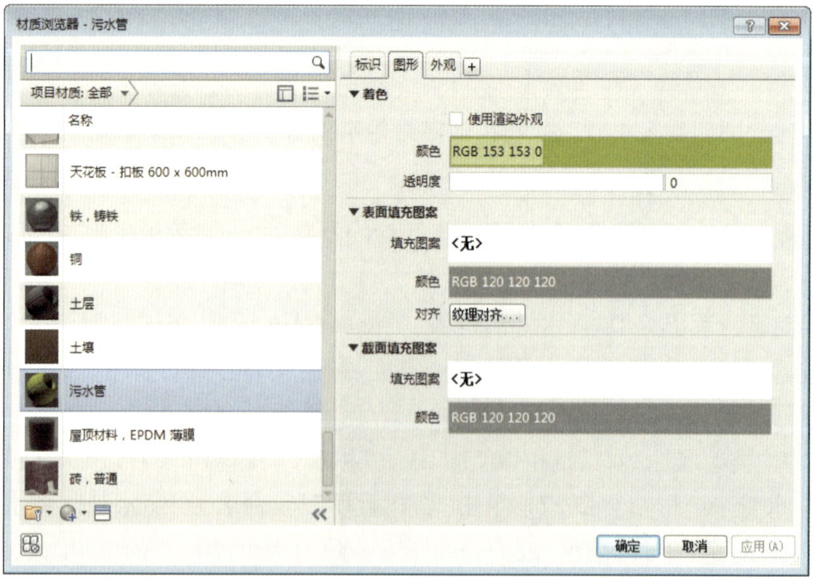
材质浏览器 - 污水管
项目材质: 全部
名称
天花板 - 扣板 600 x 600mm
铁，铸铁
铜
土层
土壤
污水管
屋顶材料，EPDM 薄膜
砖，普通
标识
图形
外观
着色
使用渲染外观
颜色
RGB 153 153 0
透明度
0
表面填充图案
填充图案
<无>
颜色
RGB 120 120 120
对齐
纹理对齐...
截面填充图案
填充图案
<无>
颜色
RGB 120 120 120
确定
取消
应用(A)

图 5.27

6) 创建图形可见性过滤器

在 Revit 中，随着各系统图元的逐渐创建，在视图范围内的图元会越来越多，从而影响视图的浏览及操作。为避免各系统图元之间出现相互干扰的情况，软件提供了图形可见性过滤器功能。通过过滤器，可自定义各个管道系统及图元的显示或隐藏状态。

单击功能区“视图”选项卡→“视图样板”→“管理视图样板”，如图 5.28 所示。

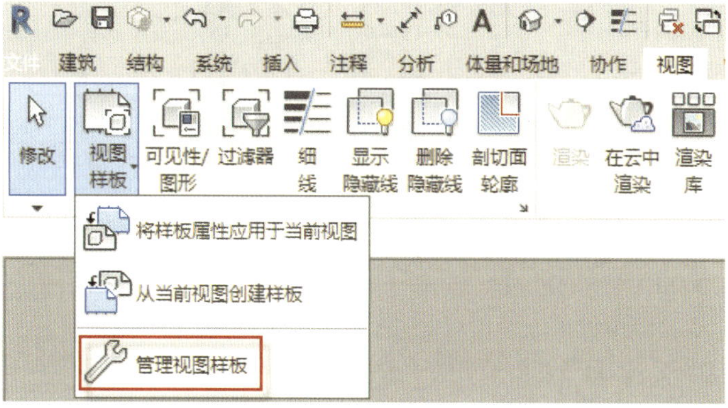

图 5.28

进入“视图样板”对话框，选择“建筑平面”，单击下方复制按钮，复制一个视图样板，重命名为“机电视图样板”(图 5.29)，清除其余视图样板，并取消除“V/G 替换过滤器”以外所有参数项的勾选，如图 5.30 所示。

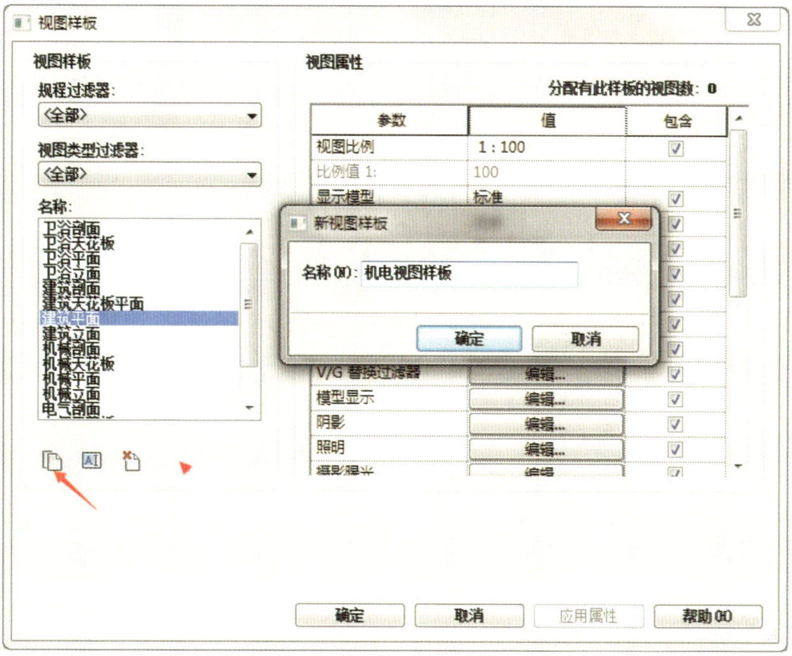

图 5.29

单击“V/G 替换过滤器”栏的“编辑”按钮，进入“机电视图样板的可见性/图形替换”对话框；单击“过滤器”选项卡，进入视图可见性过滤器创建界面；单击“编辑/新建(E)”按钮，进入“过滤器”对话框，如图 5.31 所示。

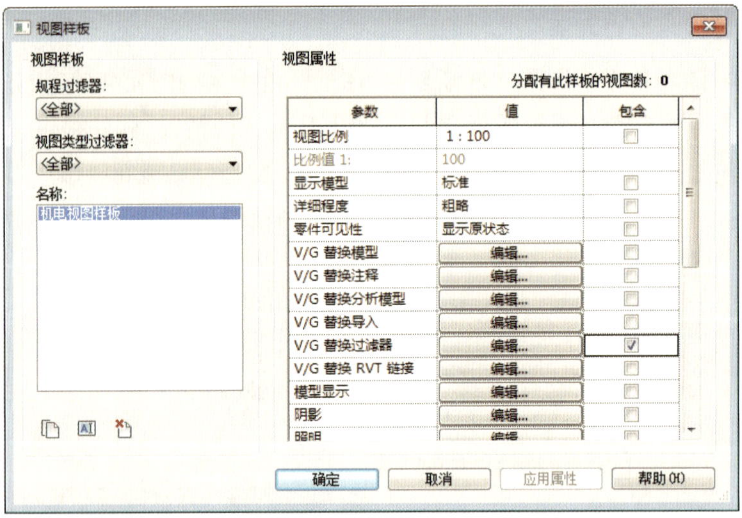

图 5.30

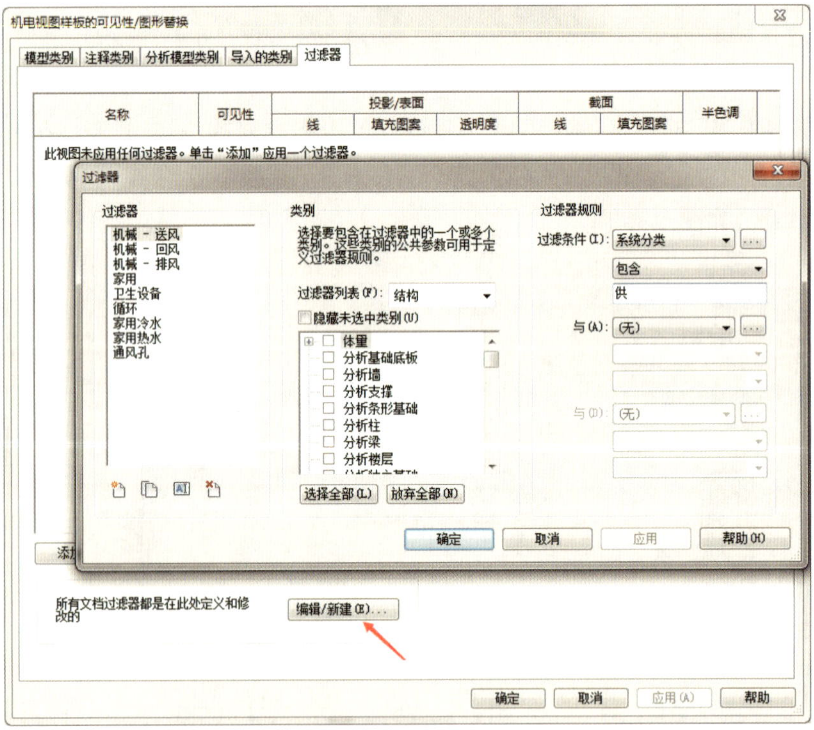

图 5.31

清空“过滤器”窗口中系统默认设置的过滤器，新建过滤器，命名为“排水”，如图 5.32 所示。同时，勾选过滤器列表中的“卫浴装置”、“机械设备”、“管件”、“管路附件”、“管道”、“管道系统”、“管道隔热层”，在“过滤器规则”中设置“过滤条件”为“系统分类”、“包含”、“卫生设备”，单击“确定”按钮，如图 5.33 所示。

返回视图可见性过滤器创建界面，单击“添加”按钮，进入“添加过滤器”对话框；选择刚建的“排水”，单击“确定”按钮，返回视图可见性过滤器创建界面；再单击“确定”按钮，完成“排水”过滤器的创建。

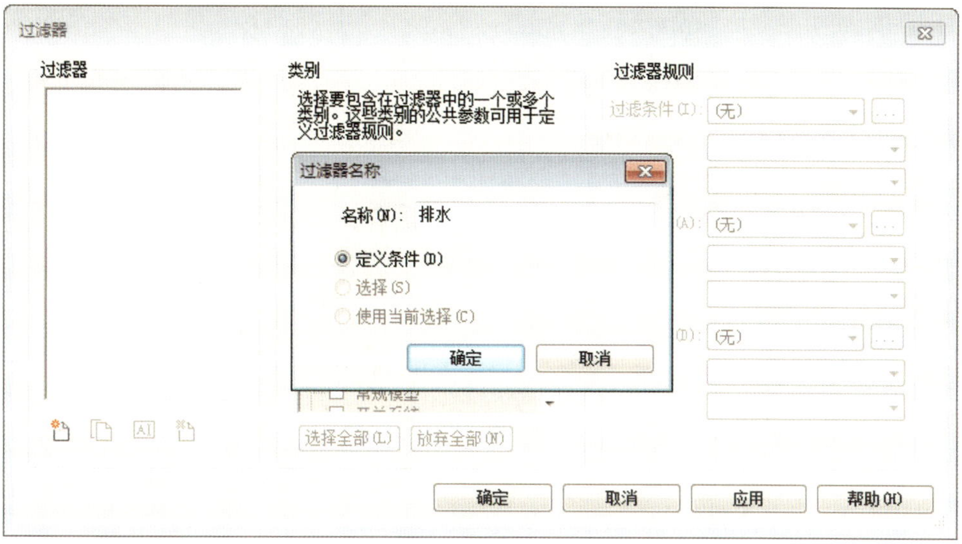

图 5.32

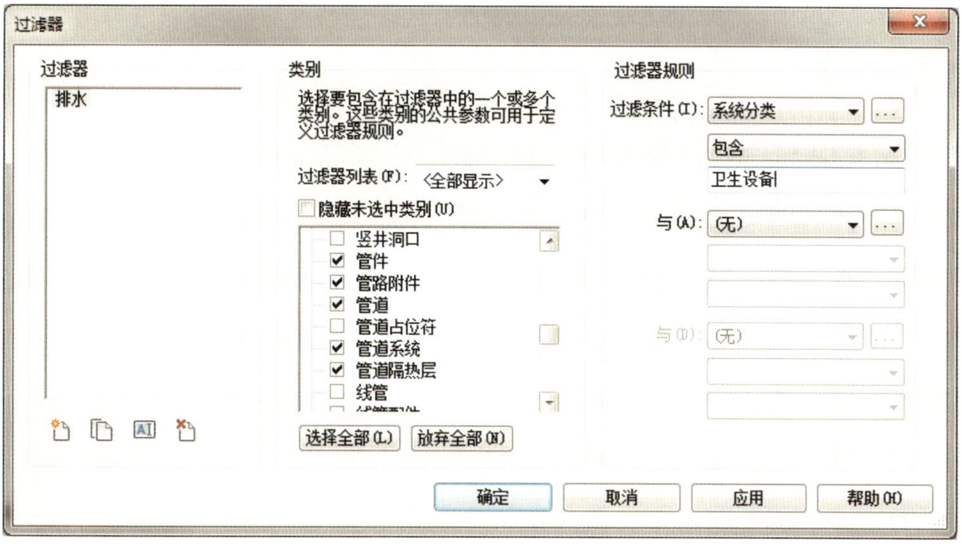

图 5.33

以此方式分别为给水、喷淋、消火栓等本项目包含的所有系统类型添加过滤器。

回到“视图样板的可见性/图形替换”对话框，单击“添加”按钮，进入添加“过滤器”选择框，分别点选刚刚新建的过滤器，单击“确定”按钮；回到视图样板的可见性/图形替换选项卡，单击“确定”按钮，完成过滤器的创建；回到视图样板选项卡，单击“确定”按钮，完成“机电视图样板”的创建。

在“视图样板”对话框中，同样可以对过滤器以外的其他参数进行一一设置。

完成视图样板设置之后，返回视图属性面板，找到“视图样板”栏，单击右边的“〈无〉”按钮，如图 5.34 所示；进入“应用视图样板”对话框，点选“机电视图样板”，如图 5.35 所示；勾选“V/G 替换过滤器”，单击“确定”按钮，完成本视图的过滤器替换。

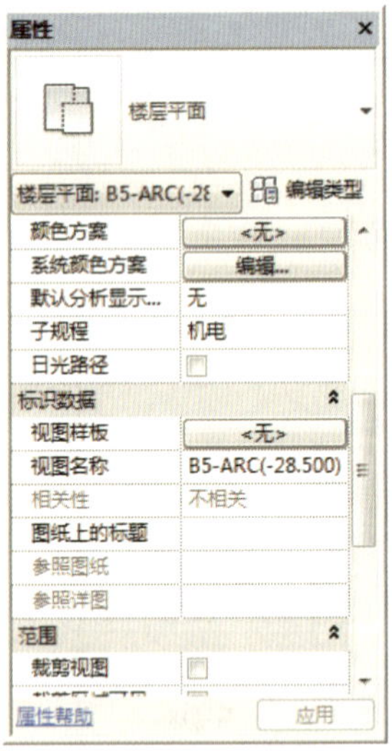

图 5.34

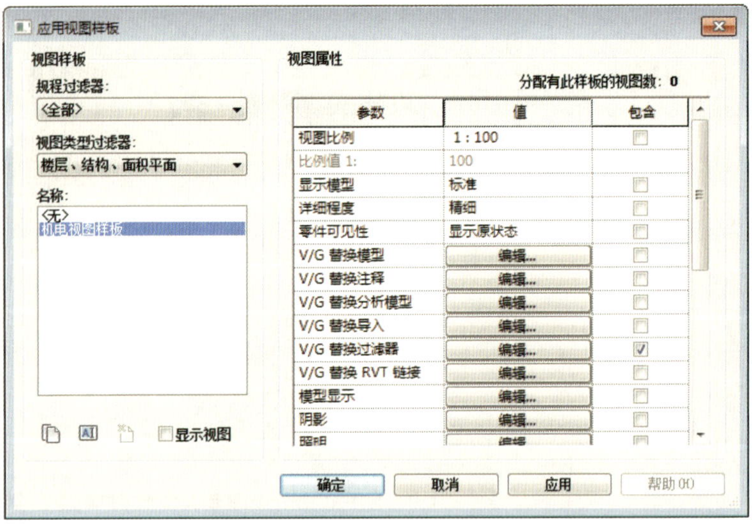

图 5.35

输入“vv”,进入可见性/图形替换对话框查看已添加的过滤器,可通过勾选/取消勾选“可见性”来选择显示/隐藏对应的系统,如图 5.36 所示。

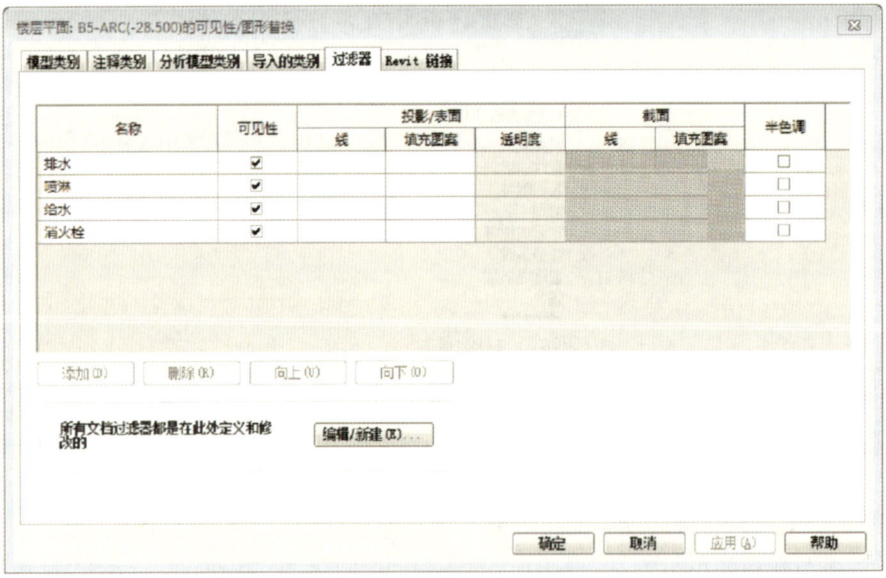

图 5.36

5.2.2 给水管道及设备建模

1) 导入图纸

在“B5-ARC(-28.500)平面”视图中,单击功能区“插入”选项卡→“链接 CAD”,找到“水泵房给水平面图”,勾选“仅当前视图(U)”,修改“导入单位”为“毫米”,单击“打开”按钮,完成图纸导入。

2) 对齐图纸

单击“修改”选项板→“对齐”命令，使 CAD 图纸的横轴网和纵轴网与视图轴网一一对齐。完成图纸对齐后，找到“修改”选项板→“锁定”命令，将 CAD 图纸锁定，如图 5.37 所示。

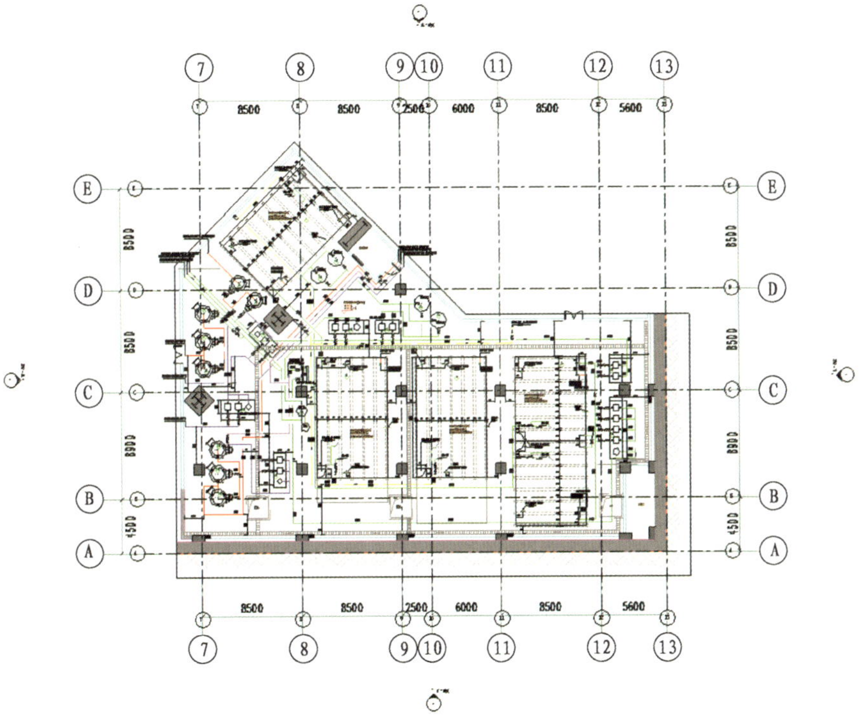

图 5.37

3) 插入设备族

在功能区“插入”选项卡中单击“载入族”，打开“载入族”对话框，如图 5.38 所示；进入

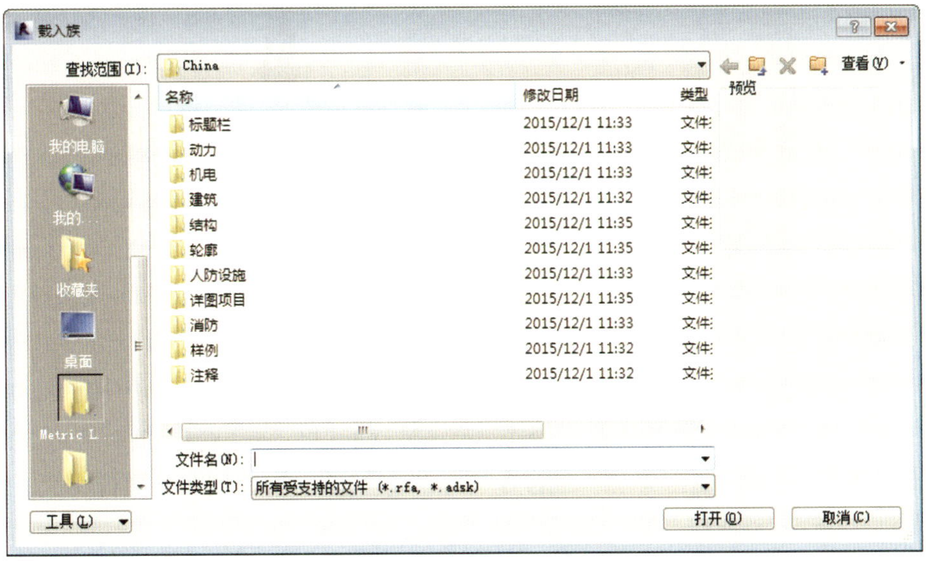

图 5.38

族文件夹，打开“机电”→“泵”文件夹，选择“多级离心泵-立式”；在弹出的指定类型对话框中选择合适的类型，单击“确定”按钮。或者直接载入本项目预先挑选好的族库“相关族”，找到“多级离心泵-立式”载入。

在项目浏览器中找到“族”→“机械设备”→“多级离心泵-立式”，鼠标左键单击刚载入的“(13)号水泵”并拖动到视图中，把泵放到对应的位置，放开鼠标左键，并在图 5.39 所示位置绘制一个剖面。

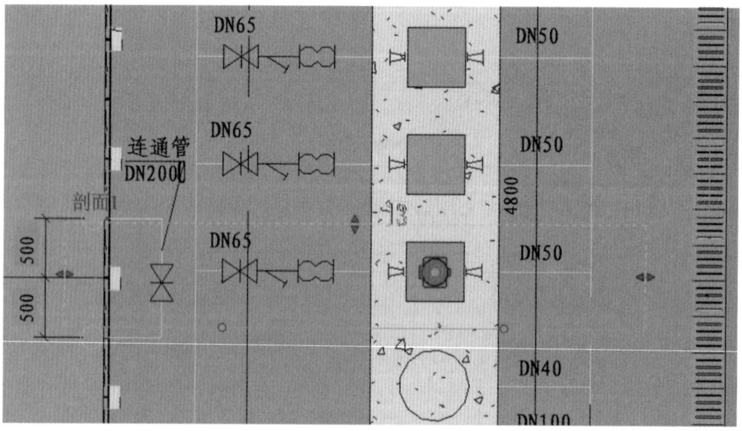

图 5.39

选择剖面，单击鼠标右键，在弹出的菜单中单击“转到视图(G)”；进入剖面，将左下角设置视图详细程度设为“精细”，把泵拖到图 5.40 中所示位置，使泵正对放在泵基础上，完成水泵的布置。

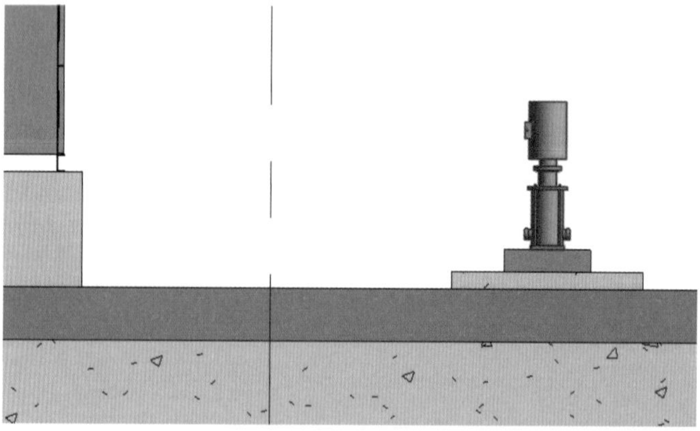

图 5.40

4）绘制管道

在当前剖面视图下，单击功能区“系统”选项卡→“管道”；在属性面板中选择管道类型为“PP-R 管”，单击“编辑类型”按钮，进入“类型属性”对话框；通过复制、重命名的方式创建给水管道“PP-R 管_给水管”，单击“确定”按钮，完成管道创建；返回属性面板，在“机械”→“系统类型”中选择“给水管”系统，如图 5.41 所示。

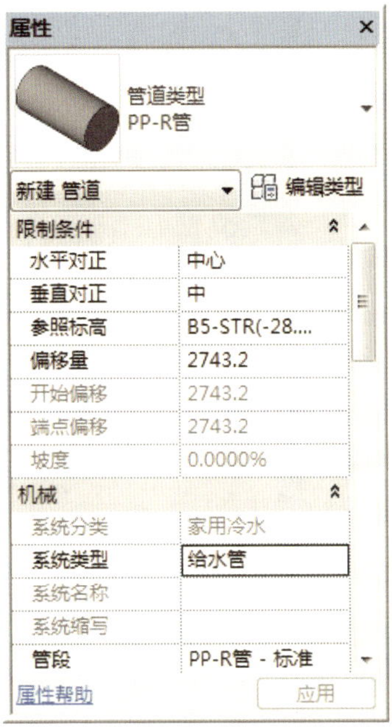

图 5.41

回到剖面视图，根据 CAD 图纸的内容，确定要绘制的管道的规格，如先绘制的进水管为“DN65”、出水管为“DN50”，移动十字光标捕捉到管口，绘制水平管和立管，结果如图 5.42 所示。

从项目“相关族”库中分别载入水泵进出水口的管路附件，包括 Y 型过滤器、弹簧压力表、止回阀、软接头、闸阀等，如图 5.43 所示。

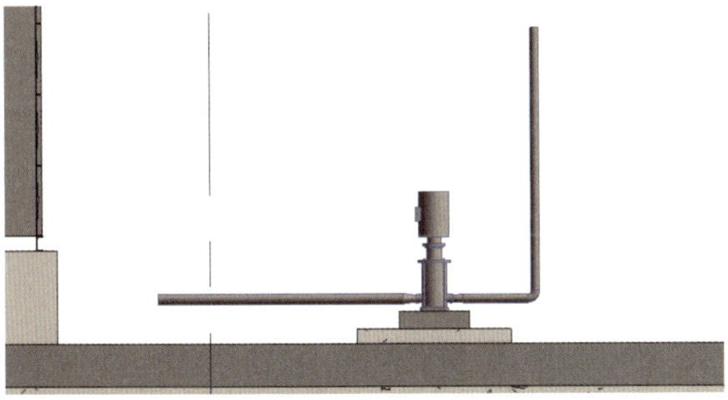

图 5.42

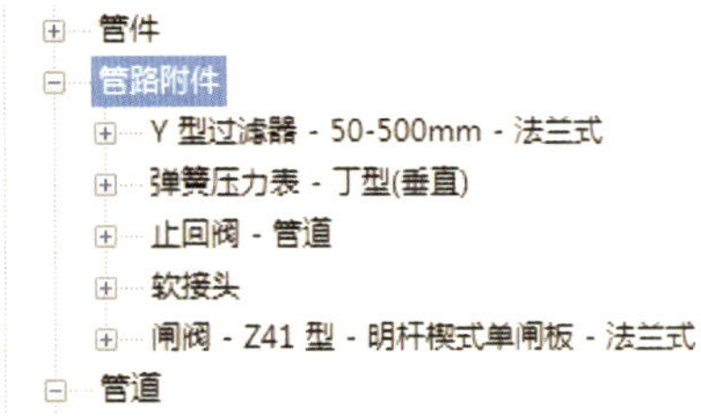

图 5.43

回到三维视图，依次拖动相应的管路附件到视图中，捕捉到相应的管道，单击鼠标左键完成放置，最终放置结果如图 5.44 所示。

回到平面视图，绘制水箱出水管。单击选择视图中水平布置的一段 DN65 管道，在“修改|放置 管道”选项卡下，单击“创建类似(CS)”按钮(图 5.45)，即可创建与该管道相同属性的管道。在视图中沿 CAD 图纸所示管道走向进行管道绘制，当绘制到管道垂直向上进入水箱时，可输入管道端点高度的偏移量，然后单击“应用”按钮完成垂直管道的绘制，如图 5.46 所示。

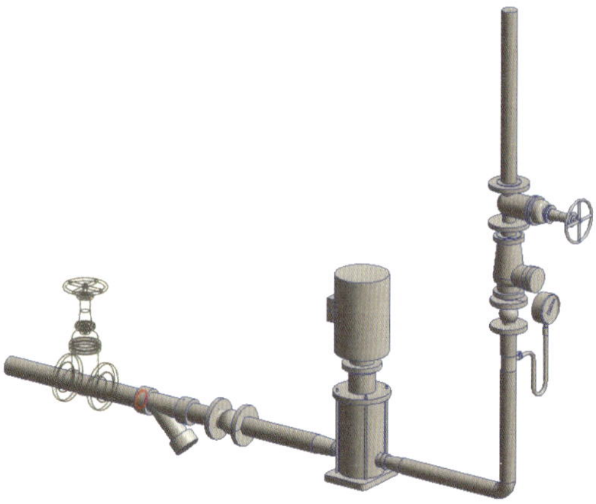

图 5.44

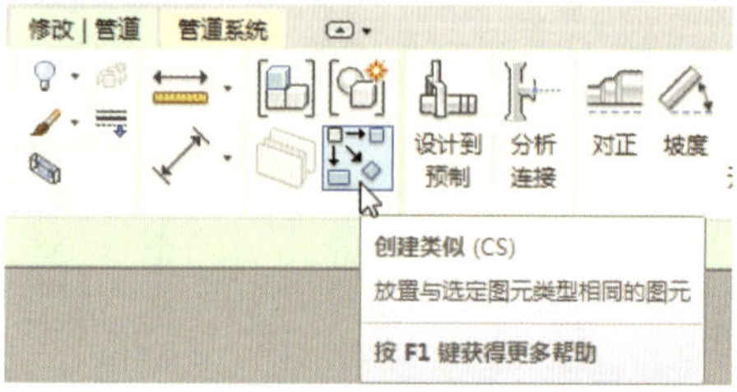

图 5.45

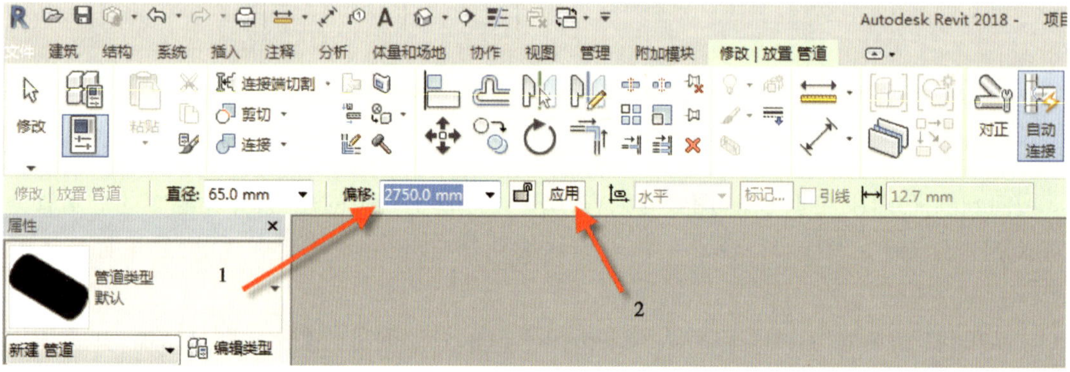

图 5.46

绘制完成后，通过“对齐”命令，使管道对齐 CAD 图纸。在项目浏览器中找到“族”→“管路附件”并找到刚刚载入的“闸阀”，单击相应尺寸的阀门，按住鼠标左键拖入视图中，捕捉到 DN200 的水箱出水管，单击鼠标左键完成放置，并调整到图纸中所标识的阀门位置，如图 5.47 所示。

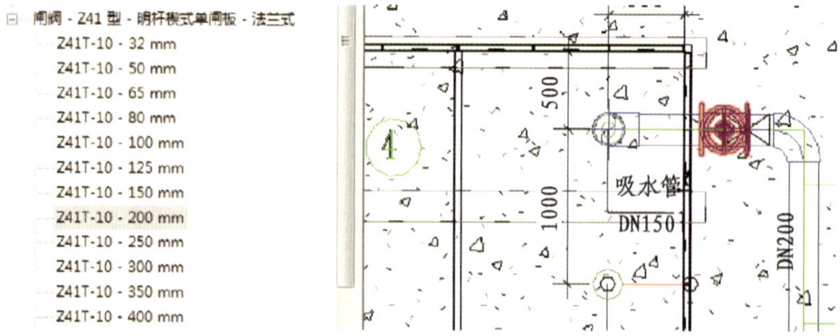

图 5.47

在平面视图中，框选刚刚建好的水泵及其进出水管道、管路附件，找到“修改”选项板中的“复制”命令，单击勾选工具栏下方的“约束”和“多个”，回到视图中连续复制 4 组，按“Esc”键两次退出复制；通过“修改”选项板中的“修剪/延伸单个图元”命令使水泵进水管连接到水箱出水管，如图 5.48 所示。

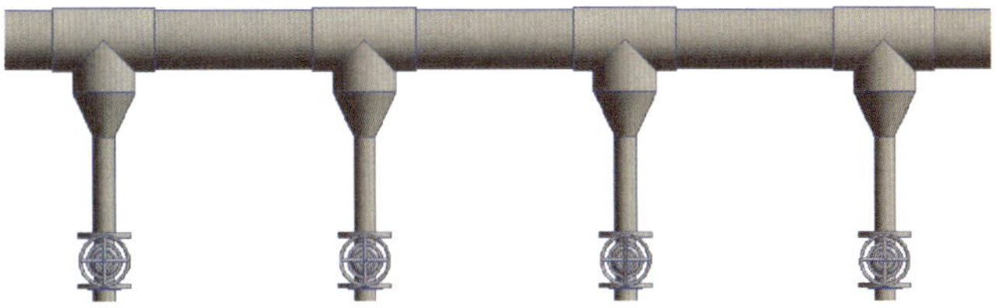

图 5.48

按照类似方法，可依次绘制该组水泵的其他管道、气压罐、阀门，最终完成结果如图 5.49 所示。

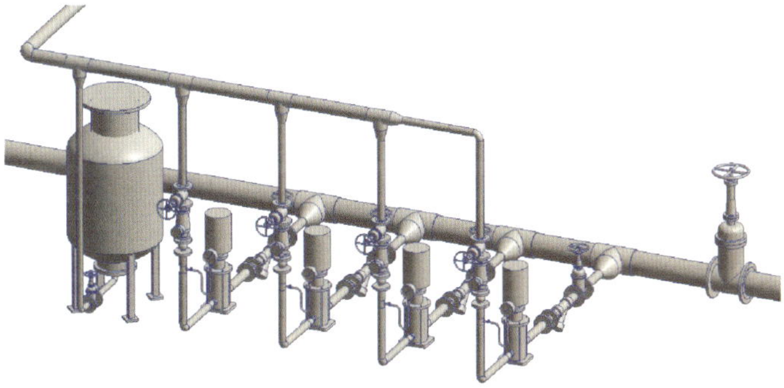

图 5.49

5.2.3　带坡度管道建模

本机房项目共有 3 个集水坑，分别通过 3 组潜水排污泵将污水排至室外管网，同时通过一组通气管分别接入集水坑，使坑内的气体自然排出室外，如图 5.50 所示。

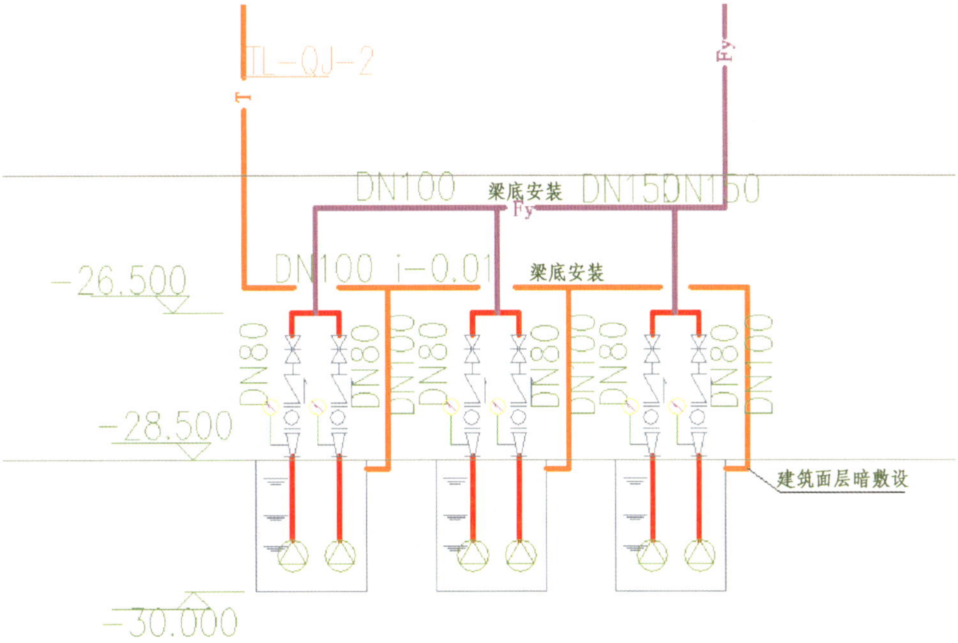

图 5.50

潜水排污泵及管道、管路附件的绘制方式与水泵给水系统类似，在此不再赘述。本节主要介绍带坡度管道的建模方法。

单击功能区“插入”选项卡→“链接 CAD”，找到“水泵房排水平面图.dwg”，勾选“仅当前视图(U)”，“导入单位”设置为“毫米”，单击“打开”按钮，插入链接的 CAD 图纸；通过“对齐”命令使 CAD 图纸对齐项目轴网，单击选择轴网并锁定，完成图纸导入。

单击功能区“系统”选项卡→“管道”，在属性面板中选择管道类型为“PVC-U 管”，单击“编辑类型”按钮，进入“类型属性”对话框；通过复制、重命名的方式创建给水管道“PVC-U 排水管_通气管”，单击“确定”按钮，完成管道定义；返回属性面板，在“机械”→“系统类型”中选择“通气管”系统，初始管径为 DN100，偏移量为 3 850 mm，如图 5.51 所示。

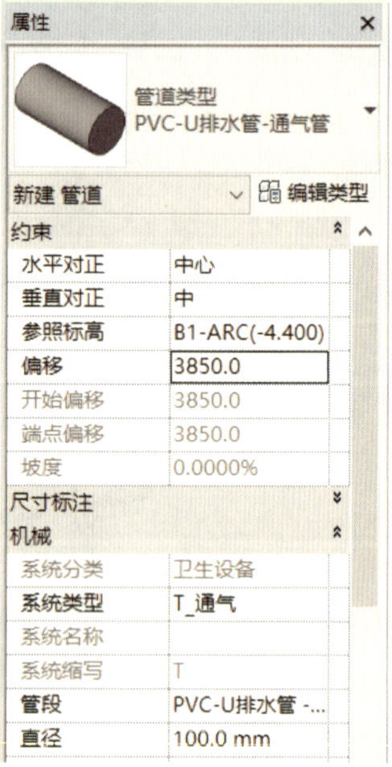

图 5.51

在“修改|放置 管道”选项卡下，点选“向下坡度”、“自动连接”、“继承高程”，并选取坡度值为 1.000 0%，如图 5.52 所示。回到平面视图中，从左往右绘制管道，使管道逐渐往下坡，直到最末端一个集水坑后输入偏移量“-200 mm”，双击“应用”按钮，使管道垂直接入集水坑，如图 5.53 所示。

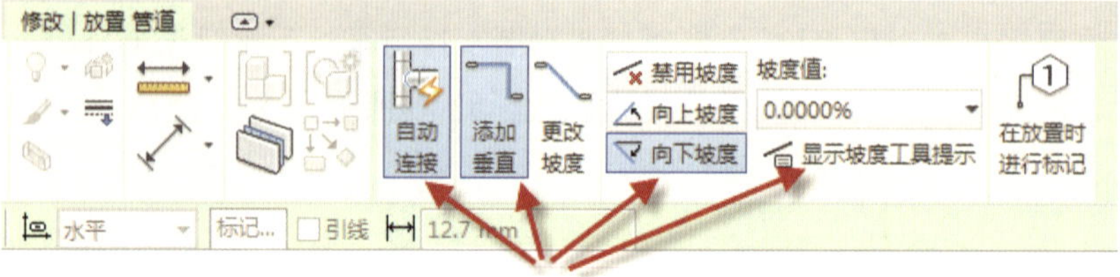

图 5.52

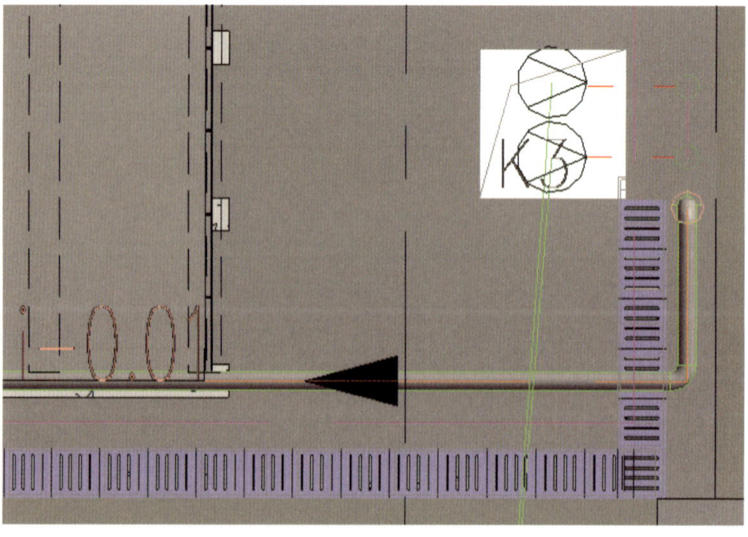

图 5.53

紧接着绘制其余两个集水坑的通气管，使光标捕捉到通气主管，单击鼠标左键开始绘制，绘制完成结果如图 5.54 所示。

图 5.54

【注意】

带坡度管道的绘制要点是确保“自动连接”和“继承高程”已打开，并注意管道的坡向。

5.2.4　消火栓系统建模

消火栓系统包含的构件主要有消防泵、管道、各类管路附件、消火栓箱等。消防泵及其管道、管路附件的绘制方式与水泵给水系统类似，此处不再赘述。下面重点介绍消火栓箱及其连接管道的建模方法。

单击功能区“插入”选项卡→“链接 CAD”，找到“水泵房消防平面图.dwg”，勾选“仅当前视图(U)”，“导入单位”设置为“毫米”，单击“打开”按钮；通过“对齐”命令使 CAD 图纸对齐项目轴网，单击选择轴网并锁定，完成图纸导入。

单击功能区“插入”选项卡→“载入族”，进入族文件夹，在“消防”→“给水和灭火”→“消火栓”文件夹中选择“室内组合消火栓柜”→“单栓”→“侧面进水接口带卷盘”，单击“打开”按钮。或者从项目“相关族”库中分别载入“消火栓(右)”和“消火栓(左)”，如图 5.55 所示。

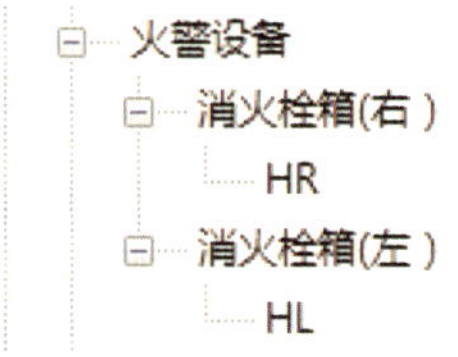

图 5.55

在项目浏览器中找到“族”→“火警设备”，分别将“消火栓(右)”和“消火栓(左)”(图 5.55)放入对应项目中，箱体相对建筑地面偏移量为“0”。

单击功能区“系统”选项卡→“管道”，在属性面板中选择管道类型为“镀锌钢管”，然后单击“编辑类型”按钮，进入“类型属性”对话框；通过复制、重命名的方式创建给水管道“镀锌钢管_消火栓管”，单击“确定”按钮，完成管道创建；返回属性面板，在“机械”→“系统类型”中选择“消火栓”系统，初始管径为 DN150，偏移量为 4 000 mm，如图 5.56 所示。

沿 CAD 图纸所示管道走向绘制管道，并根据管道尺寸标准变换管道大小，将支管绘至消火栓箱附近，如图 5.57 所示。

消火栓自动连接管道：点选消火栓，单击“修改”选项卡→“连接到”，如图 5.58 所示；回到视图中，单击管道，完成连接，如图 5.59 所示。按照类似方式将剩余消火栓箱与管道进行连接，若连接不成功，适当调整接入管的位置，即可实现连接。

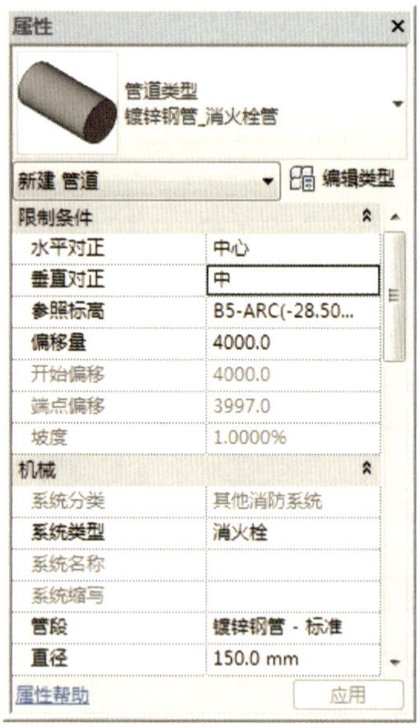

图 5.56

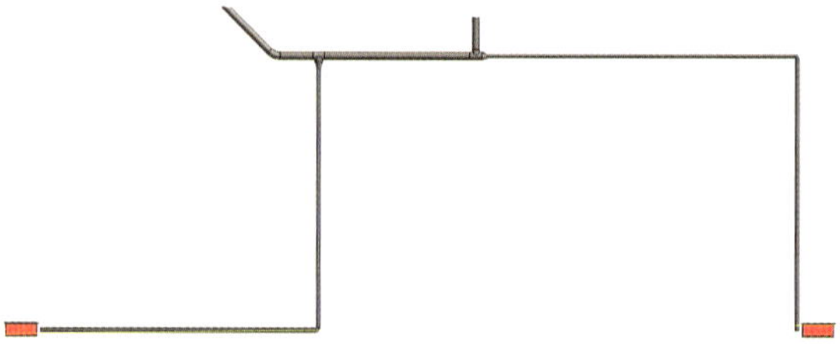

图 5.57

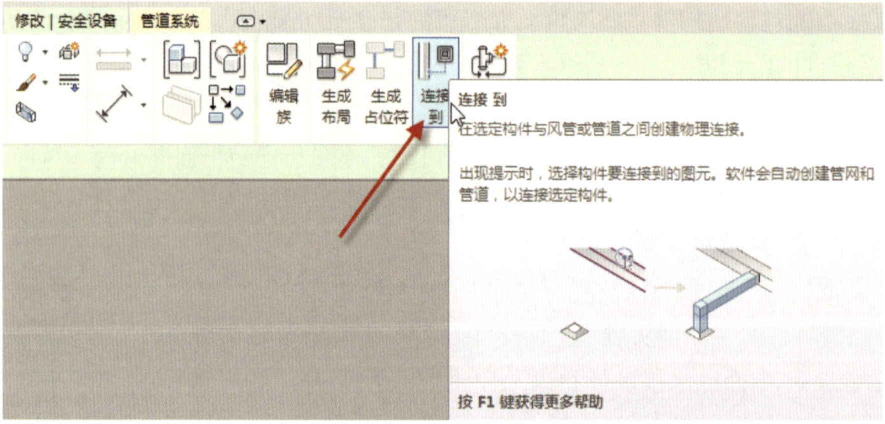

图 5.58

图 5.59

5.2.5 喷淋系统建模

喷淋系统包含的构件主要有喷淋泵、管道、各类管路附件、喷淋头等。喷淋泵及其管道、管路附件的绘制方式与水泵给水系统类似，此处不再赘述。下面重点介绍喷淋头及其连接管道的建模方法。

单击功能区“插入”选项卡→“链接 CAD”，找到“水泵房喷淋平面图.dwg”，勾选“仅当前视图(U)”,“导入单位”设置为“毫米”,单击“打开”按钮;通过“对齐”命令使 CAD 图纸对齐项目轴网并单击选择轴网,锁定,完成图纸导入。

单击功能区“系统”选项卡→“管道”,在属性面板中选择管道类型为“镀锌钢管”,单击“编辑类型”按钮,进入“类型属性”对话框;通过复制、重命名的方式创建给水管道“镀锌钢管_喷淋管”,然后单击“确定”按钮,完成管道创建;返回属性面板,在“机械”→“系统类型”中选择“自动喷水灭火系统”,初始管径为 DN150,偏移量为 3 700 mm,如图 5.60 所示。

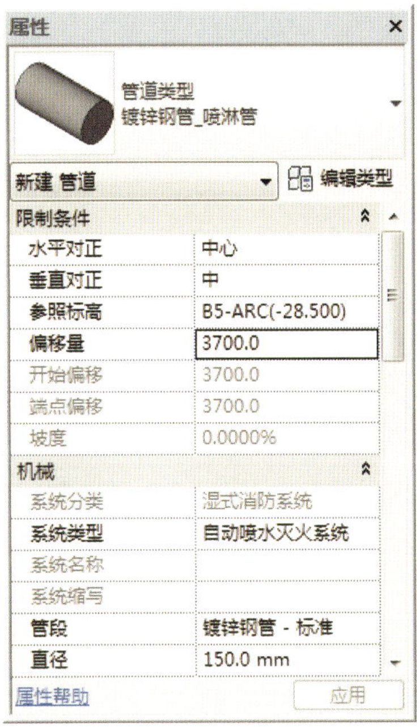

图 5.60

回到建模窗口,创建喷淋管道。按 CAD 图纸标识的管道大小及走向,绘制喷淋管网,结果如图 5.61 所示。

本项目中,喷淋头均为直立型喷头(即上喷头),按施工规范要求,上喷头溅水盘距离板底高度为 75 ~ 150 mm,因此喷头的高度设置为 4 050 mm。

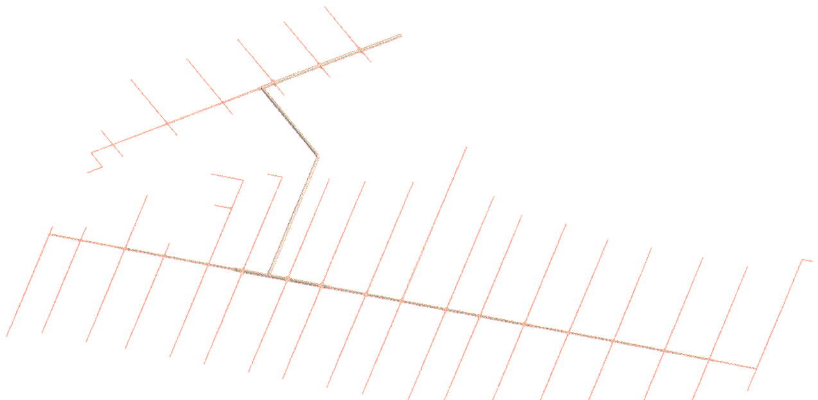

图 5.61

单击功能区“插入”选项卡→“载入族”,进入族文件夹,在“消防”→“给水和灭火”→“喷头”文件夹中选择“喷头-ELO 型-闭式-直立型”,单击“打开”按钮。

单击功能区“系统”选项卡→“喷头”,在属性面板中设置偏移量为 4 050 mm,移动光标到建模窗口,根据 CAD 图纸标识的喷头位置,单击鼠标左键逐一放置喷头,结果如图 5.62 所示。

喷头全部放置完成后,单击选择任意一个喷头,在属性面板中单击“编辑类型”按钮,进入喷头的“类型属性”对话框;把原喷头的直径 20 mm 修改为 25 mm,单击“确定”按钮,完成修改,如图 5.63 所示。此时本项目中所有的“喷头-ELO 型-闭式-直立型”的直径均修改为 25 mm。

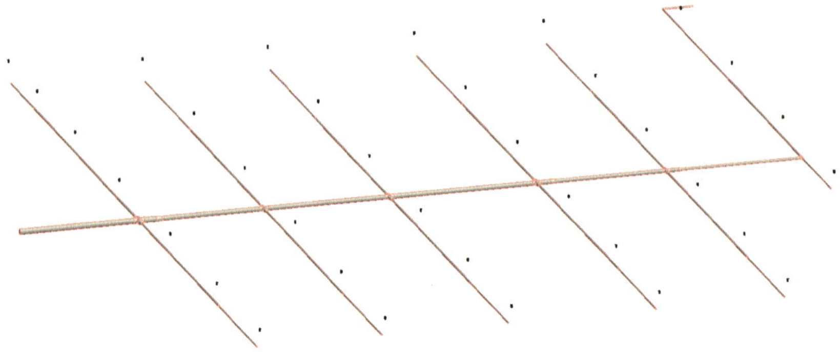

图 5.62

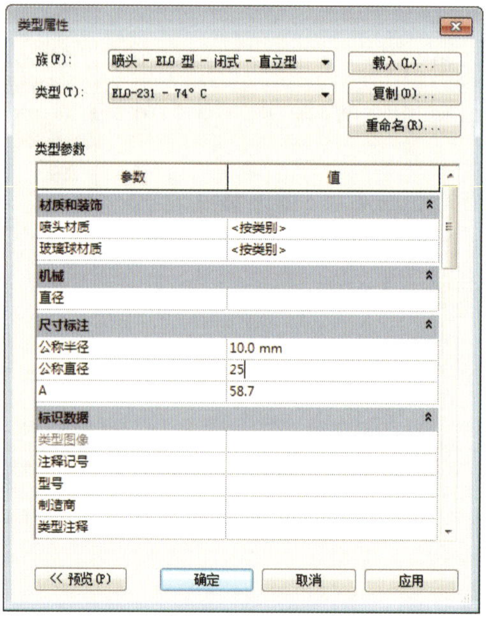

图 5.63

喷淋头自动连接管道:在建模视图中点选喷淋头,单击“修改|放置 喷头”选项卡→“连接到”,如图 5.64 所示;回到视图中,单击与其直接连接的管道,完成连接。按照类似方式将

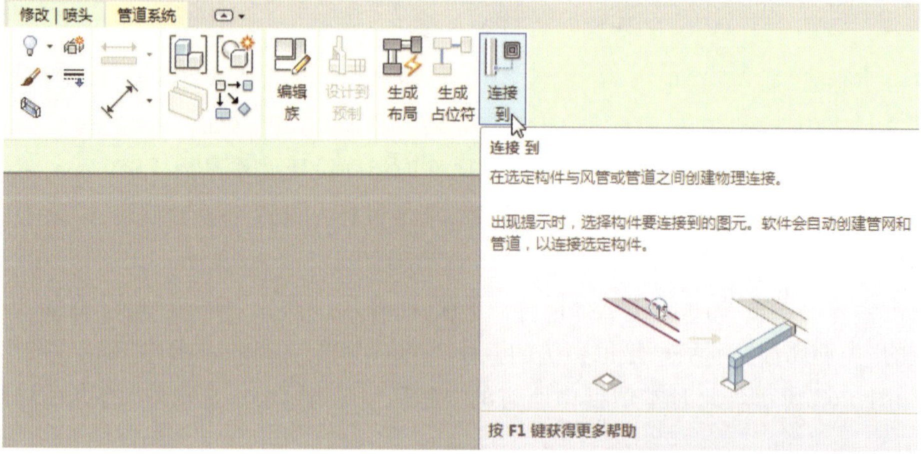

图 5.64

剩余喷淋头与管道进行连接,若连接不成功,则是因为在平面图中喷淋头没有与管道中心对齐,调整对齐后即能实现连接,结果如图 5.65 所示。

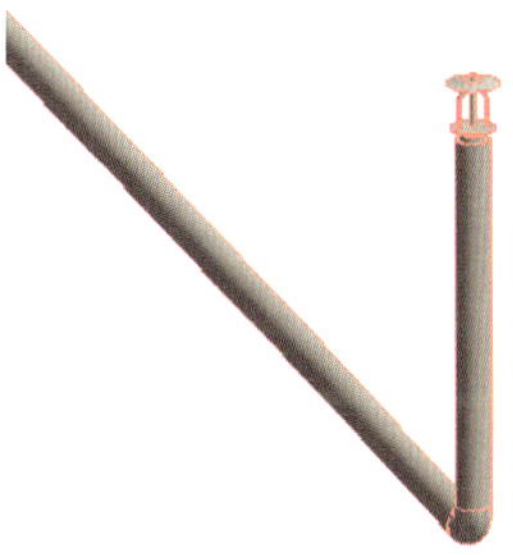

图 5.65

所有喷淋头均完成与管道连接之后,选中所有喷淋头,再次回到喷淋头"类型属性"对话框,把喷头的直径从 25 mm 修改为 20 mm,单击"确定"按钮,完成修改。此时本项目中所有的"喷头-ELO 型-闭式-直立型"的直径均修改为 20 mm,并在喷头与管道连接处自动生成一个变径大小头,如图 5.66 所示。

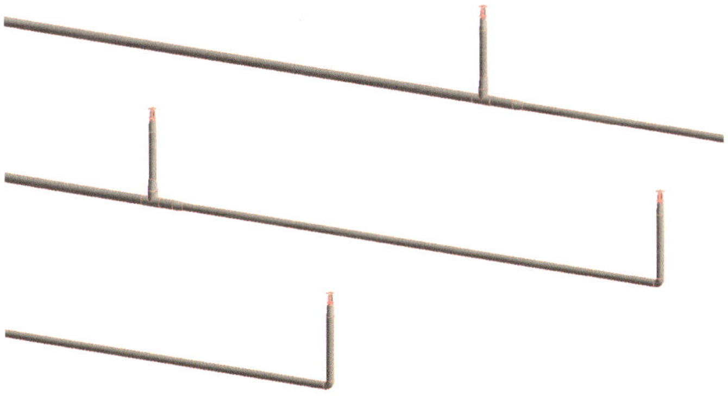

图 5.66

【说明】

在实际工程中,喷淋头的直径为 15 mm 或 20 mm,没有 25 mm 的喷淋头,而施工规范中要求喷淋管道最小管径不得小于 DN25。通过上述"喷淋头自动连接管道"方式生成的立管会跟随喷淋头的管径,为减少后期修改量,按照上述方法可快速建立符合要求的模型。

5.3 电气建模

电气系统包含的主要构件有供配电设备、桥架、管线、用电设备、灯具、开关插座等。电气设备的建模主要是载入已建族,修改尺寸和相关参数,放到图纸指定位置即可。在此不作详细描述,本节主要介绍桥架的建模。

5.3.1 桥架设置

桥架建模前,同样需要进行设置。

1) 管件设置

单击功能区“系统”选项卡→“电缆桥架”，在属性面板中选择桥架类型为“带配件的电缆桥架”，然后单击“编辑类型”按钮，进入“类型属性”对话框，系统默认的电缆桥架并未添加配件，如图 5.67 所示。此时应手动载入管件族，并逐一添加到桥架类型属性中。

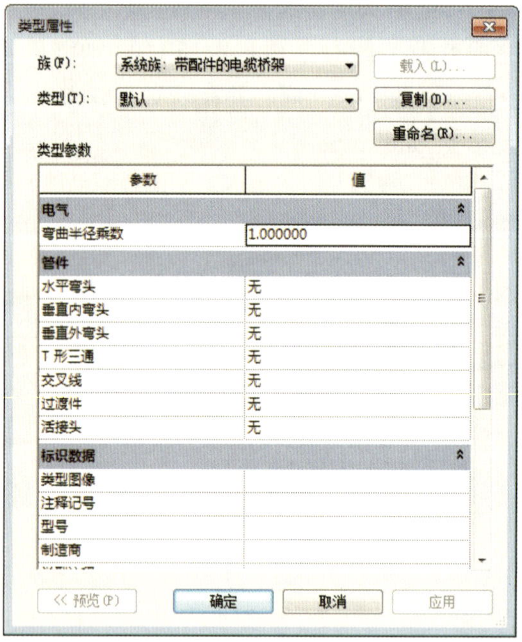

图 5.67

单击功能区“插入”选项卡→“载入族”，进入族文件夹，在“机电”→“供配电”→“配电设备”→“电缆桥架配件”文件夹中选择所有槽式电缆桥架配件，单击“打开”按钮，如图 5.68 所示。

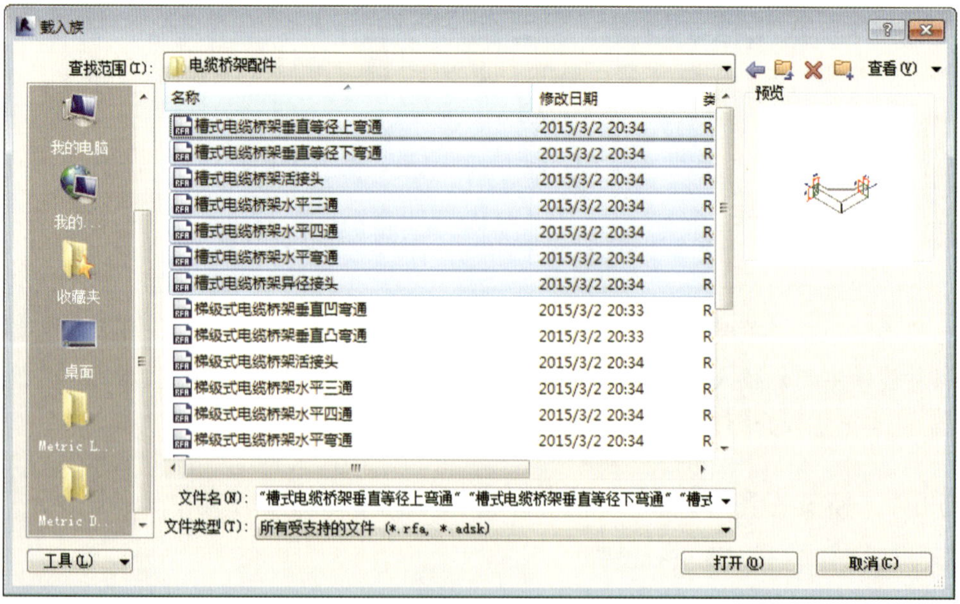

图 5.68

返回电缆桥架“类型属性”对话框，把刚载入的槽式电缆桥架配件逐一添加进去，即完成电缆桥架的管件设置。梯式、托盘式等其他类似的电缆桥架设置与槽式类似，在此不再赘述，结果如图 5.69 所示。

2）桥架类型设置

在项目浏览器中找到“族”→“电缆桥架配件”，分别将系统默认的各个“标准”配件通过“复制/重命名”的方式创建“强电”配件，如图 5.70 所示。

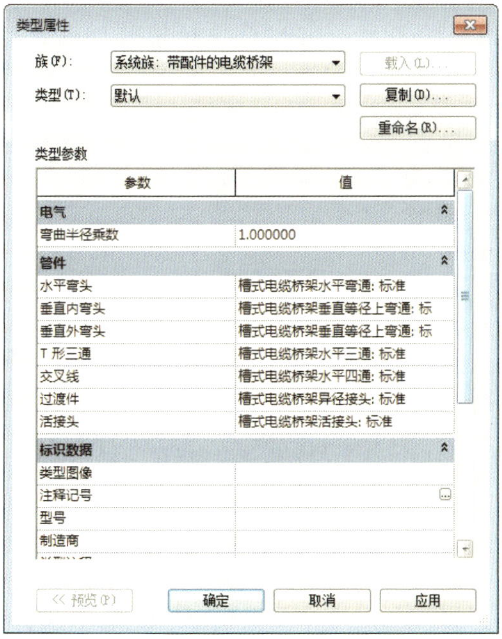

图 5.69

图 5.70

回到电缆桥架“类型属性”对话框，通过“复制/重命名”的方式把默认类型修改为强电，并将各个配件修改为“强电”配件，单击“确定”按钮完成设置，如图 5.71 所示。

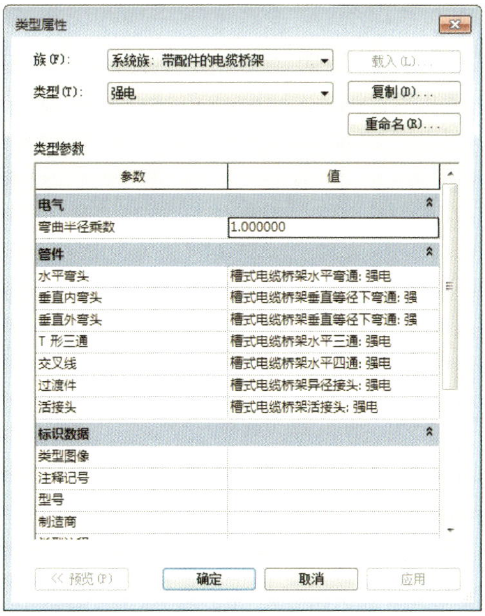

图 5.71

“弱电”“消防”等也按此方式进行设置。

3) 桥架可见性过滤器及颜色设置

为了更好地区分不同类型的桥架,以及快速地显示或隐藏各个类型的桥架,可以通过图形可见性过滤器进行设置。

单击功能区“视图”选项卡→“视图样板”→“管理视图样板”,进入“视图样板”对话框,选择之前已创建的“机电视图样板”;在“视图属性”中找到“V/G 替换过滤器”,并单击“编辑”按钮,进入过滤器设置选项卡;单击左下角“新建”图标,创建“强电桥架”,如图 5.72 所示。

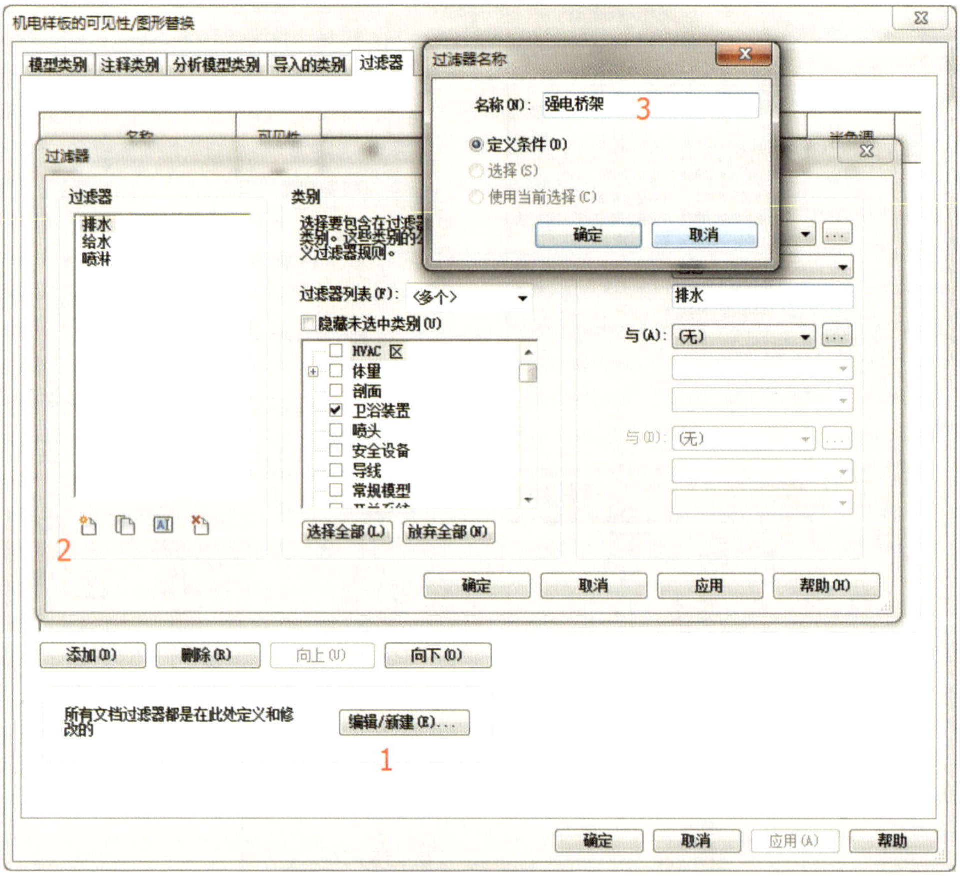

图 5.72

在“类别”栏中勾选“电缆桥架”和“电缆桥架配件”,在“过滤器规则”栏中将过滤条件分别设置为“类型名称”、“包含”、“强电”,单击“确定”按钮,完成设置,如图 5.73 所示。依次设置本项目中其他类型的桥架过滤器。

回到可见性/图形替换对话框“过滤器”选项卡中,单击“添加(D)”按钮,将刚才新建的各个桥架过滤器添加到“过滤器”中;在“投影/表面”栏中分别设置各个桥架的线性颜色及填充颜色,单击“确定”按钮完成设置,如图 5.74 所示。

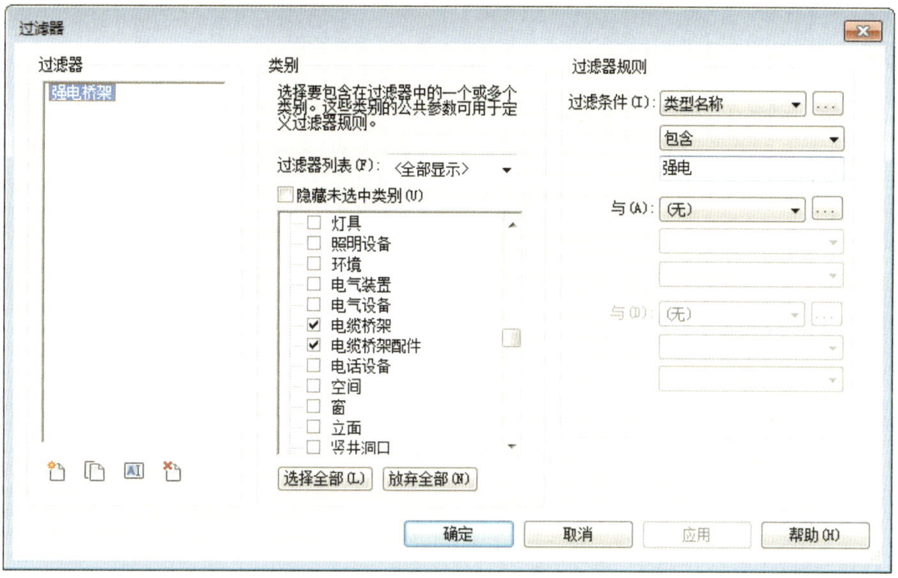

图 5.73

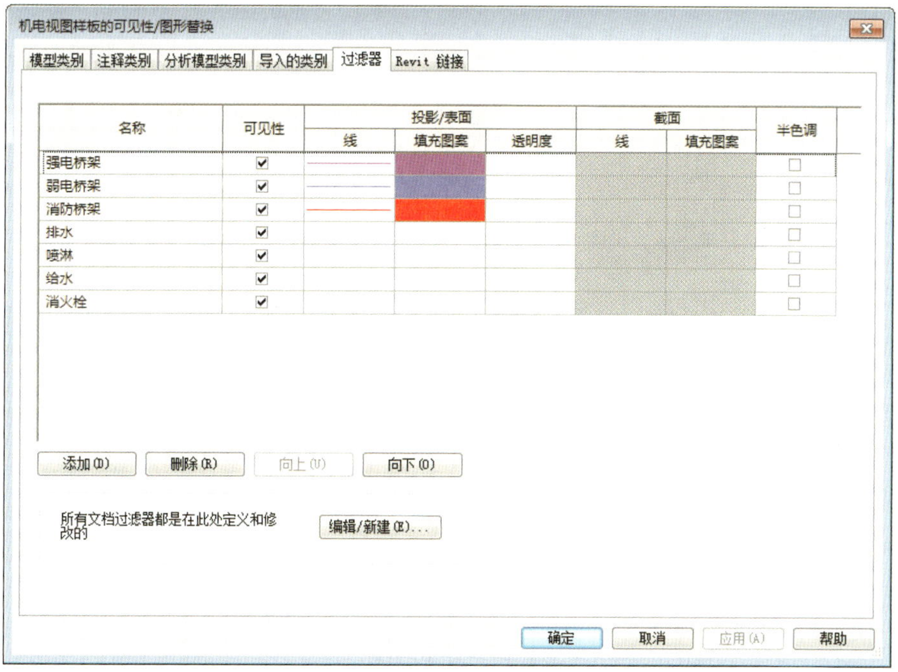

图 5.74

桥架过滤器设置完成后，需将“机电视图样板”应用到对应的视图，才能在该视图实现桥架颜色显示和桥架显示/隐藏的操作。

【说明】

桥架并不具备系统属性，在对桥架进行过滤条件设置时，可通过“类型名称”进行筛选，将“过滤条件”设置为“包含”、“强电”，即所有类型名称中出现“强电”的桥架和桥架配件均被筛选。

5.3.2 桥架建模

单击功能区“插入”选项卡→“链接 CAD”，找到“水泵房电气平面图.dwg”，勾选“仅当前视图(U)”，“导入单位”设置为“毫米”，单击“打开”按钮；通过“对齐”命令使 CAD 图纸对齐项目轴网，单击选择轴网并锁定，完成图纸导入。

单击“系统”选项卡→“电缆桥架”，选择“带配件的电缆桥架 强电”，根据图纸所示分别修改桥架的尺寸及安装高度；回到绘图窗口，即可沿图纸所示桥架走向绘制桥架，绘制时根据图纸所示修改桥架的尺寸及安装高度，最终结果如图 5.75 所示。

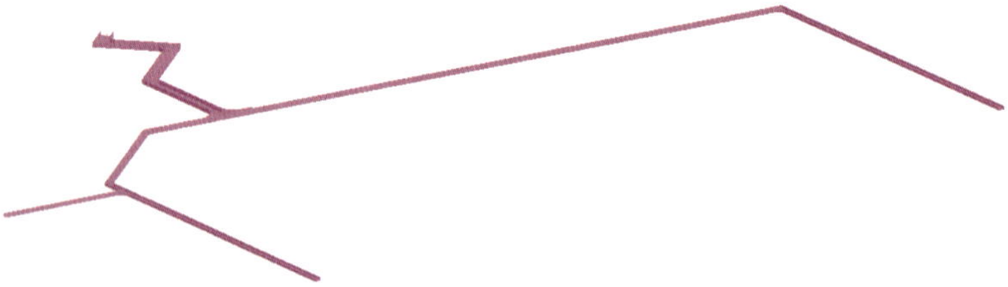

图 5.75

【注意】

软件默认桥架的偏移高度为桥架中心标高，而图纸一般标识的桥架高度为底标高，因此应根据图纸所示底高度调整建模的偏移量，如高度为 150 mm 的桥架底板高度为 2 500 mm，则建模时偏移量应设置为 2 575 mm，如图 5.76 所示。

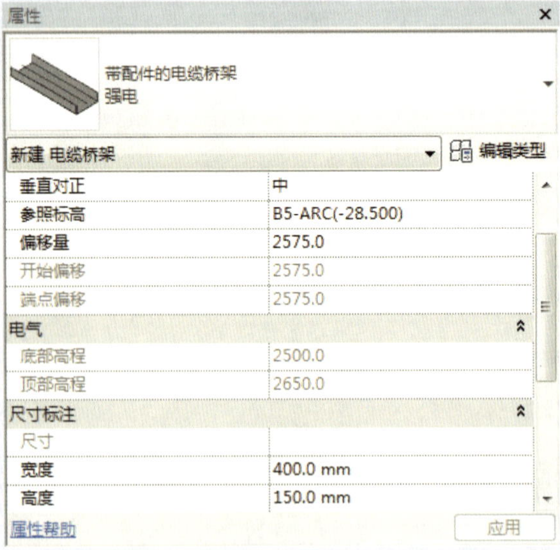

图 5.76

5.4 暖通建模

暖通专业主要包括暖通风及暖通水。暖通水的建模与管道建模类似,在此不再赘述。本节主要介绍暖通风的建模。

暖通风建模前同样需要进行设置。

5.4.1　暖通风设置

1) 管件设置及风管类型的创建

单击功能区"系统"选项卡→"风管",在属性面板"类型选择器"风管下拉列表中(图 5.77),可以看到系统默认自带的三大类风管(圆形、椭圆形、矩形),每一类又细分为不同连接方法的风管。下面以矩形风管为例进行介绍。

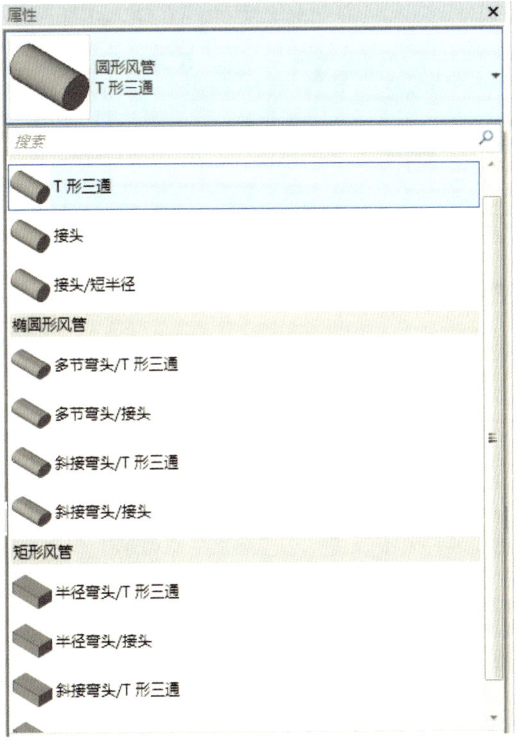

图 5.77

"半径弯头/T 形三通"的接法如图 5.78 所示。

"半径弯头/接头"的接法如图 5.79 所示。

图 5.78

图 5.79

“斜接弯头/T 形三通”的接法如图 5.80 所示。

“斜接弯头/接头”的接法如图 5.81 所示。

图 5.80

图 5.81

对比上述 4 种接法，区别主要在于使用了不同的管件，也可以通过“载入族”的方式自定义所需要的管件。建模过程中可根据图纸要求或实际安装要求选择相应的管件进行连接，在此以较为常用的“半径弯头/T 形三通”的接法进行介绍，如图 5.82 所示。

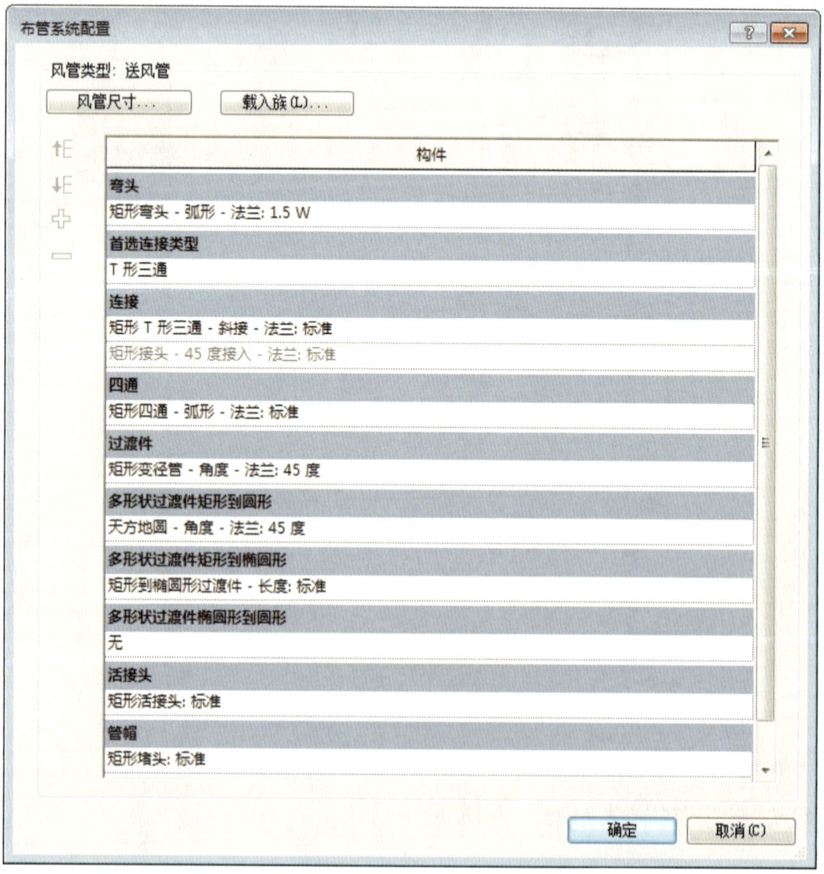

图 5.82

在风管属性面板“类型选择器”下拉列表中选择“矩形风管 半径弯头/T 形三通”，单击“编辑类型”按钮，进入“类型属性”对话框；单击“复制(D)”按钮，创建名称为“送风管”的新类型，单击“确定”按钮完成送风管的创建。按照此方法依次创建项目中包含的其他类型的风管，如排风管、排烟管等。

2）创建风管系统

在项目浏览器中找到“族”→“风管系统”→“风管系统”，软件默认给定了回风、排风、送风 3 个系统分类，系统分类不能删除、增加或修改，但可以通过这 3 个系统分类创建出多个不同的系统类型，如图 5.83 所示。

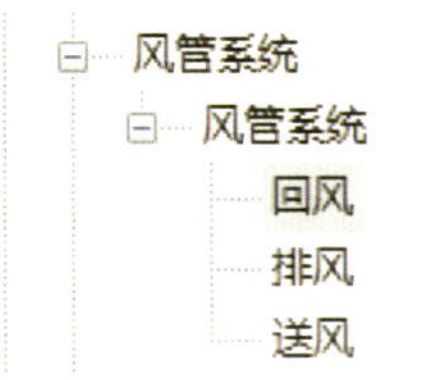

图 5.83

以创建送风系统为例，单击“送风”，再单击鼠标右键选择“复制”，重命名新系统为“送风管”，按“Enter”键即完成送风系统的创建。该“送风管”对应的系统分类为“送风”。按照同样的方式，分别创建本项目所包含的其他风管系统，如排风管、排烟管等，排风管、排烟管对应的系统分类为“排风”。

3）创建风管系统颜色

双击新创建的“送风管”系统，进入“类型属性”对话框；找到“图形替换”栏，单击右边的“编辑”按钮，进入“线图形”对话框；可分别设置线的宽度、颜色及填充图案，设置完成后单击“确定”按钮，如图 5.84 所示。

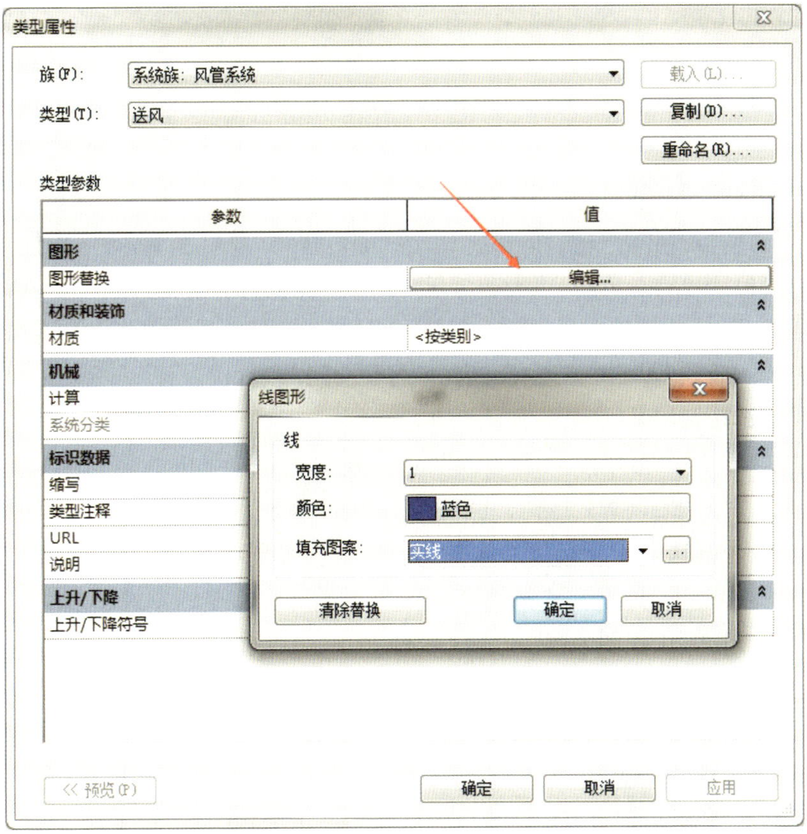

图 5.84

在送风管"类型属性"对话框中,找到"材质"栏,单击"按类别"右边的...,进入材质浏览器对话框;新建材质,重命名为"送风管";在"图形"→"着色"中,将"颜色"改为与线图形一致的颜色,单击"确定"按钮,回到送风管"类型属性"对话框;单击"确定"按钮,完成系统材质颜色赋予,如图 5.85 所示。按此方法可分别创建排风管、排烟管的系统颜色。

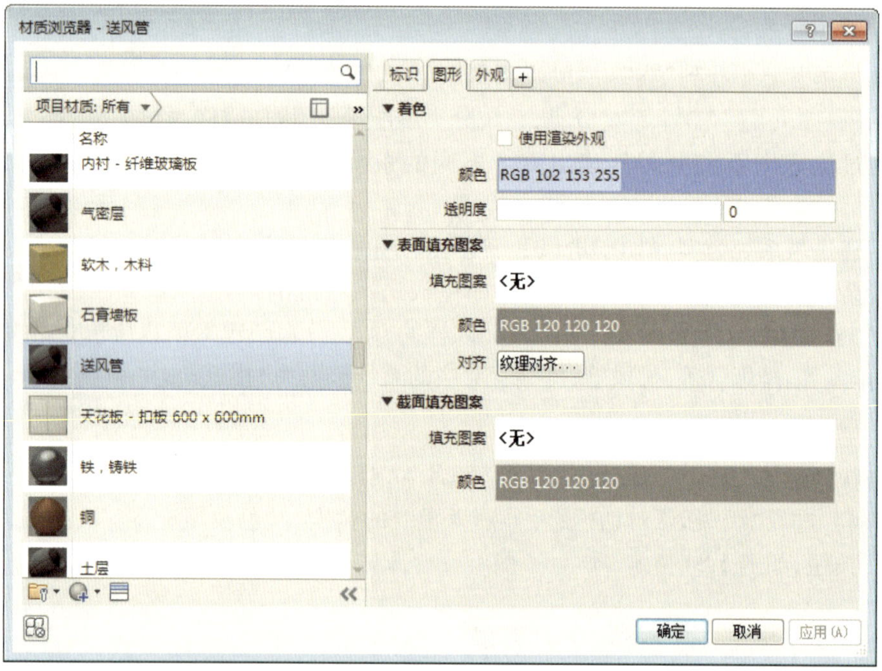

图 5.85

5.4.2 暖通风建模

暖通风包含的构件主要有风机,风管,各类风阀、接头,风口末端,其他附件等。建模的顺序一般为:风机→风管→风阀、接头→风口末端→其他附件。下面介绍暖通风的建模。

单击功能区"插入"选项卡→"链接 CAD",找到"水泵房暖通平面图.dwg",勾选"仅当前视图(U)","导入单位"设置为"毫米",单击"打开"按钮;通过"对齐"命令使 CAD 图纸对齐项目轴网,单击选择轴网并锁定,完成图纸导入。

单击功能区"插入"选项卡→"载入族",进入族文件夹,在"机电"→"通风除尘"→"风机"文件夹中选择"风机-风管式-侧出风-矩形",单击"确定"按钮完成风机族的载入。或直接载入本项目预先挑选好的"相关族"族库,找到"矩形风机"载入。

在项目浏览器中找到"族"→"机械设备"→"矩形风机",鼠标左键单击刚载入的"矩形风机"并拖动到本层平面视图中,放开鼠标左键,把风机放到对应的位置,如图 5.86 所示。

单击选中风机,可在风机属性面板中设置风机的尺寸大小、进出风口大小等,如图 5.87 所示。因为风机的高度会随风管高度变化而变化,图纸给出的标高是风管底部标高,所以此处先不急于考虑风机的高度。

风机参数设置完成后即可开始建立风管。在当前平面视图下,单击功能区"系统"选项卡→"风管",在属性面板中选择风管类型为"送风管",在"机械"→"系统类型"中选择"送风管”系统，如图 5.88 所示。修改风管尺寸及偏移量与风机风口一致，回到绘图窗口捕捉到风机风口中心点作为起点后，即可按底图往前绘制风管，遇到变径时可实时修改风管的尺寸，如图 5.89 所示。

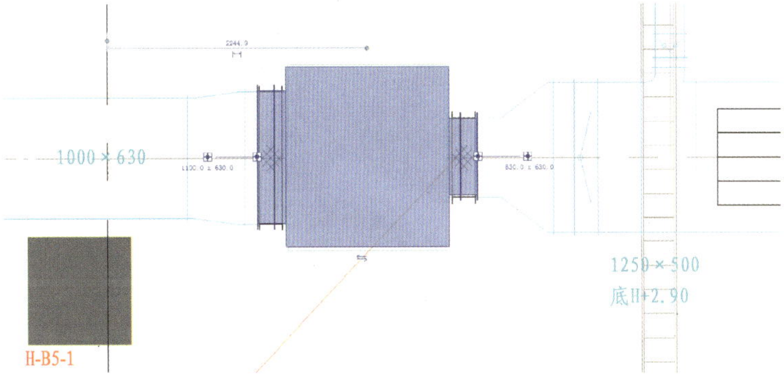

图 5.86

图 5.87

图 5.88

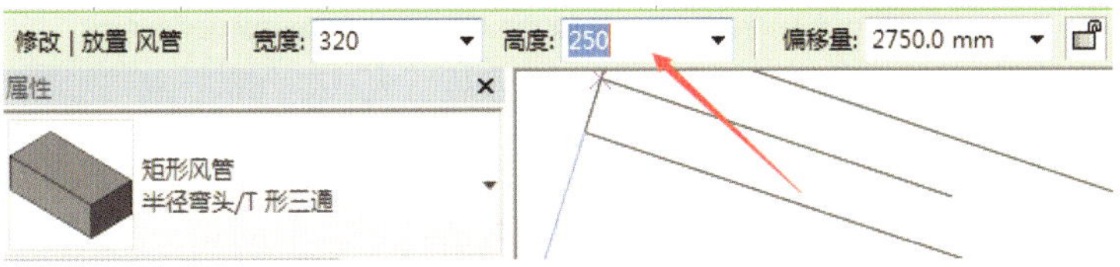

图 5.89

单击选择风管变径管，也可根据实际情况对其角度进行修改，如图 5.90 所示。

风机进、出风口端的风管绘制完成后，即可通过风管的指定高度，调整风管的安装高度。如本项目中风机出风口端“风管尺寸为 1 250 mm×500 mm，底高为 H+2.90 m”，软件默认风管的偏移量是指风管管中偏移量，因此要满足风管底高为 H+2.90 m，则应设置风管偏移量为 3 150 mm。在任意视图中单击选择风管，修改其偏移量为 3 150 mm，则与其相连的风机、风管等均一起抬高 3 150 mm，剩余的风管可按照类似方法进行绘制。未注明高度的风管均以底对齐的方式对齐该风管,如图 5.91 所示。

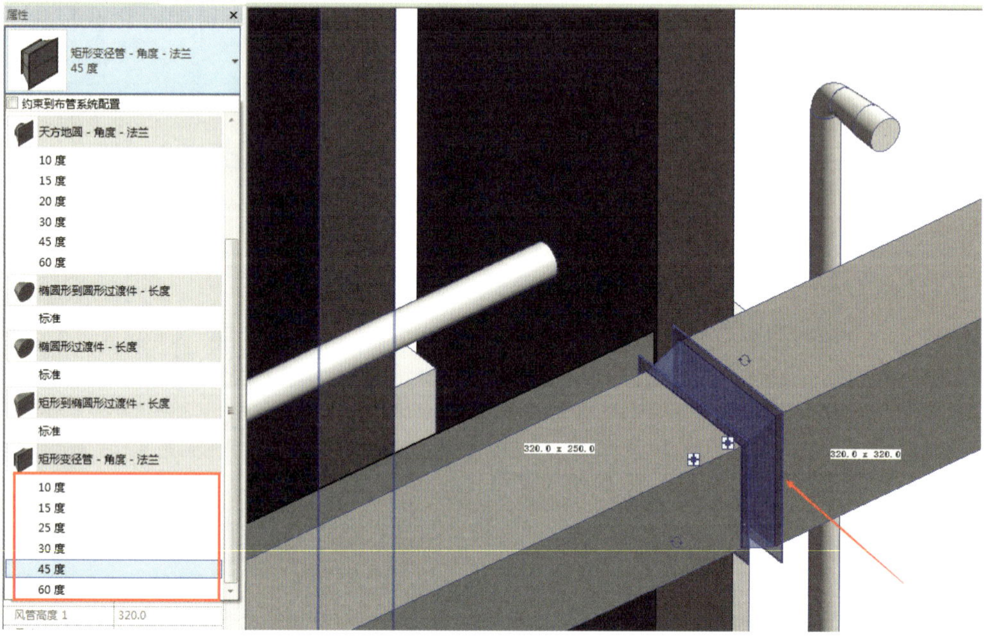

图 5.90

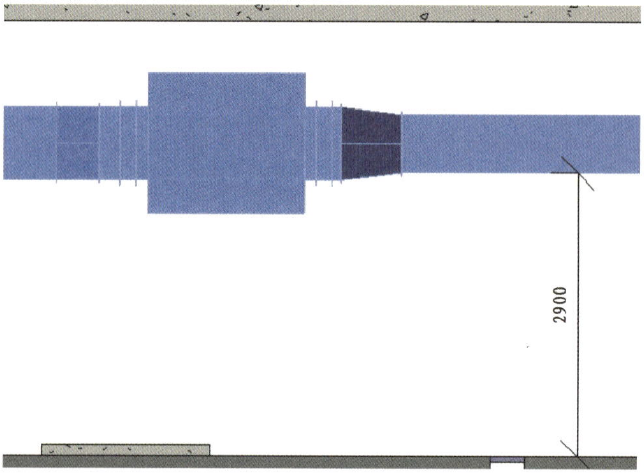

图 5.91

“半径弯头/T 形三通”默认的三通类型为管中对齐,本项目为管底对齐,因此可以重新载入管底对齐的 T 形三通族,在风管“类型属性”对话框中添加到相应的风管连接件中即可。

风管绘制完成后,紧接着就是绘制风阀。虽然风阀的有种类很多,包括调节阀、止回阀、防火阀等,但绘制的方法是一致的。下面以防火阀的绘制为例。

单击功能区“插入”选项卡→“载入族”,进入族文件夹,在“机电”→“风管附件”→“风阀”文件夹或“消防”→“防排烟”→“风阀”文件夹中找到所需的阀门,或直接使用软件默认载入的防火阀。在项目浏览器中找到“族”→“风管附件”→“防火阀-矩形-手动-70 ℃”,鼠标左键单击“标准”并拖动到本层平面视图中,放开鼠标左键,把防火阀移动到图纸所示位置,阀门自动捕捉到风管后,单击鼠标左键完成风阀的放置,如图 5.92 所示。

风阀会根据风管的尺寸自动调整自身的宽度和高度,若要修改阀门的厚度,可进入阀门

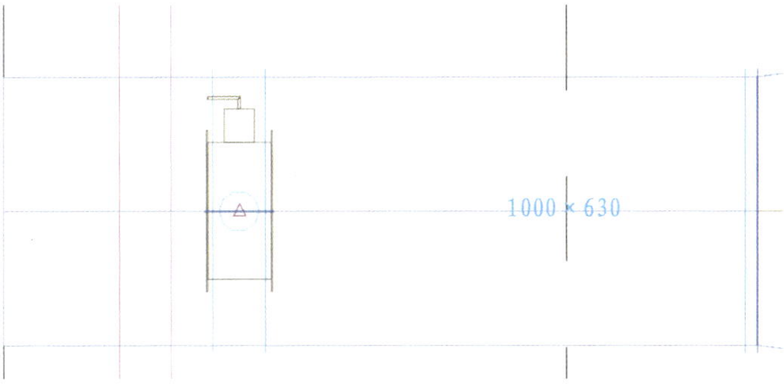

图 5.92

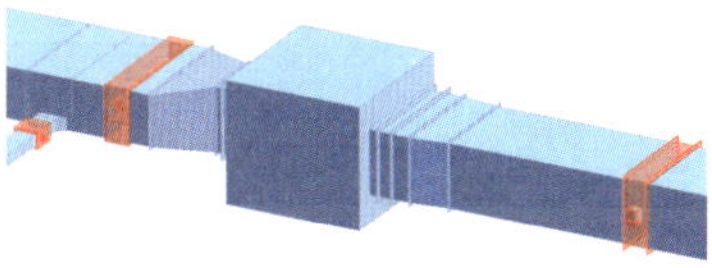

图 5.93

“类型属性”对话框中修改。按照类似的方式，可以将其他阀门及附件添加到风管上，如图 5.93 所示。

阀门及附件添加完成后，紧接着就是风口末端的放置。风口末端主要有送风口、回风口、排风口等，一般以百叶的形式制作，因此建模方式是一致的。下面以送风口百叶绘制为例。

单击功能区“插入”选项卡→“载入族”，进入族文件夹，在“机电”→“风管附件”→“风口”文件夹中找到所需的风口末端，或直接使用软件默认载入的风口末端。

在项目浏览器中找到“族”→“风道末端”→“送风口-单层-矩形面矩形颈”，软件预编辑定义了几种尺寸的百叶，双击其中任意一个进入“类型属性”对话框；单击“复制(D)”按钮并重命名为“1 200×800”，修改对应的“风管宽度”和“风管高度”为“1 200”和“800”，单击“确定”按钮，完成所需尺寸的百叶类型送风口构件的创建，如图 5.94 所示。

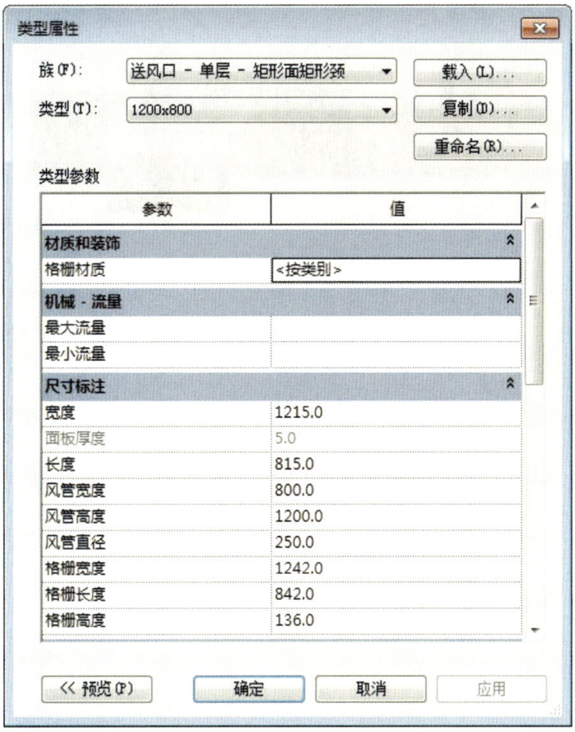

图 5.94

回到项目浏览器中，鼠标左键单击“1 200×800”并拖动到本层平面视图中，放开鼠标左键，在工具栏中单击“风道末端安装到风管上”，把百叶移动到图纸所示位置，百叶自动捕捉到风管后，单击鼠标左键，完成百叶的放置。采用类似的方式，可将其他不同部位、不同尺寸的百叶放置到风管上，如图 5.95 所示。

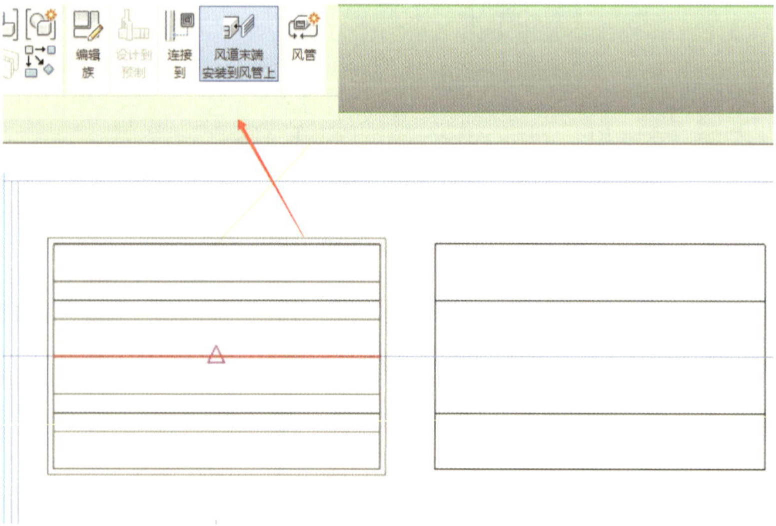

图 5.95

【说明】

风口百叶安装到风管的方式有两种：一种是紧贴着风管安装；另一种是从风管上引出一段风管后再安装百叶，如图 5.96 所示。修改工具栏中的“风道末端安装到风管上”用来判断是否选用第一种安装方式。

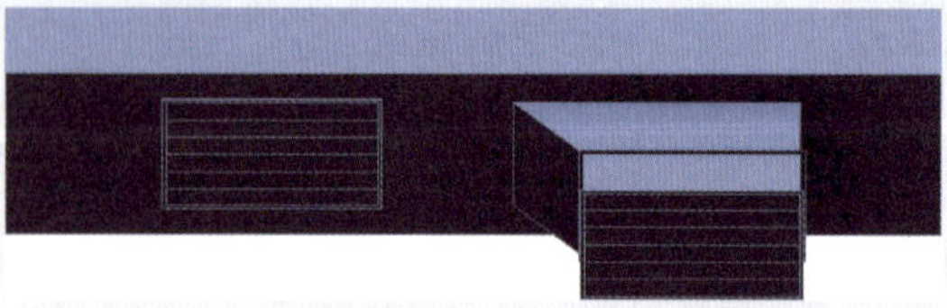

图 5.96

按照类似操作方式，可以完成本项目中的排风、排烟系统的创建，最终完成结果如图 5.97 所示。

图 5.97

第6章
族创建及应用

本章主要讲解在 Revit 软件中创建自定义族的实际应用操作，包括注释类族、基本对象族、基于线的族、轮廓族等几种主要类型。由于 Revit 族类型较多，本书仅列举部分族类型的创建。

6.1 族概述

族是一个包含通用属性（称为参数）集和相关图形表示的图元组。属于一个族的不同图元的部分或全部参数可能有不同的值，但是参数（其名称与含义）的集合是相同的。族中的这些变体称为族类型或类型。

族中的每一类型都具有相关的图形表示和一组相同的参数，称为族类型参数。

在项目中使用特定族和族类型创建图元时，将创建该图元的一个实例。每个图元实例都有一组属性，从中可以修改某些与族类型参数无关的图元参数。这些修改仅应用于该图元实例，即项目中的单一图元。如果对族类型参数进行修改，这些修改将应用于使用该类型创建的所有图元实例。

6.1.1 族类别

族按照类型的不同，可分为系统族、可载入族（外部族）、内建族。

①系统族：系统族是在 Revit 中预定义的族，包含基本建筑构件，如墙、楼板和屋顶等。可以复制和修改现有系统族，但不能创建新系统族。可以通过指定新参数，定义新的族类型，如基本墙系统族包含定义内墙、外墙、基础墙、常规墙和隔断墙样式的墙类型。

②可载入族：使用族样板在项目外创建的 rfa 文件。它可以载入到项目中，具有高度可自定义的特征，因此可载入族是用户经常创建和修改的族。

③内建族：在当前项目中新建的族。它与可载入族的不同在于，内建族只能存储在当前工作的项目文件里，不能单独存成 rfa 文件，也不能用在别的项目文件中。

6.1.2 族样板

1）样板文件结构

在 Revit 初次安装后，软件自带的以“.rft”为后缀名的文件就是族的样板文件。这些文件都存储在“…\ProgramData\Autodesk\RVT2018\Family Templates\Chinese”文件夹下。

默认族样板都是公制单位。

族样板中包含注释、标题栏和概念体量 3 个子文件夹，用于创建相应构件族。在文件夹下，其他样板包括用于创建门、窗、幕墙、栏杆、常规模型、场地、家具、橱柜、详图项目等构件族。

2）族样板共性

为了让读者更直观地了解族样板的共性，下面以“公制常规模型.rft”样板为例，介绍一般族样板的共同点。

(1)常用视图和参照平面

首先打开族样板文件。单击 Revit 界面左上角的应用程序按钮，单击“新建”→“族”，在弹出的对话框中选择“公制常规模型.rft”族样板，单击“打开”按钮，如图 6.1 所示。

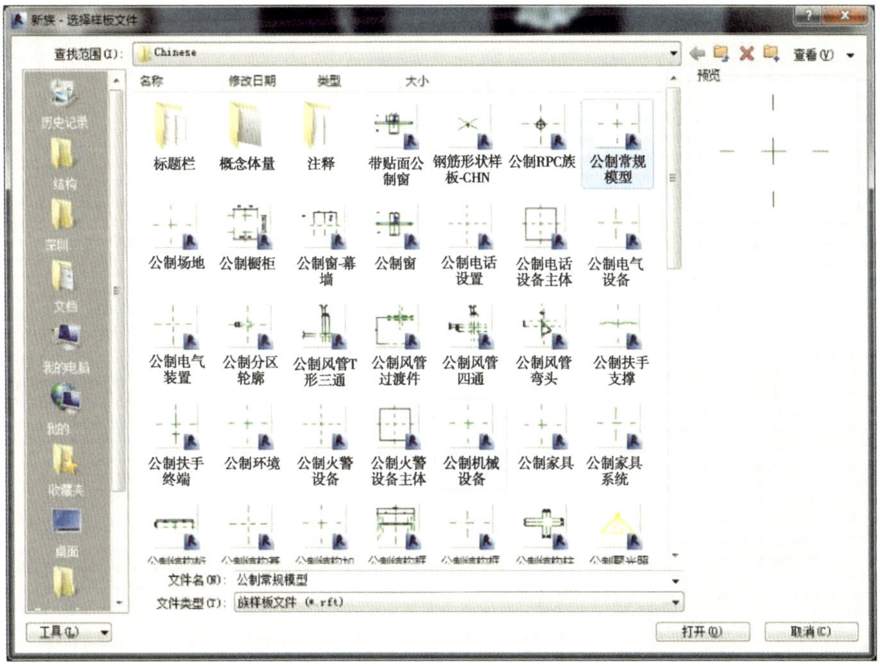

图 6.1

打开后，Revit 会启动标准族编辑器，并自动打开用于创建该族的默认视图（参照标高），如图 6.2 所示。最小化当前视图，在项目浏览器中双击打开其立面的每一个视图，单击功能区“视图”选项卡→“窗口”选项板→“平铺”，如图 6.3 所示。

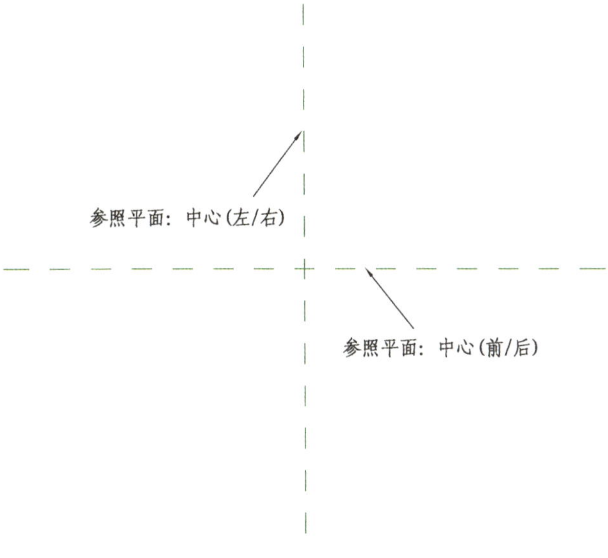

图 6.2

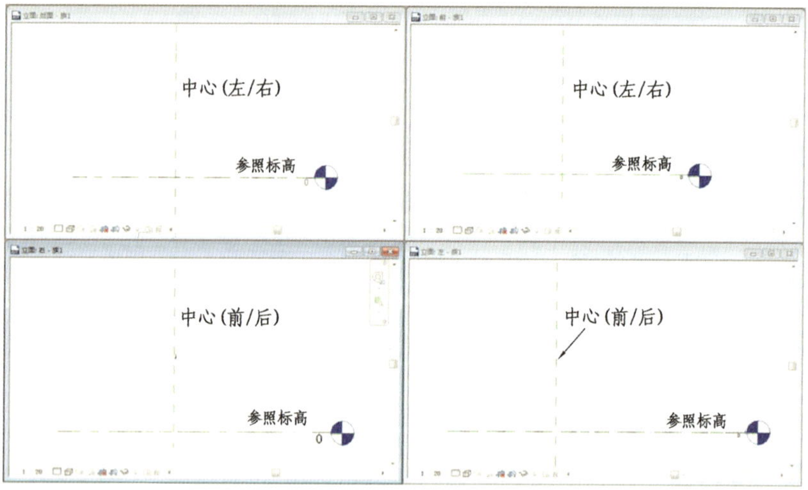

图 6.3

可以看到,在每一个视图中都有默认的参照平面和参照标高。这些参照平面大多都预设了名称和参照属性。样板中提供的这些参照平面和标高将被用于定义构件族的原点、绘制其他参照平面和定义族的几何图形。

(2)族类别和族参数

每个样板都有默认的族类别和族参数设置。族类别决定族在项目中的工作特性,通常情况下,族类别同其样板名。

单击功能区“创建”选项卡→“属性”选项板→“族类别和族参数”按钮,打开“族类别和族参数”对话框,如图 6.4 所示。

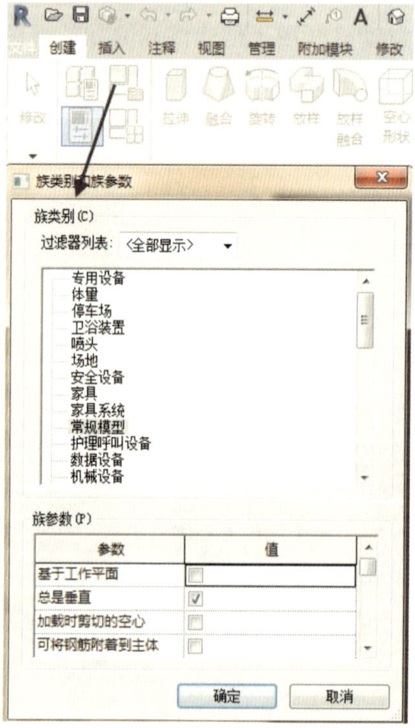

图 6.4

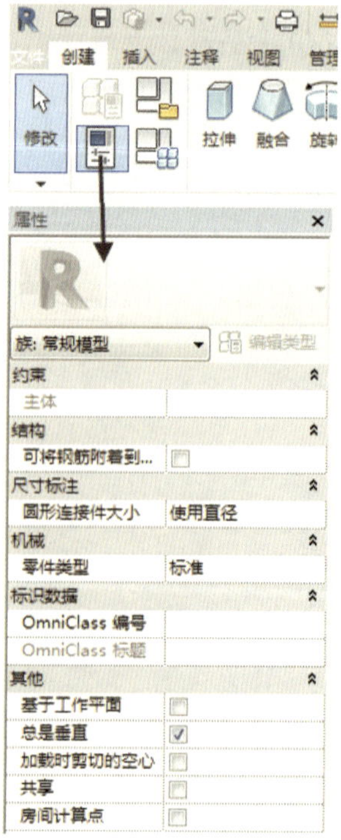

图 6.5

选择不同的族类别可能会有不同的默认属性。单击“属性”选项板，例如选择“常规模型”和“照明设备”两个族类别，两个族类别的属性设置不同，如图 6.5 所示为“常规模型”的族类别属性。

(3) 系统参数

单击功能区“创建”选项卡→“属性”选项板→“族类型”按钮，打开“族类型”对话框，如图 6.6 所示。对于不同的族类别，样板定义的系统参数也不同。如切换族类别为“照明设备”，其族类型设置如图 6.7 所示。

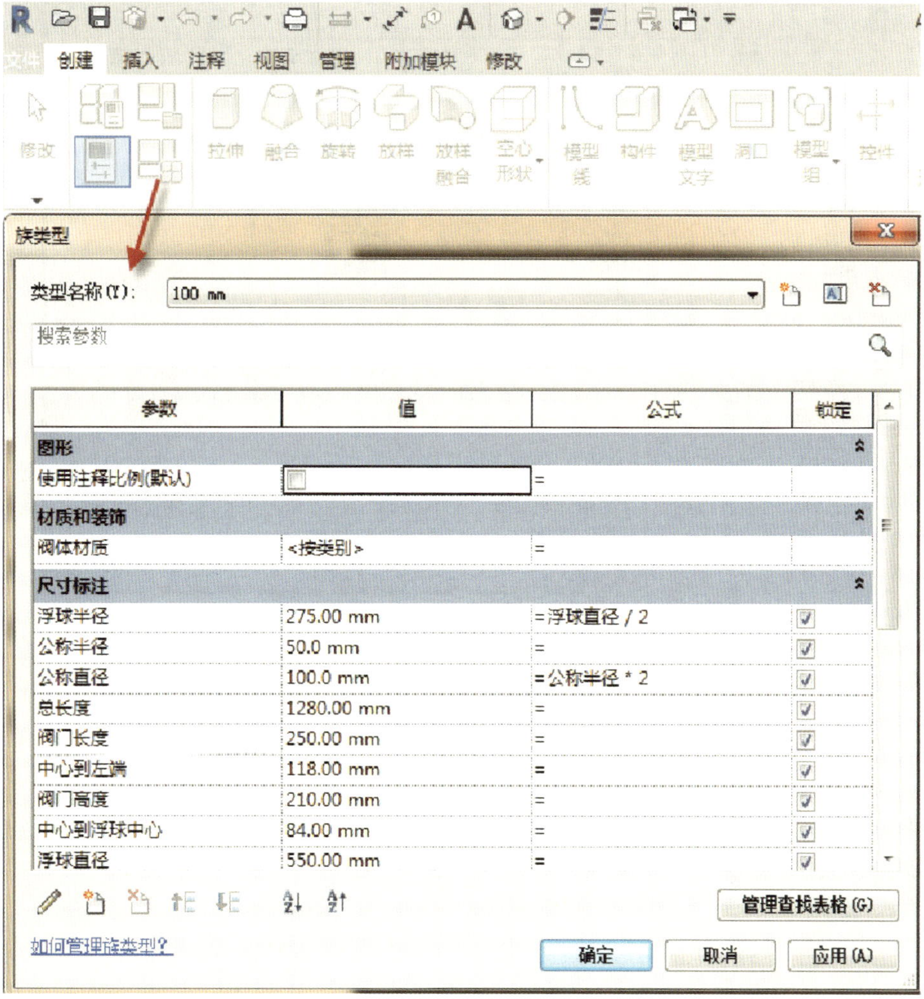

图 6.6

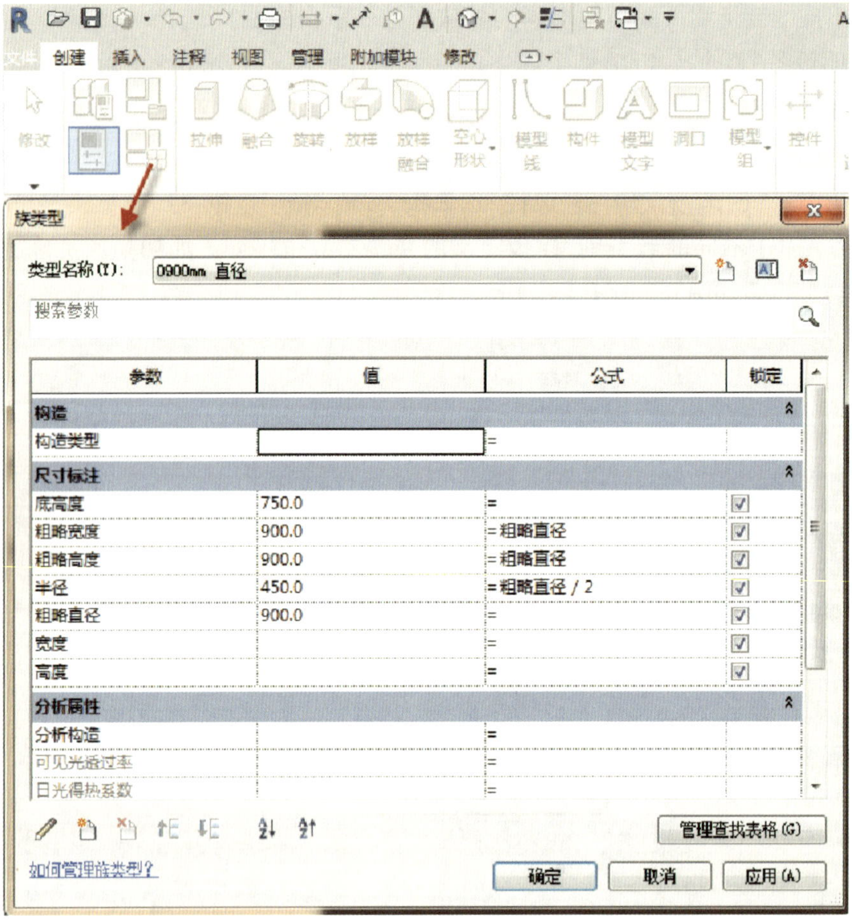

图 6.7

6.2 基本命令

Revit 软件把族命令都集成在功能区，直观且便于使用，共包含 6 大选项卡，如表 6.1 所示。

表 6.1　功能区选项卡

选项卡	功能介绍	选项卡	功能介绍
创建	创建模型所需的多种工具	视图	管理修改当前视图以及切换视图
插入	导入其他文件的工具	管理	系统参数的管理及设置
注释	将二维信息添加到设计中的工具	修改	编辑现有图元、数据和系统的工具

6.2.1　创　建

“创建”选项卡中集合了选择、属性、形状、模型、控件、连接件、基准、工作平面和族编辑器 9 种基本常用功能，如图 6.8 所示。

图 6.8

(1)“选择”选项板

“选择”选项板用于进入选择模式。通过在图元上方移动光标选择要修改的对象。这个面板会出现在所有的选项卡中。

(2)“属性”选项板

“属性”选项板用于查看和编辑对象属性的选项板集合。在族编辑过程中，提供“属性”、“族类型”、“族类别和族参数”和“类型属性”4 种基本属性的查询和定义。这个选项板会出现在“创建”和“修改”选项卡中。

单击“创建”选项卡→“属性”选项板→“族类别和族参数”按钮，打开“族类别和族参数”对话框，为正在创建的族指定族类别及族参数，根据选定的族类别，可用的族参数会有所不同。

单击“创建”选项卡→“属性”选项板→“族类型”按钮，打开“族类型”对话框，可为正在创建的族设置多种族类型，通过设定不同的参数值来定义不同的族类型。

(3)“形状”选项板

“形状”选项板包含可用于定义族几何形状所用到的基本几何造型的所有工具，可通过拉伸、融合、旋转、放样及放样融合形成实心三维形状或空心形状。

(4)“模型”选项板

“模型”选项板提供模型线、构件、模型文字和模型组的创建和调用。支持创建一组定义的图元或将一组图元放置在当前视图中。

(5)“控件”选项板

“控件”选项板可将控件添加到视图中，支持添加单向垂直、双向垂直、单向水平或双向水平翻转箭头。在项目中，通过反转箭头可以修改族的垂直或水平方向，如控制门的开启方向。

(6)“连接件”选项板

“连接件”选项板可将连接件添加到构件中。这些连接件类型包括电气、给排水、送风等。

(7)“基准”选项板

“基准”选项板提供参照线和参照平面两种参照样式，具体使用方法见 6.4 节“参照平面和参照线”相关内容。

(8)“工作平面”选项板

“工作平面”选项板为当前视图或所选图元指定工作平面，可以显示或隐藏，也可以启用工作平面查看器,将“工作平面查看器”用作临时的视图来编辑选定图元。

(9)“族编辑器”选项板

“族编辑器”选项板用于将族载入到打开的项目或族文件中。

6.2.2 插　入

“插入”选项卡中包含选择、导入、从库中载入和族编辑器 4 个选项板,如图 6.9 所示。

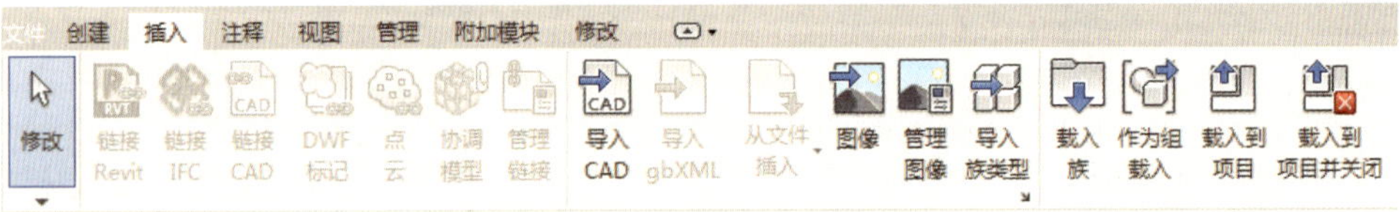

图 6.9

(1)“导入”选项板

“导入”选项板可将 CAD、光栅图像和族类型导入当前族中。

(2)“从库中载入”选项板

“从库中载入”选项板提供从本地库或联网库中将文件直接载入到当前文件中或作为组载入。

6.2.3 注　释

“注释”选项卡中集合了选择、尺寸标注、详图、文字和族编辑器 5 种基本常用功能,如图 6.10 所示。

图 6.10

(1)“尺寸标注”选项板

“尺寸标注”选项板提供尺寸、角度、径向、直径和弧长方面的标注。同时,单击“尺寸标注”按钮,可对线性、角度和径向的尺寸标注类型进行参数修改。

(2)“详图”选项板

“详图”选项板汇集了绘制二维图元时使用到的几种主要功能键,包括仅用作符号的符号线、视图专用的详图构件、创建详图组、二维注释符号、遮挡其他图元的遮罩区域等。

①符号线:用于在三维构件族中绘制表示信息但不作为实际几何图形的线。例如,我们可以创建闭合状态的门的三维模型,而在平面视图中绘制符号线以表示门的开启方向。

直线:用于在二维构件族中绘制各种样式的线。

②详图构件:用于将视图专有的详图构件添加到视图中,可以将注释记号添加到详图构件中。

③详图组:用于创建详图组或在视图中放置实例。详图组包含视图专有图元,如文字和填充区域,但不包括模型图元。

放置详图组:用于在视图中放置详图组的实例。

创建组:创建一组图元以便于重复使用。

④符号:用于在当前视图中放置二维注释图形符号。符号是视图专有的注释图元或其他对象的图形表示,它们仅显示在其所在视图中,有时也将符号称为标记。

⑤遮罩区域:用于定义一个区域来遮挡其他图元。

⑥填充区域:用于创建视图专有的二维图形,由填充样式和边界线组成。填充样式包含绘图填充样式(基于视图的比例)或模型填充样式(基于建筑模型的实际尺寸标注)。

(3)"文字"选项板

"文字"选项板汇集了添加文字注释、拼写检查和查找替换文字的功能。

6.2.4 视　图

"视图"选项卡中集合了选择、图形、创建、窗口和族编辑器5种基本常用功能,如图6.11所示。

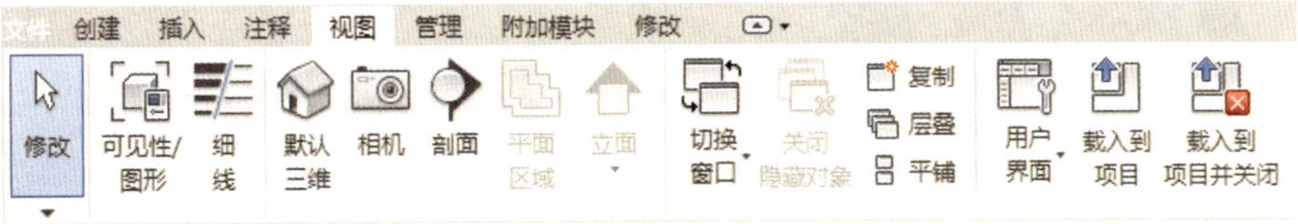

图6.11

(1)"图形"选项板

"图形"选项板用于控制模型图元,注释、导入和链接的图元在视图中的可见性及是否按照细线宽度显示。

(2)"创建"选项板

"创建"选项板用于打开或创建三维视图、剖面、相机视图等。

(3)"窗口"选项板

"窗口"选项板用于窗口显示的多种功能需求,包括切换窗口来指定显示某一焦点视图、平铺所有打开视图、按序列对打开的窗口进行排列以及复制窗口等。

6.2.5 管　理

"管理"选项卡中集合了选择、设置、项目位置、设计选项、管理项目、查询、宏和族编辑器8种基本常用功能,如图6.12所示。

(1)"设置"选项板

"设置"选项板用于整个项目的全局设置。它主要包括材质、对象样式、捕捉、项目单位、共享参数、传递项目标准、清除未使用项以及其他设置。

图 6.12

①“材质”汇集了正在创建的族所包含的所有图元材质。用户可以依据需要对材质进行修改、重命名、删除或复制以创建新的材质，如图 6.13 所示。

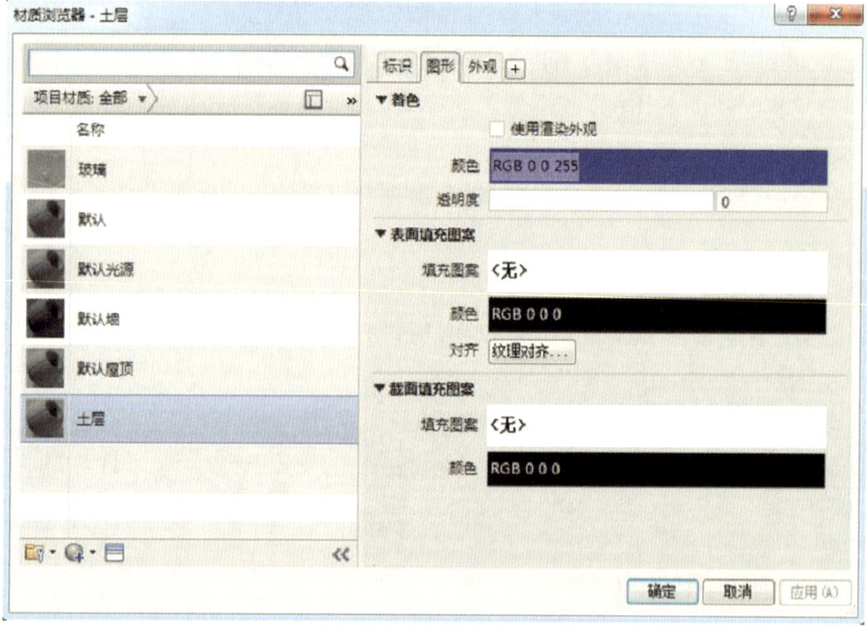

图 6.13

②“对象样式”用于指定线宽、线颜色、线型图案和材质，如图 6.14 所示。

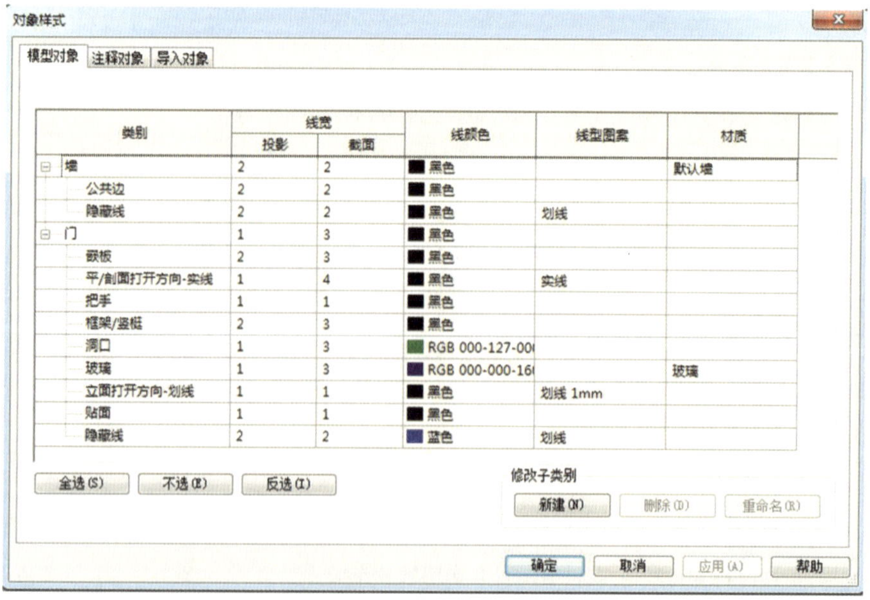

图 6.14

③“捕捉”用于指定捕捉增量，以及启用或禁用捕捉点，如图 6.15 所示。

④“项目单位”可以指定各种计量单位的显示格式。指定的格式将影响其在屏幕上和打印输出的外观，可以对用于报告或演示目的的数据进行格式设置，如图 6.16 所示。

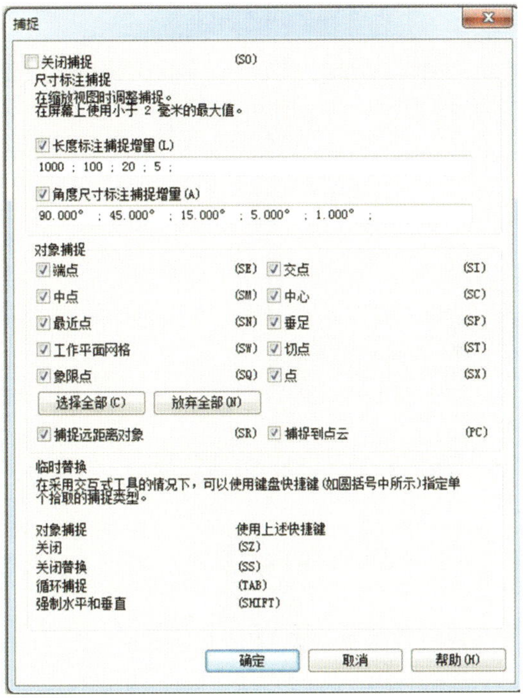

图 6.15

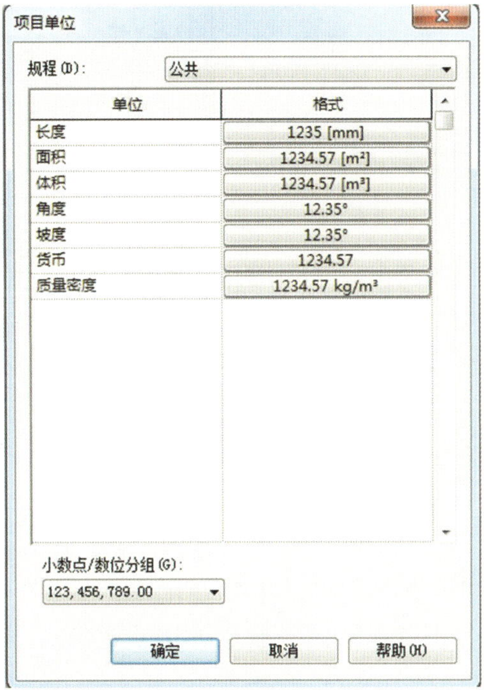

图 6.16

⑤“共享参数”用于指定可在多个族和项目中使用的参数。使用共享参数可以添加族文件或项目样板中尚未定义的特定数据。共享参数存储在一个独立于任何族文件或项目文件的文件中，如图 6.17 所示。

⑥“传递项目标准”用于将选定的项目设置从另一个打开的项目复制到当前的族中。项目标准包括族类型、线宽、材质、视图样板和对象样式，如图 6.18 所示。

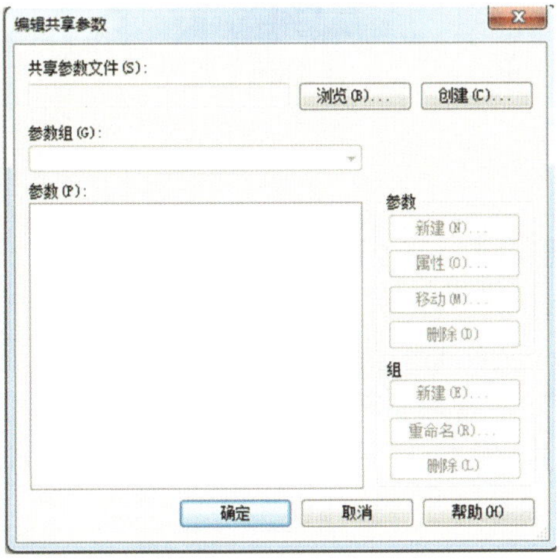

图 6.17

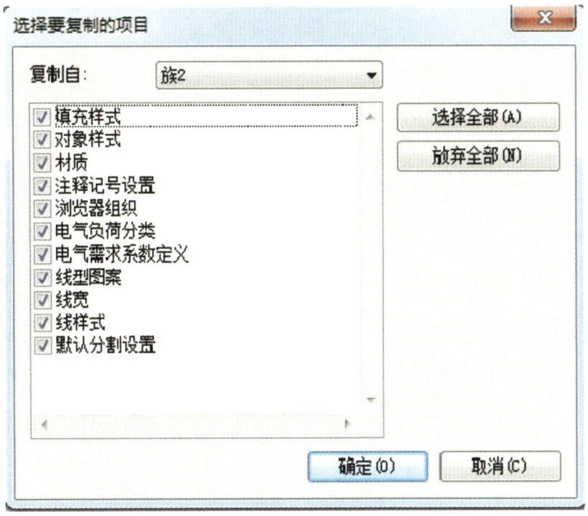

图 6.18

⑦“清除未使用项”是从族中删除未使用的项。使用该工具可以缩小族文件的大小，如

图 6.19 所示。

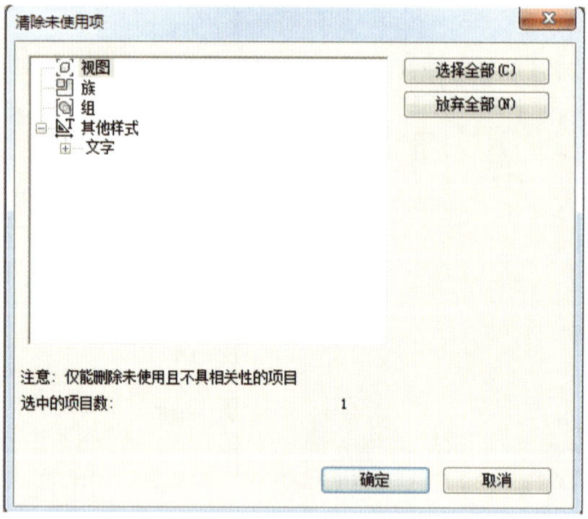

图 6.19

(2)“管理项目”选项板

“管理项目”选项板提供用于管理的连接选项，如管理图像、贴花类型等。

(3)“查询”选项板

“查询”选项板提供按 ID 选择的唯一表示符号查找并选择当前视图中的图元。

(4)“宏”选项板

“宏”选项板支持宏管理和宏安全，以便我们安全地运行宏，或者创建、删除宏。

6.2.6 修　改

“修改”选项卡中集合了选择、属性、剪贴板、几何图形、修改、测量、创建和族编辑器 8 种基本功能，如图 6.20 所示。

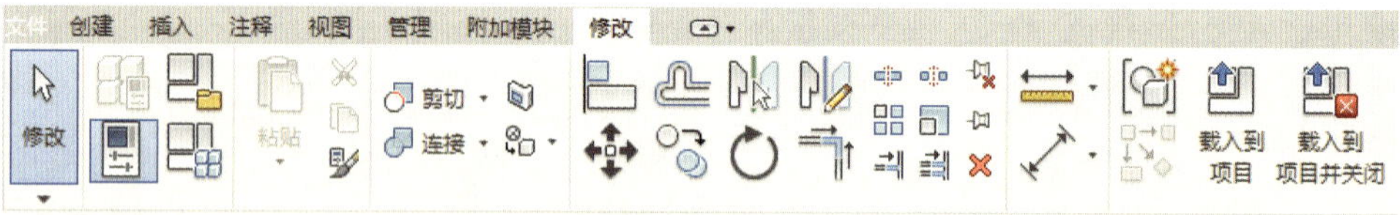

图 6.20

①“剪贴板”选项板：提供粘贴、剪切、复制和匹配类型属性 4 种常用剪贴命令。

②“几何图形”选项板：提供对几何图形的剪切/取消剪切、连接/取消连接、拆分面及填色 4 种功能键。

③“修改”选项板：包括对齐、偏移、镜像、移动、复制、旋转、拆分、修剪等常用编辑命令。

④“测量”选项板：包括创建组和创建类似实例。“创建组”命令可以创建一组图元以便重复使用。如果计划在一个项目或族中多次重复布局时，可以使用“创建组”。

6.2.7 快捷键

常用命令不仅可以单击功能区上的按钮选用，也可以通过自定义快捷键来使用，快捷键的使用有助于提高设计效率。

快捷键自定义：单击 Revit 界面左上角的，单击“选项”按钮，打开“选项”对话框；单击“用户界面”→“快捷键”右侧的“自定义(C)”按钮，打开“快捷键”对话框，可以删除或新增快捷方式，如图 6.21、图 6.22 所示。

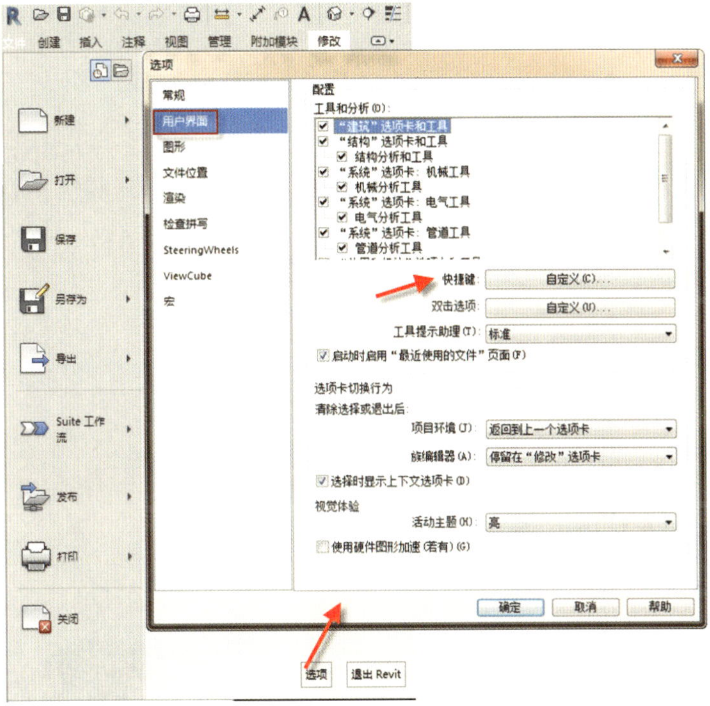

图 6.21

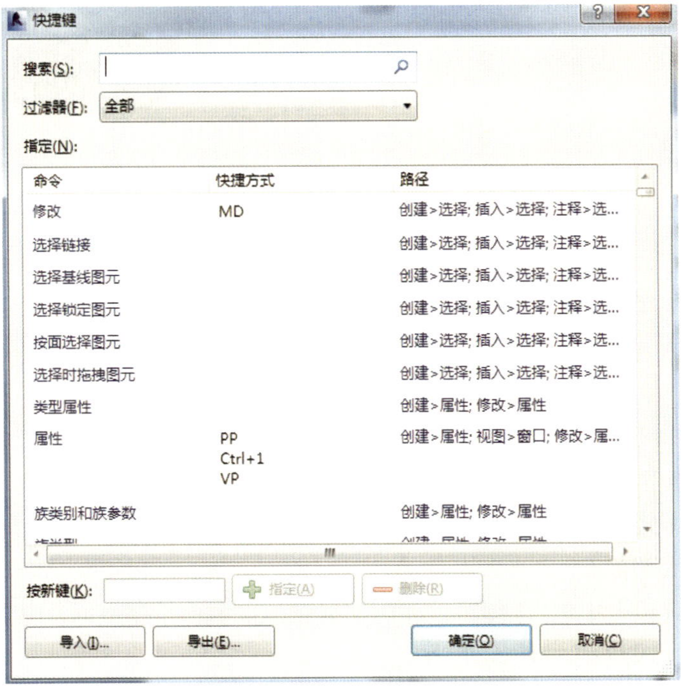

图 6.22

6.3 族三维形状的创建

6.3.1 拉　伸

通过“拉伸”命令可以创建拉伸形式族三维模型，包括实心形式和空心形式。实心形式和空心形式的创建方法一样。

方式：功能区“创建”选项卡→“形状”选项板→“拉伸”命令。

步骤：

①将视图切换至相关平面，如参照标高。

②执行上述方式的操作。

③绘制拉伸截面，如图 6.23 所示。

④设置选项栏参数。

⑤单击✔完成拉伸体创建，如图 6.24 所示。

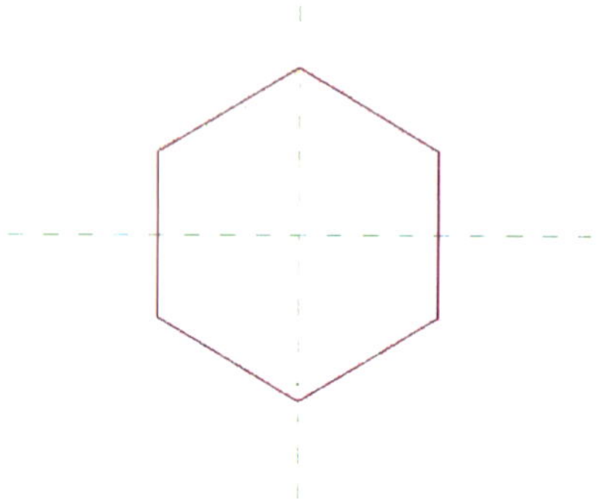

图 6.23

图 6.24

6.3.2 融　合

通过“融合”命令可以创建融合形状族三维模型，包括实心形式和空心形式。

方式：功能区“创建”选项卡→“形状”选项板→“融合”命令。

步骤：

①将视图切换至相关平面，如参照标高。

②执行上述方式的操作。

③绘制融合底部截面。

④在上下文选项卡中单击“编辑顶部”，切换至顶部截面绘制界面。

⑤绘制融合顶部截面，如图 6.25 所示。

⑥设置选项栏参数。

⑦单击两次✔完成融合体创建,如图 6.26 所示。

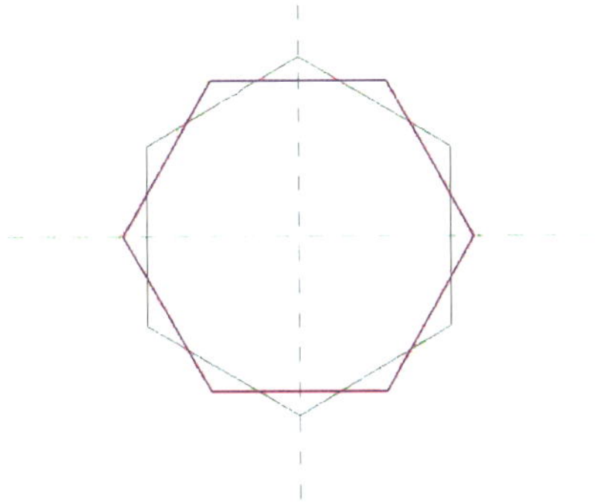

图 6.25

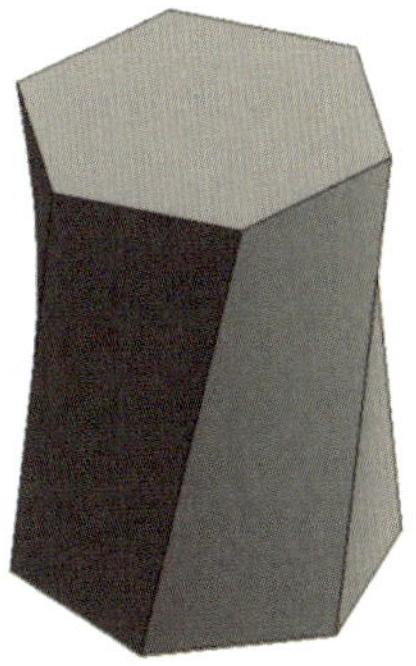

图 6.26

6.3.3　旋　转

通过“旋转”命令可以创建旋转形式族三维模型,包括实心形式和空心形式。实心形式和空心形式的创建方法一致。

方式:功能区“创建”选项卡→“形状”选项板→“旋转”命令。

步骤:

①将视图切换至相关平面,如参照标高。

②执行上述方式的操作。

③使用边界绘制旋转体截面,如图 6.27 所示。

④在上下文选项卡中单击轴线,绘制旋转轴线,如图 6.28 所示。

⑤在属性面板中设置旋转起始点角度和终点角度。

⑥单击两次✔完成旋转体的创建,如图 6.29 所示。

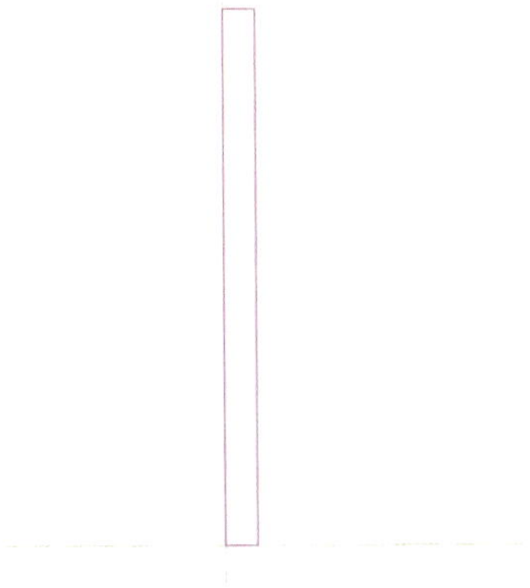

图 6.27

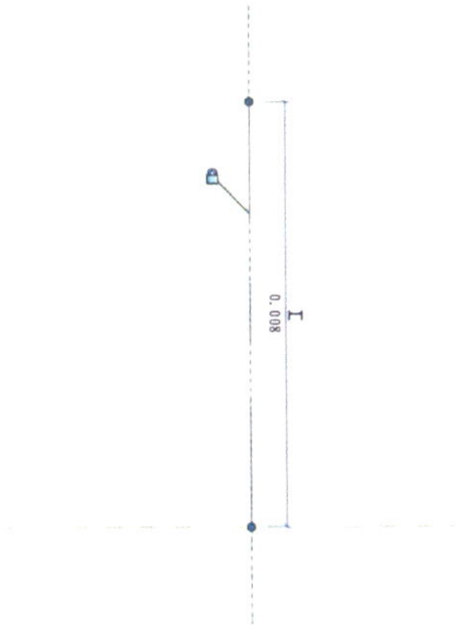

图 6.28

图 6.29

6.3.4　放　样

通过“放样”命令可以创建放样形式族三维模型,包括实心形式和空心形式。实心形式和空心形式的创建方法一样。

方式：功能区“创建”选项卡→“形状”选项板→“放样”命令。

步骤(详见 6.7.1 节的单扇平开木门)：

①将视图切换至相关平面，如参照标高。

②执行上述方式的操作。

③在上下文选项卡中单击“绘制路径”或“拾取路径”，进入路径创建工作界面。

④使用上下文选项卡中的绘制工具绘制放样路径草图，单击✔完成放样路径的创建。

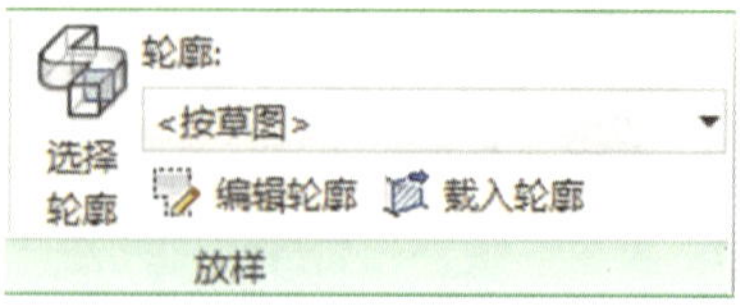

图 6.30

⑤创建放样轮廓。在轮廓选择器中选择轮廓文件，如图 6.30 所示。如果族文件中没有轮廓族，可以载入轮廓族或单击“编辑轮廓”进入轮廓编辑界面，绘制轮廓草图。

⑥单击✔完成放样体的创建。

6.3.5 放样融合

通过“放样融合”命令可以创建放样形式族三维模型，包括实心形式和空心形式。实心形式和空心形式的创建方法一样。

方式：功能区“创建”选项卡→“形状”选项板→“放样融合”命令。

步骤：

①将视图切换至相关平面，如参照标高。

②执行上述方式的操作。

③在上下文选项卡中单击“绘制路径”或“拾取路径”，进入路径创建工作界面。

④绘制放样路径草图，单击✔完成放样路径的创建，如图 6.31 所示。

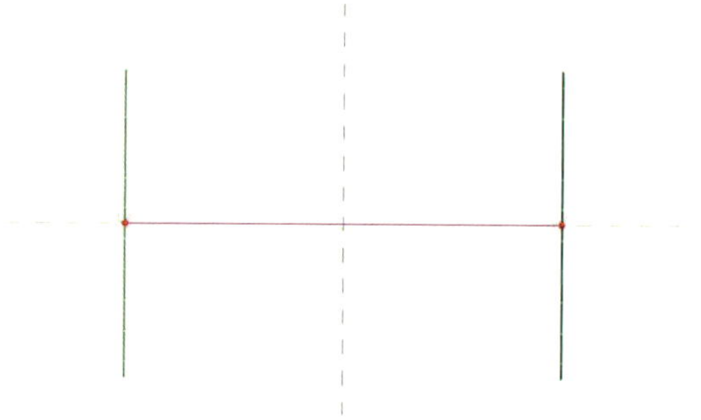

图 6.31

⑤分别选择或创建轮廓一和轮廓二形状，创建方法与放样相同，如图 6.32 所示。

⑥单击✔完成放样融合体的创建，两个不同轮廓融合如图 6.33 所示。

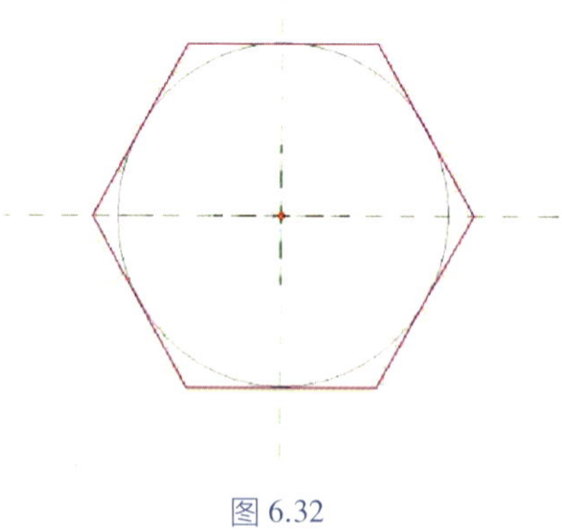

图 6.32

图 6.33

6.4 参照平面和参照线

参照平面和参照线在族的创建过程中最常用，它们是辅助绘图的重要工具。在进行参数标注时，必须将实体对齐在参照平面上并且锁住，由参照平面驱动实体，如图 6.34 所示。该操作方法应严格贯穿整个建模过程。参照线主要用在控制角度参变上。

图 6.34

通常在大多数的族样板（rft 文件）中已经建有 3 个参照平面，它们分别是 X、Y 和 Z 平面方向，其交点是（0,0,0）点。这 3 个参照平面被固定锁住，并且不能被删除。通常情况下，不要去解锁和移动这 3 个参照平面，否则可能导致所创建的族原点不在（0,0,0）点，从而无法在项目文件中正确使用。

6.4.1 参照平面

1）绘制参照平面

单击应用程序按钮，再单击“新建”→“族”命令，选择“公制常规模型.rft”族样板，单击“打开”按钮，创建一个“常规模型”族；单击功能区“创建”选项卡→“基准”选项板→“参照平面”，如图 6.35 所示。将鼠标移至绘图区域，单击即可指定参照平面的起点，移动至终点位置再次单击，即完成一个参照平面的绘制。可以继续移动鼠标绘制下一个参照平面，或按两次“Esc”键退出。

图 6.35

2）参照平面的属性

（1）是参照

对于参照平面，“是参照”是最重要的属性。不同的设置使参照平面具有不同的特性。

选择绘图区域的参照平面，打开属性面板，单击“是参照”下拉列表，如图 6.36 所示。

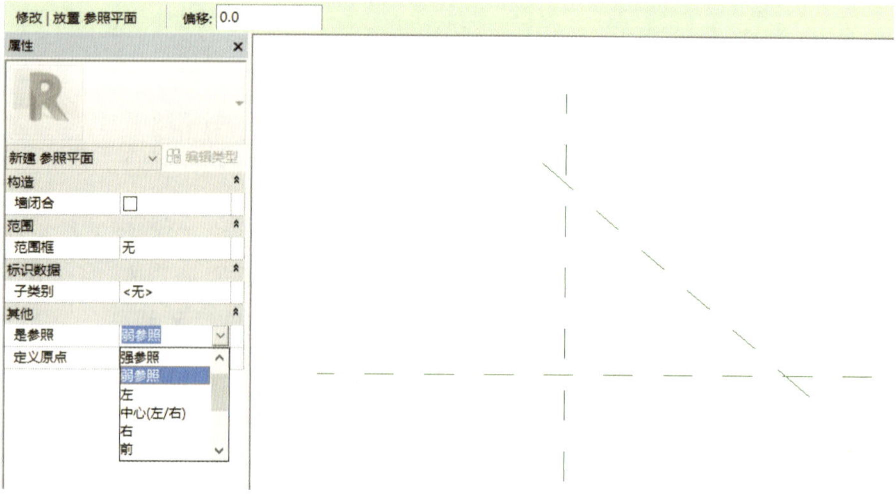

图 6.36

表 6.2 说明了“是参照”中各选项的特性。

表 6.2 “是参照”各选项特性表

<table>
<tr><th>参照类型</th><th>说 明</th></tr>
<tr><td>非参照</td><td>这个参照平面在项目中无法捕捉和标注尺寸</td></tr>
<tr><td>强参照</td><td>“强参照”的尺寸标注和捕捉的优先级最高。创建一个族并将其放置在项目中，放置此族时，临时尺寸标注将显示在“强参照”上；如果放置永久性尺寸标注，几何图形中的“强参照”将首先高亮显示</td></tr>
<tr><td>弱参照</td><td>“弱参照”的尺寸标注优先级比“强参照”低。将族放置到项目中，并对其进行尺寸标注时，需要按“Tab”键选择“弱参照”</td></tr>
<tr><td>左</td><td rowspan="9">这些参照在同一个族中只能用一次，其特性和“强参照”类似。通常用来表示样板自带的 3 个参照平面：中心(左/右)、中心(前/后)和中心(标高)；还可以用来表示族的最外端边界的参照平面：左、右、前、后、底和顶</td></tr>
<tr><td>中心(左/右)</td></tr>
<tr><td>右</td></tr>
<tr><td>前</td></tr>
<tr><td>中心(前/后)</td></tr>
<tr><td>后</td></tr>
<tr><td>底</td></tr>
<tr><td>中心(标高)</td></tr>
<tr><td>顶</td></tr>
</table>

(2)定义原点

定义原点用来定义族的插入点。Revit 族的插入点可以通过参照平面定义。

选择“中心(左/右)”参照平面，其属性面板中的“定义原点”默认已被勾选，如图 6.37

所示。族样板里默认的 3 个参照平面勾选了“定义原点”，一般不要去更改它们。在族的创建过程中，常利用样板自带的 3 个参照平面，即族默认的(0,0,0)点作为族的插入点。在建模开始时，就应计划好以这一点作为族的基准点，以创建高质量的族。如果想改变族的插入点，可以先选择要设置插入点的参照平面，然后在属性面板中勾选“定义原点”，这个参照平面即成为插入点。

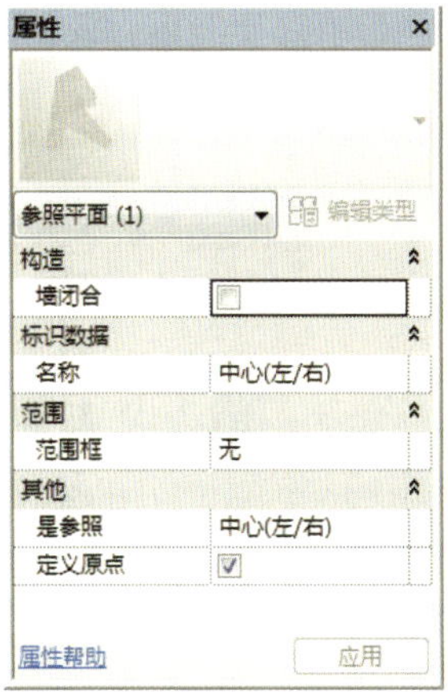

图 6.37

(3) 名称

当一个族里有很多参照平面时，可命名参照平面，以帮助区分参照平面。选择要设置名称的参照平面，然后在属性面板中的“名称”里输入名字。

【注意】

参照平面的名称不能重复。参照平面被命名后，可以重命名，但无法清除名称。

6.4.2　参照线

参照线和参照平面的功能基本相同，它主要用于实现角度参变。要实现参照线的角度自由变化，要做到以下几步：

(1) 绘制参照线

①单击功能区“创建”选项卡→“基准”选项板→“参照线”，如图 6.38 所示，默认以直线绘制。

图 6.38

②将鼠标移至绘图区域，单击即可指定参照线的起点，移动至终点位置再次单击，即完成一条参照线的绘制，如图 6.39 所示。可以继续移动鼠标绘制下一条参照线，或按两次“Esc”键退出。

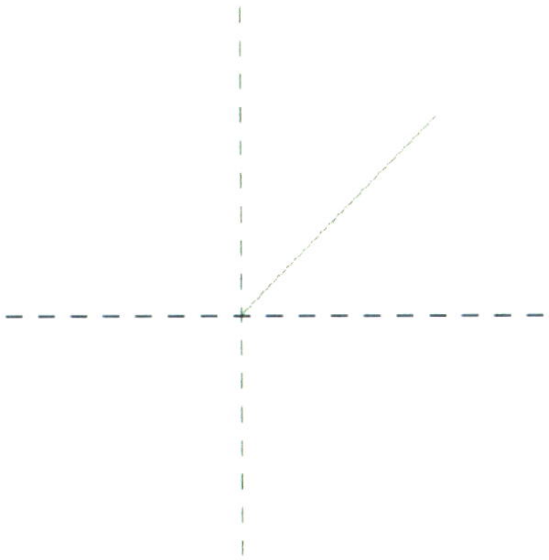

图 6.39

③单击功能区“修改”选项卡→“对齐”命令，如图 6.40 所示。

图 6.40

④首先选择垂直的参照平面，然后选择参照线的端点，如果选不到端点可以用“Tab”键进行切换选择。这时将出现一个锁形状的图标，默认是打开的，单击一下，使这条参照线和垂直的参照平面对齐锁住，如图 6.41 所示。

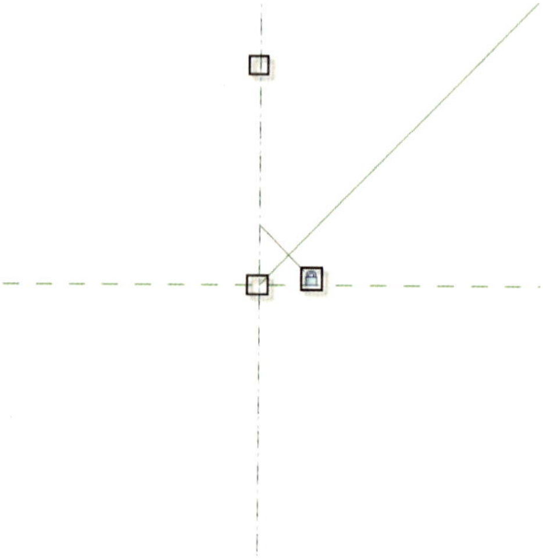

图 6.41

⑤同理，将参照线和水平的参照平面对齐锁住。

(2)标注参照线之间的夹角

①单击功能区“注释”选项卡→“尺寸标注”选项板→“角度”，如图 6.42 所示。

图 6.42

②选择参照线和水平的参照平面，然后点选合适的位置放置尺寸标注，按两次“Esc”键退出尺寸标注状态，如图 6.43 所示。

③给夹角标签上参数。单击刚刚标注的角度尺寸，在“尺寸标注”选项板中单击“标签”→“添加参数”，打开“参数属性”对话框，输入参数名“角度”，如图 6.44 所示。如果之前已经在“族类型”对话框中添加了“角度”参数，只要在“标签”的下拉列表中选择这个参数即可。

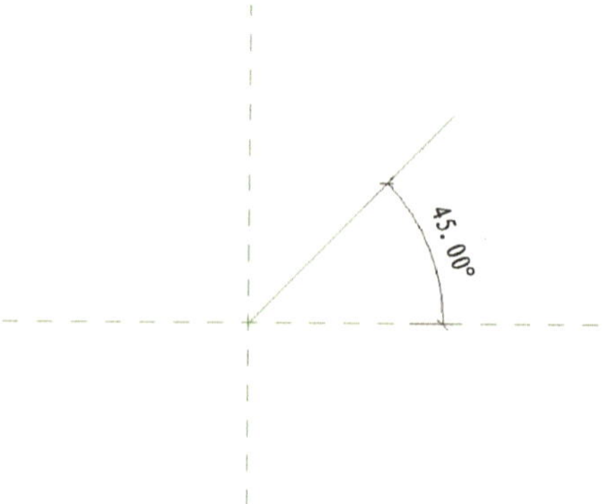

图 6.43

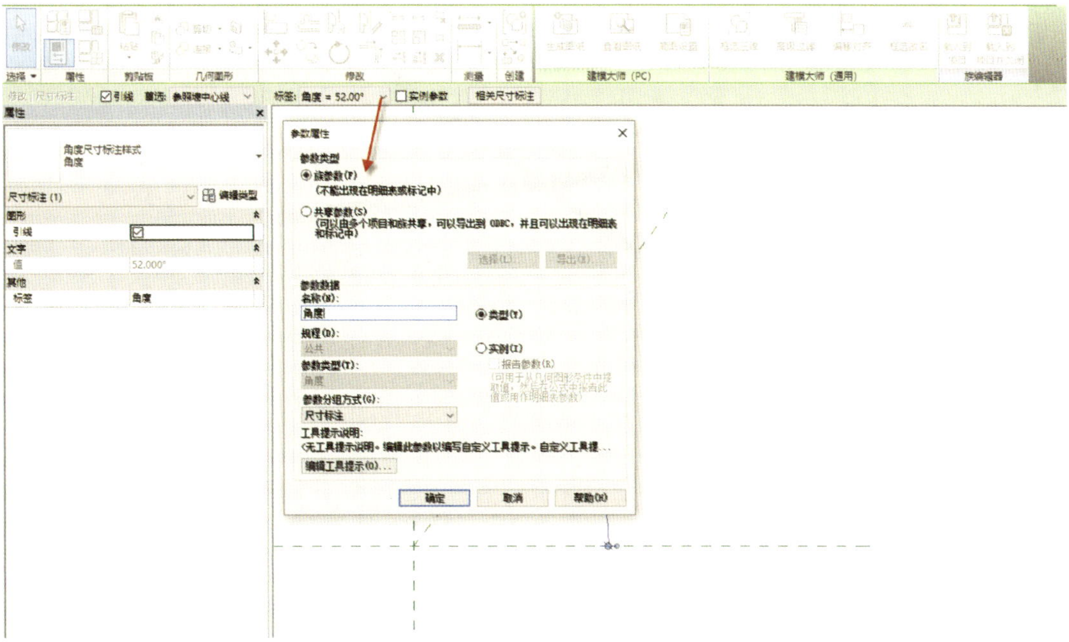

图 6.44

改变参数值，则参照线的角度也会有相应的变化。在“族类型”对话框中将“角度”值改为 60°，单击“应用(A)”按钮，则绘图区域的尺寸标注变为 60°，并且参照线的角度也随之改变，如图 6.45 所示。此时，直接在绘图区域用鼠标拖动参照线，也能改变角度。同时“族类型”对话框中的参数值也会发生变化。建议尽量避免这样做，因为当编辑对象逐渐复杂时，允许用鼠标驱动参变的模型会因为鼠标的误操作而损坏模型。避免误操作的方法是在“族类型”对话框中勾选“锁定”键。

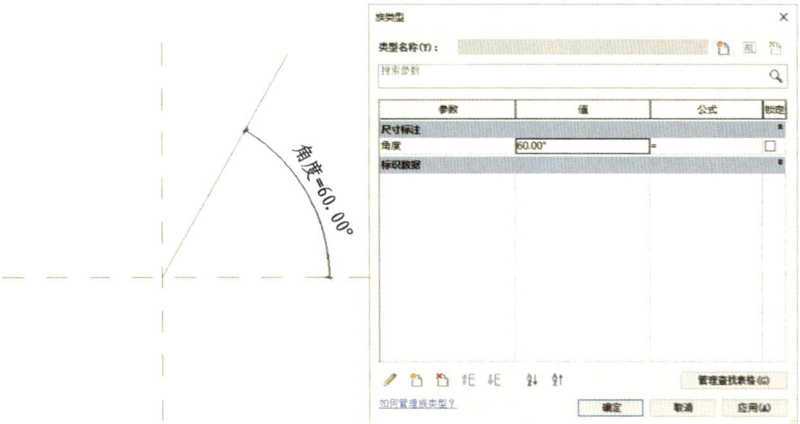

图 6.45

参照线和参照平面相比，除了多两个端点的属性，还多了两个工作平面，如图 6.46 所示。切换到三维视图，将鼠标移动到参照线上，可以看到水平和垂直的两个工作平面。在建模时，可以选择参照线的平面作为工作平面，这样创建的实体位置可以随参照线的位置改变而改变。

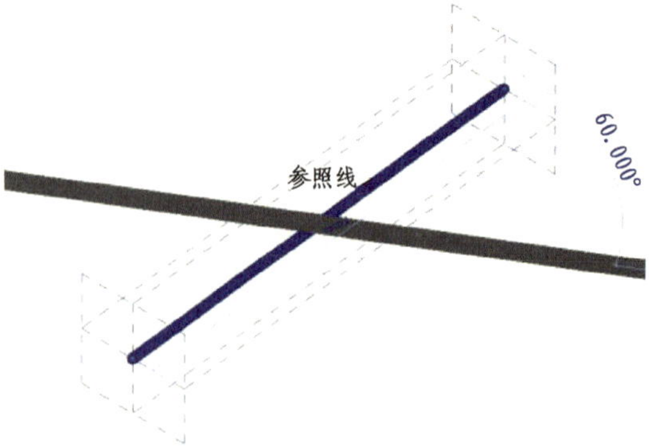

图 6.46

【注意】

如果实体只需要进行角度参变，应先绘制参照线，把角度参数标注在参照线上，然后选择参照线的一个工作平面作为工作平面，再绘制所需要的实体，这样可以避免一些潜在的过度约束。

6.5 类型参数和实例参数

1) 族类型

单击功能区“创建”选项卡→“属性”选项板→“族类型”，在弹出的“族类型”对话框中，可以添加自己需要的参数，如图 6.47 所示。

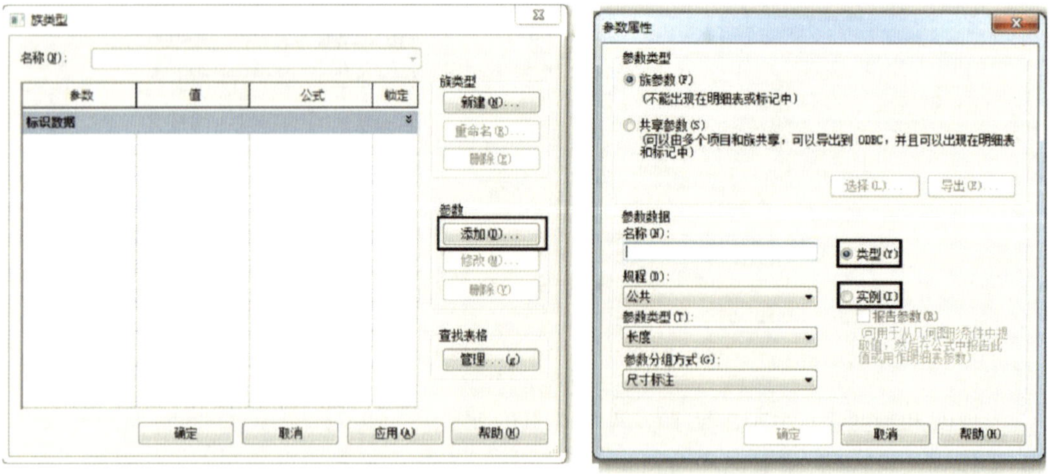

图 6.47

2)类型参数和实例参数的区别

类型参数和实例参数的区别见表6.3。

表6.3 类型参数和实例参数的区别

参 数	区 别
类型参数	是对同类型下个体之间共同的所有信息进行定义。如果同一个族的多个相同的类型被载入到项目中,类型参数的值一旦被修改,所有的类型个体都会有相应变化
实例参数	是对实例与实例之间不同的所有信息进行定义。如果同一个族的多个相同类型被载入到项目中,其中一个类型的实例参数的值被修改,只有当前被修改的这个实体会相应变化,该族其他类型的这个实例参数值仍然保持不变。在创建实例参数后,所创建的参数名将自动加上"默认"两字

【注意】

当参数生成后,不能修改参数的"规程"和"参数类型",但可以修改"参数名称"、"参数分组方式"和"类型/实例"。

下面通过例子来说明。

①打开"公制常规模型.rft"文件,用"拉伸"命令创建,然后选定x为类型参数,y为实例参数,如图6.48所示。

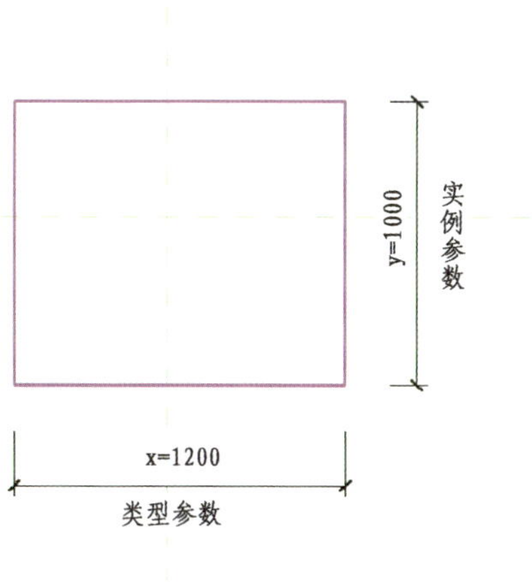

图6.48

②载入到项目中,放置两个族1。选择其中一个族1,单击"编辑类型"按钮,修改类型参数尺寸x,就会发现同一类型的族都会因为改变了类型参数而全部改变了尺寸,如图6.49所示。

③同上放置两个族1。选择其中一个族1,左边属性栏有一个尺寸y,修改实例参数y就只能修改当前选取的族的尺寸,对其他族不会产生影响,如图6.50所示。

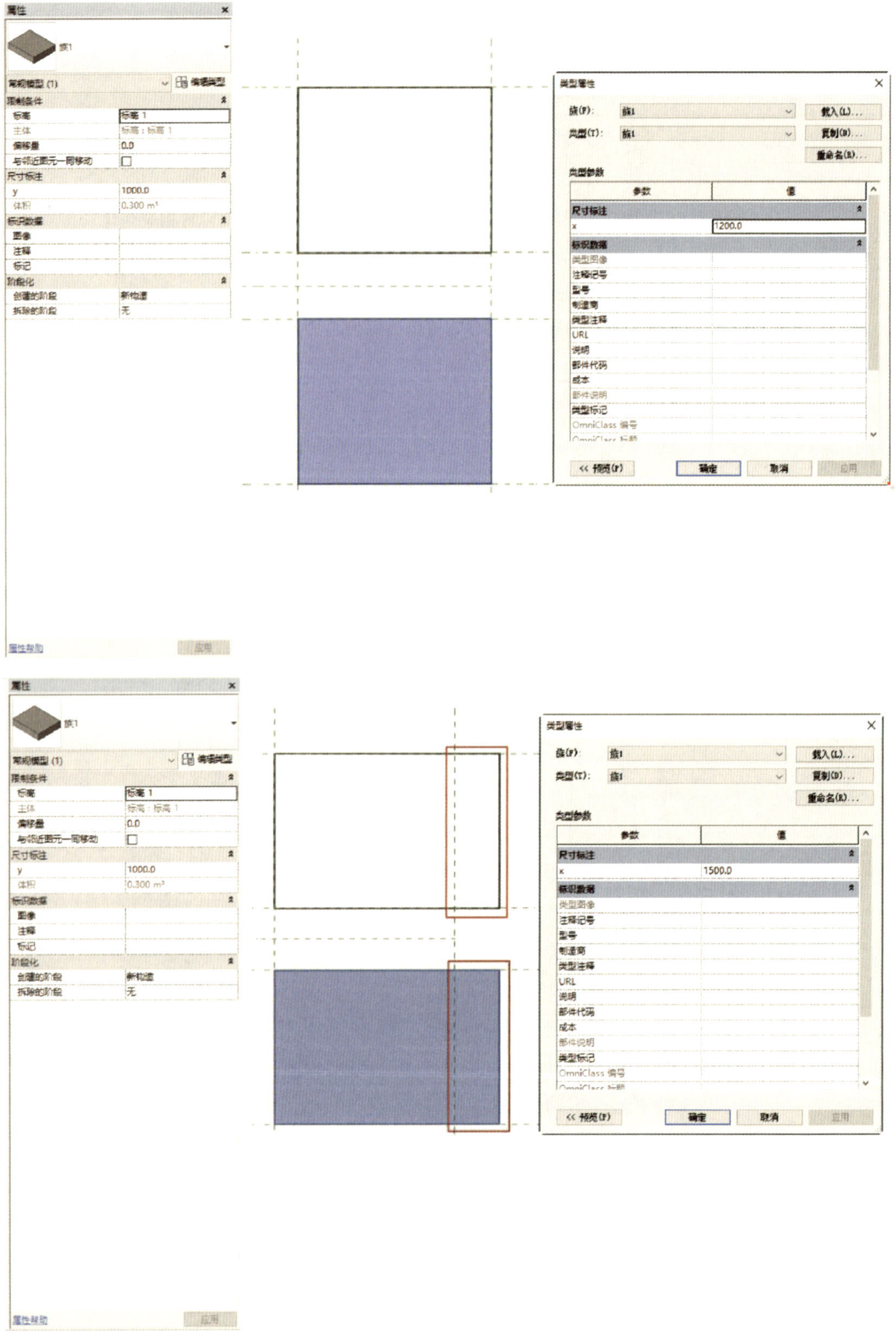
属性
族1
常规模型 (1)
编辑类型
限制条件
标高
标高 1
主体
标高：标高 1
偏移量
0.0
与邻近图元一同移动
尺寸标注
y
1000.0
体积
0.300 m³
标识数据
图像
注释
标记
阶段化
创建的阶段
新构造
拆除的阶段
无
属性帮助
应用
类型属性
族(F):
族1
类型(T):
载入(L)...
复制(D)...
重命名(R)...
类型参数
参数
值
尺寸标注
x
1200.0
1500.0
标识数据
类型图像
注释记号
型号
制造商
类型注释
URL
说明
部件代码
成本
部件说明
类型标记
OmniClass 编号
<< 预览(P)
确定
取消
应用

图 6.49

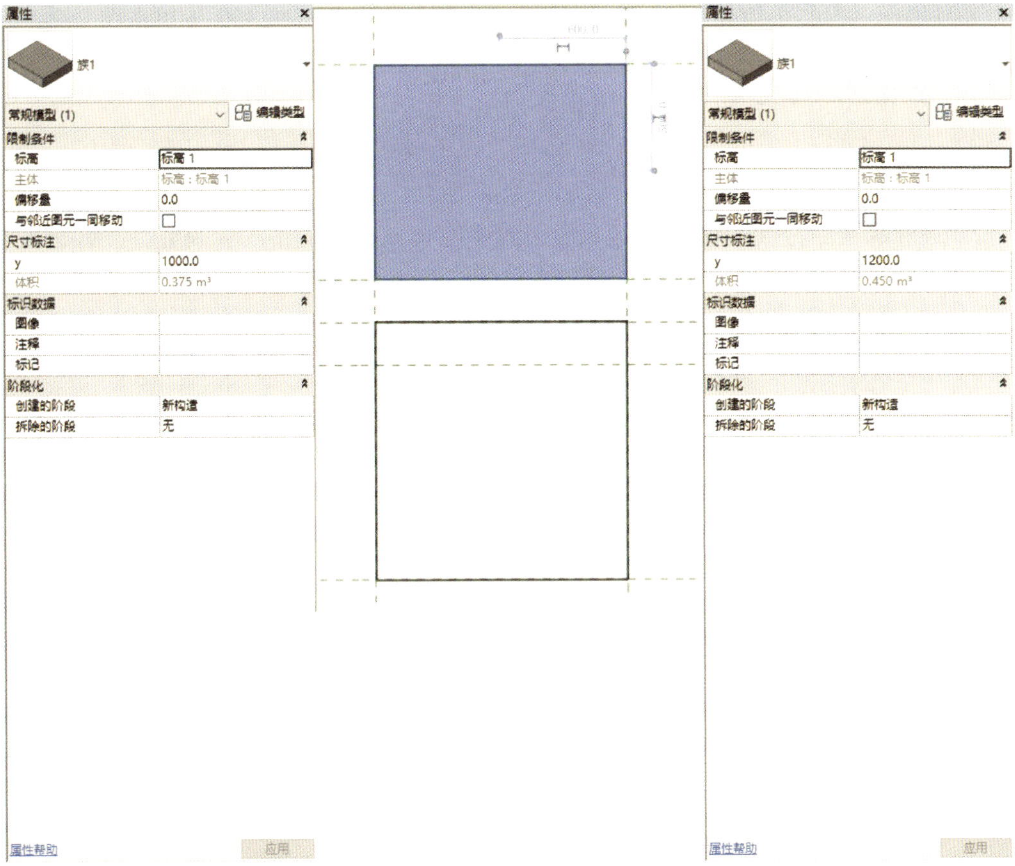

图 6.50

6.6 轮廓族

轮廓族分为主体轮廓族、分隔缝轮廓族、楼梯前缘轮廓族、扶栏轮廓族和竖梃轮廓族。

这些类别轮廓族在载入项目中时具有一定的通用性。当绘制完轮廓族后，可以在“属性”选项板中选择“族类别和族参数”工具，在弹出的“族类别和族参数”对话框中，可以设置轮廓族的“轮廓用途”，选择“常规”可以使该轮廓族在多种情况下使用，如墙饰条、分隔缝等；当“轮廓用途”选择“墙饰条”或其他某一种时，该轮廓只能被用于墙饰条的轮廓中。

在绘制轮廓族的过程中，可以为轮廓族的定位添加参数，添加的参数不能显示在被载入的项目中，但修改参数仍在绘制轮廓族时起作用，因此定义的参数只有在为该轮廓族添加不同类型时有用。

6.6.1　创建主体轮廓族

主体轮廓族的特点：这类族用于项目设计中主体放样功能中的楼板边、墙饰条、屋顶封檐带、屋顶檐槽,使用“公制轮廓-主体.rft”族样板来创建。在族样板文件中可以清楚地看到提示,放样的插入点位于垂直、水平参照线的交点,主体的位置位于第二、三象限,轮廓草图绘制的位置一般位于第一、四象限,如图 6.51 所示。

6.6.2 创建分隔缝轮廓族

分隔缝轮廓族的特点:这类族用于项目设计中主体放样功能中的分隔缝,使用“公制轮廓-分隔缝.rft”族样板来创建。在族样板文件中可以清楚地看到提示,放样的插入点位于垂直、水平参照线的交点;主体的位置和主体轮廓族不同,位于第一、四象限;由于分隔缝是用于在主体中消减部分的轮廓,因此绘制轮廓族草图的位置应位于主体一侧,同样在第一、四象限,如图 6.52 所示。

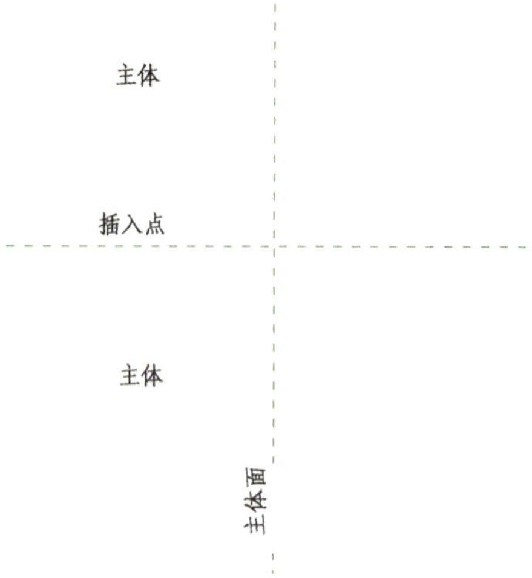

图 6.51

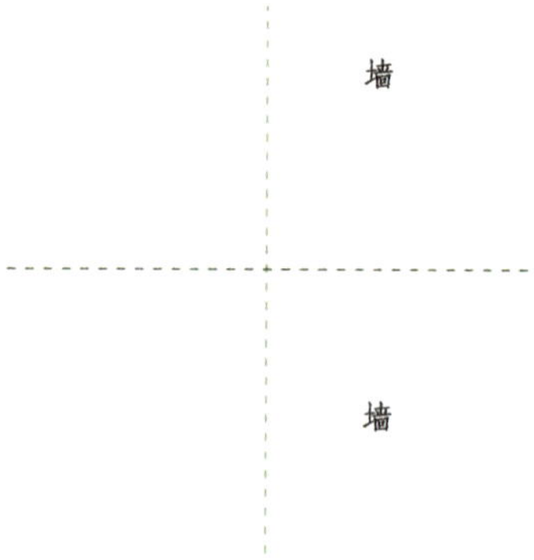

图 6.52

6.6.3 创建楼梯前缘轮廓族

楼梯前缘轮廓族的特点:这类族在项目文件中楼梯的“类型属性”对话框中调用,使用“公制轮廓-楼梯前缘.rft”族样板来创建。楼梯前缘轮廓族的绘制位置与前面有所不同,楼梯踏步的主体位于第四象限,绘制轮廓草图应该在第三象限,如图 6.53 所示。

6.6.4 创建扶栏轮廓族

扶栏轮廓族的特点:这类族在项目文件中扶手族的“类型属性”对话框中的“编辑扶手”对话框中调用,使用“公制轮廓-扶栏.rft”族样板来创建。在族样板文件中可以清楚地看到提示,扶手的顶面位于水平参照平面,垂直参照平面则是扶手的中心线,因此绘制轮廓草图的位置应该在第三、四象限,如图 6.54 所示。

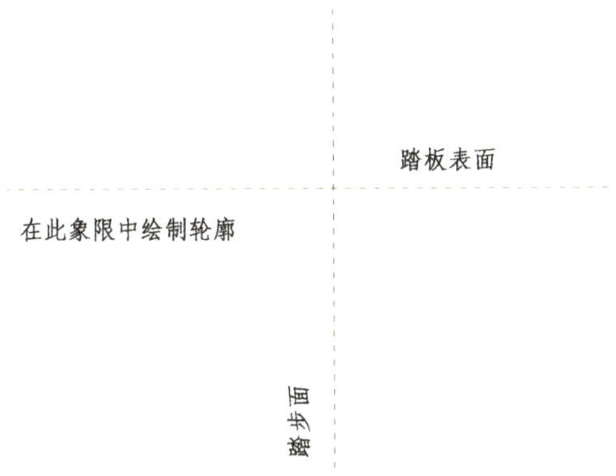

图 6.53

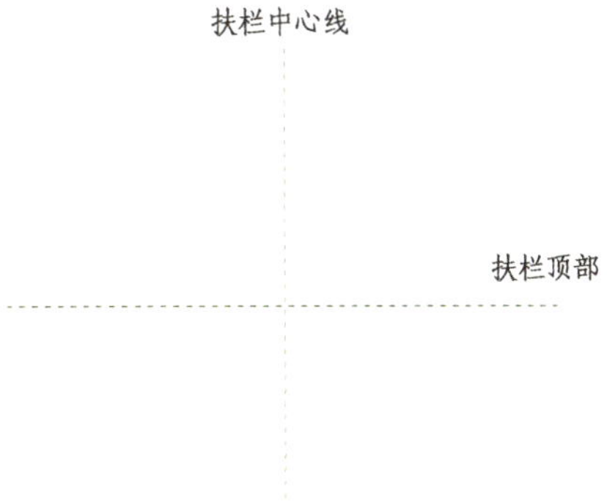

图 6.54

6.6.5　创建竖梃轮廓族

竖梃轮廓族的特点：这类族在项目文件中矩形竖梃的“类型属性”对话框中调用，使用“公制轮廓-竖梃.rft”族样板来创建。在族样板文件中，水平和垂直参照线的交点是竖梃断面的中心，因此绘制轮廓草图应该充满 4 个象限，如图 6.55 所示。

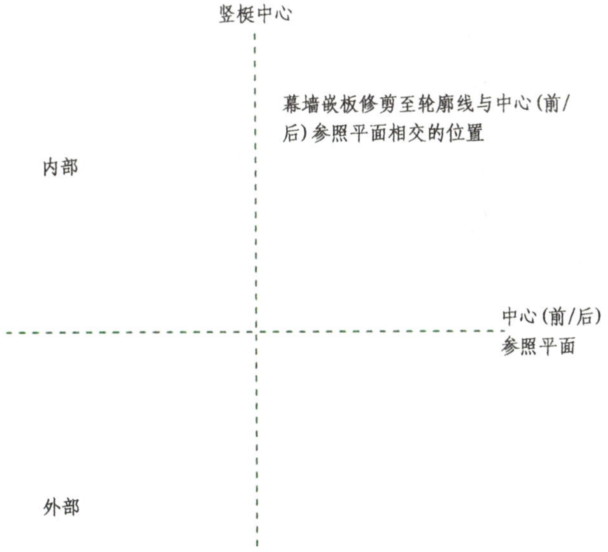

图 6.55

6.6.6　轮廓族实例

①选择族样板：启动 Revit 软件，单击软件界面左上角的按钮，在弹出的下拉菜单中单击“新建”→“族”，在弹出的“新族-选择样板文件”对话框中选择“公制轮廓-分隔缝.rft”文件，单击“打开”按钮。

②单击功能区“创建”选项卡→“详图”选项板→“直线”命令（图 6.56），绘制图形，如图 6.57 所示。

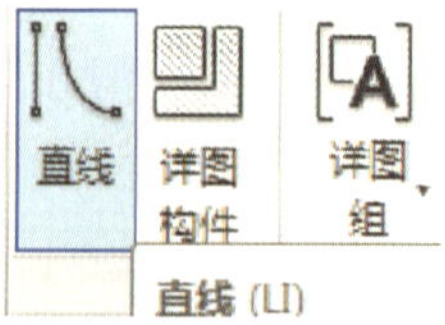

图 6.56

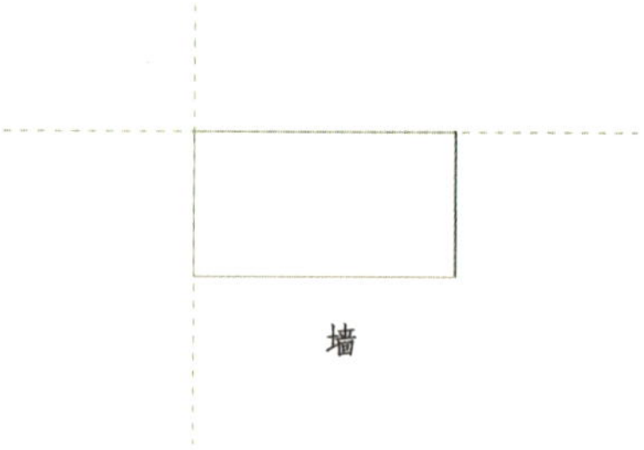

图 6.57

③将轮廓族载入到项目中，单击功能区“建筑”选项卡→“墙”→“墙：分隔条”，单击“修改|放置 分隔条”上下文选项卡→属性面板中的“编辑类型”按钮，在弹出的“类型属性”对话框中“轮廓”一栏就可以选择刚才载入的“族 1”进行墙分隔缝设置，如图 6.58 所示。

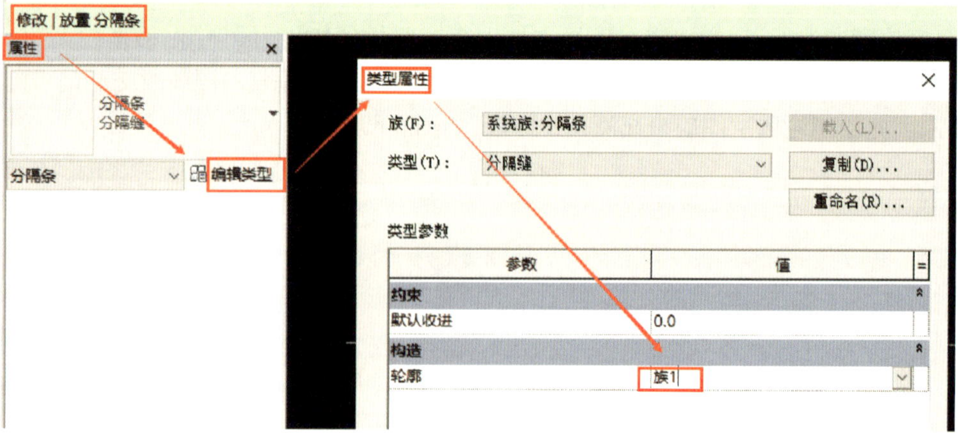

图 6.58

④返回族编辑器，在视图上添加参照平面，单击功能区“注释”选项卡→“尺寸标注”选项板→“尺寸标注”命令为其添加尺寸标注，如图 6.59 所示。

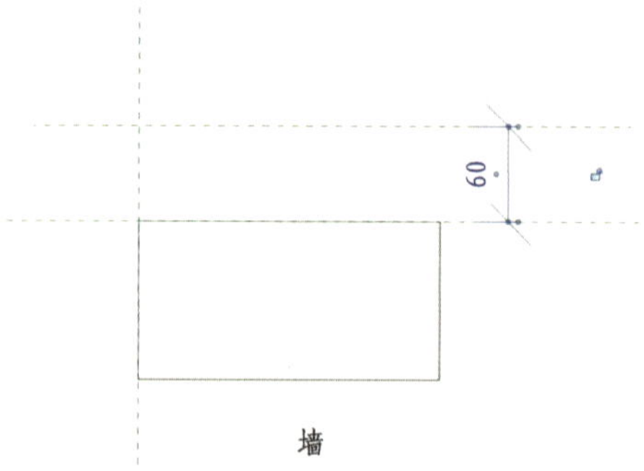

图 6.59

⑤按“Esc”键结束尺寸标注。选择标注的尺寸，单击“尺寸标注”选项板中“标签”后的下拉列表，选择“添加参数”命令，在弹出的“参数属性”对话框中，为尺寸标注添加“高度”参数，单击“确定”按钮，如图 6.60 所示。（注意：取消一定要按两次“Esc”键）。

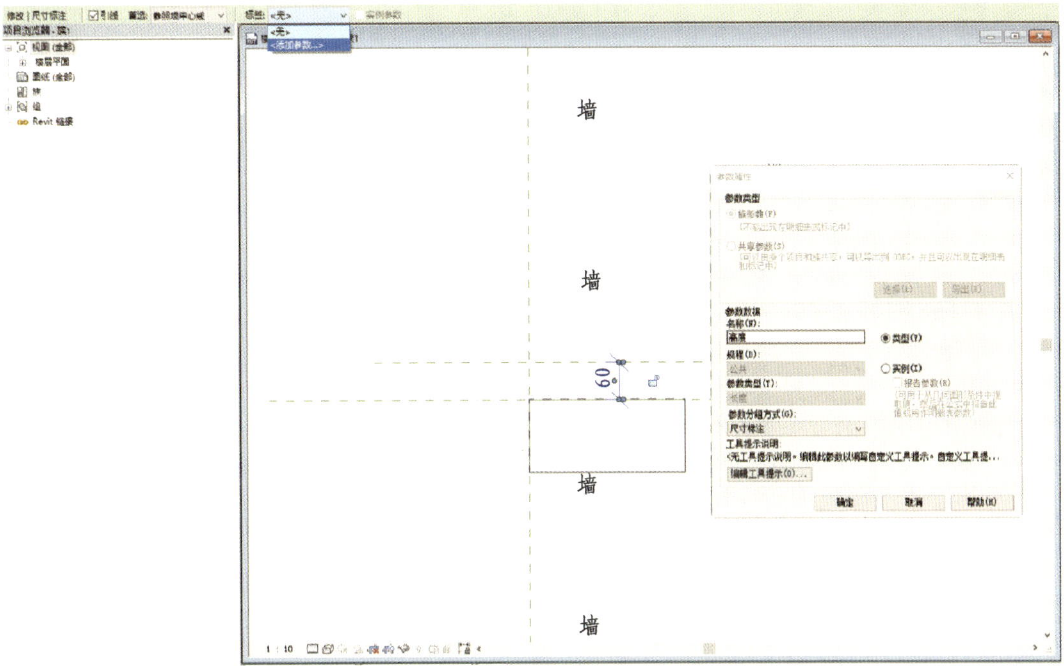

图 6.60

⑥把该族载入到项目中，如果在实例参数和类型参数中都找不到“高度”这个数值，则说明轮廓族中定义的参数在项目中不起作用。如果要在这个族中添加新类型，则可以通过定义尺寸来定义不同的类型。类型 1 定义的高度为“60.0”，如图 6.61 所示；也可以再新建一个类型，定义尺寸为“50.0”。因此，定义的尺寸在创建新类型时是有用的。

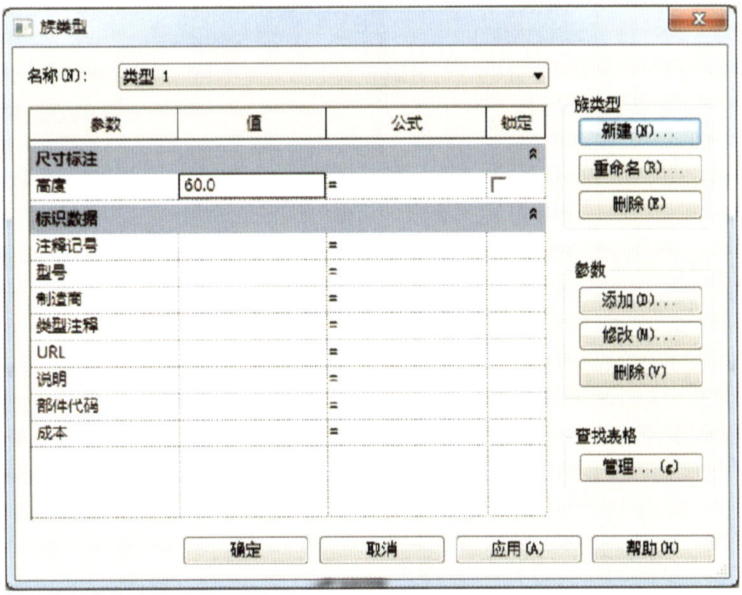

图 6.61　“高度”参数

6.7 门、窗族

6.7.1 门

1)单扇平开木门

①单击应用程序按钮,在其下拉菜单中单击“新建”→“族”,在弹出的“选择样板文件”对话框中选择“公制门.rft”族样板,单击“打开”按钮(族样板默认情况下包括墙和基于墙体的门洞),如图 6.62 所示。

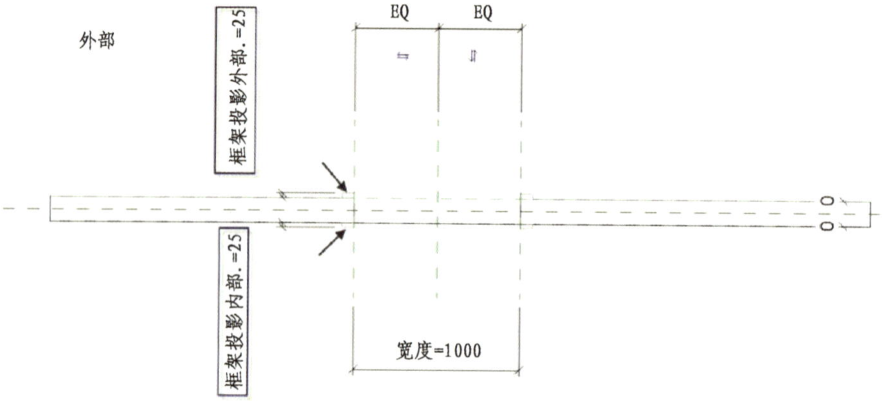

图 6.62

【注意】

一般情况下,需要把默认样板两边的框架投影删除。

②绘制门套相关参照平面。

以墙为基准,分别向两侧绘制参照平面,此参照平面作为门套贴脸厚度参照平面。

以门洞为基准,分别向两侧绘制参照平面,此参照平面作为门套贴脸宽度参照平面和门套厚度参照平面,如图 6.63 所示。

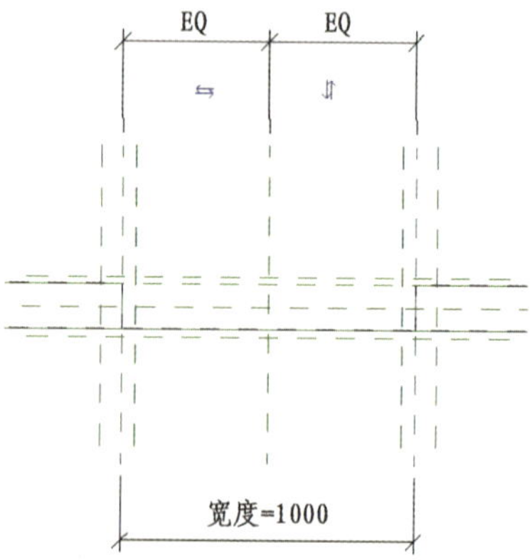

图 6.63

③先测量(DI)要添加的相关参数,如图 6.64 所示;再添加门套尺寸相关参数,包括门套厚度、门套贴脸宽度和门套贴脸厚度,如图 6.65 所示。

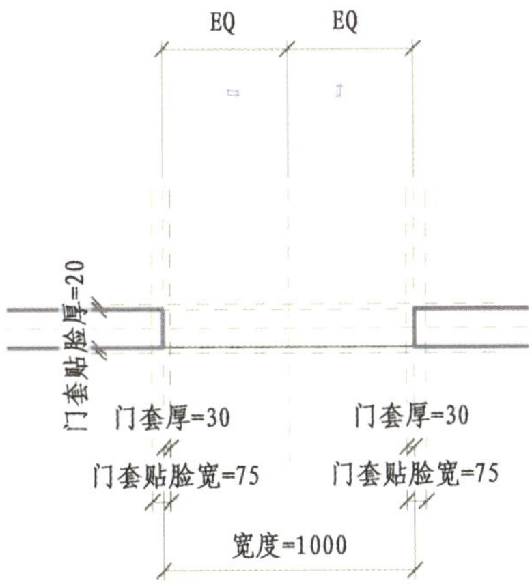

图 6.64

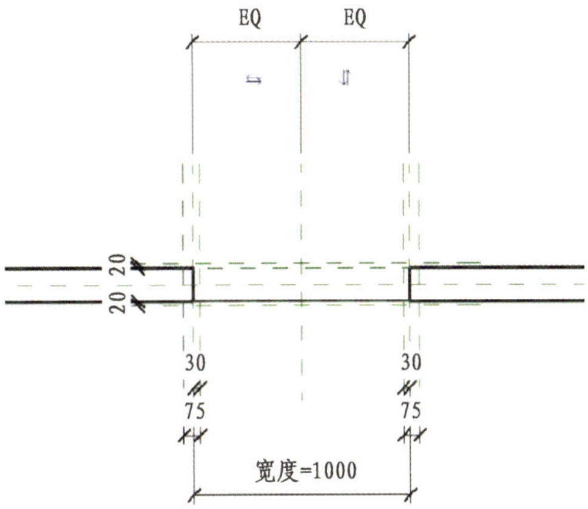

图 6.65

④使用放样工具一次创建门套放样路径、门套放样轮廓，并生成放样三维模型。

门套放样路径：沿门洞参照平面绘制，如图 6.66 所示。

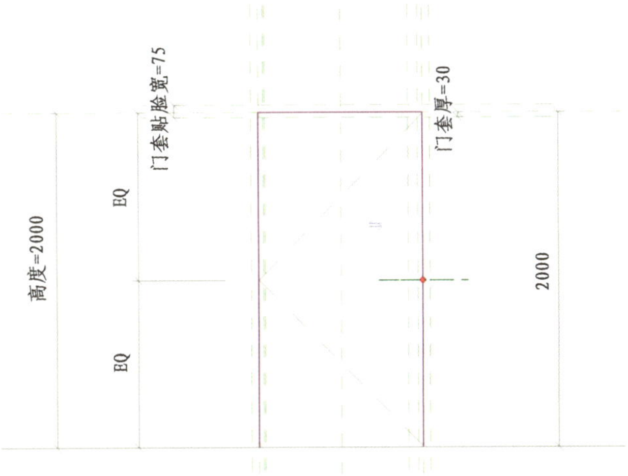

图 6.66

门套放样轮廓：相关草图应参照平面保持锁定🔒状态，如图 6.67 所示。

⑤完成门套绘制后，结果如图 6.68 所示。

⑥使用“拉伸”命令绘制门板，并设置相关参数（厚度 50 mm），结果如图 6.69 所示。

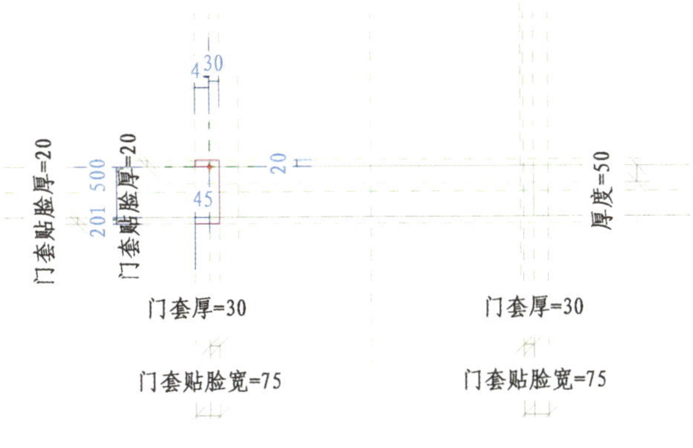

图 6.67

图 6.68

图 6.69

⑦选择放样模型以及拉伸门板进行可见性设置，如图 6.70 所示。

2) 嵌套族

①门套为嵌套族，应先载入门锁族文件。

②将视图切换到参照标高平面视图，单击放置构建按钮(快捷键“CM”)放置门锁，调整门锁相应位置(距离贴面厚以及标高偏移量)，如图 6.71 所示。

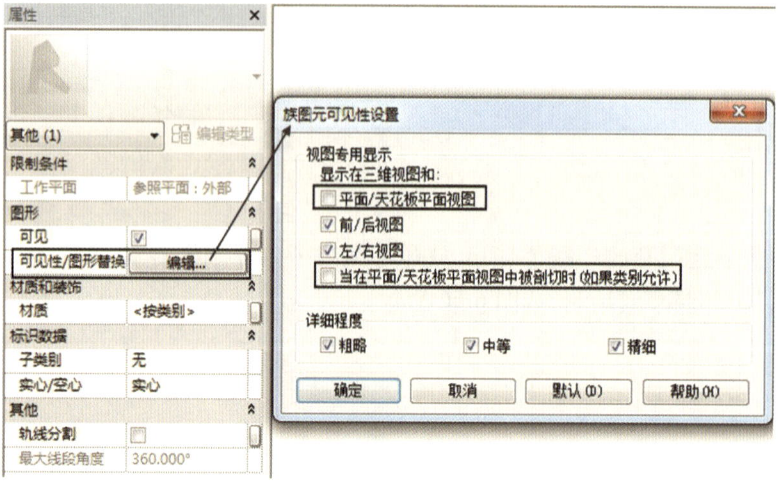

图 6.70

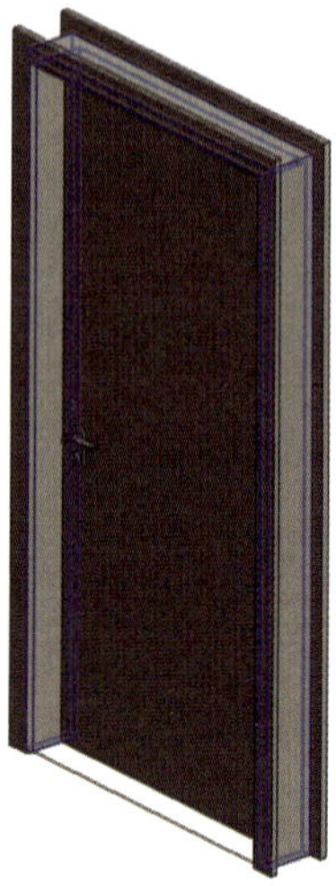

图 6.71

③对门锁添加相应材质，如图 6.72 所示。

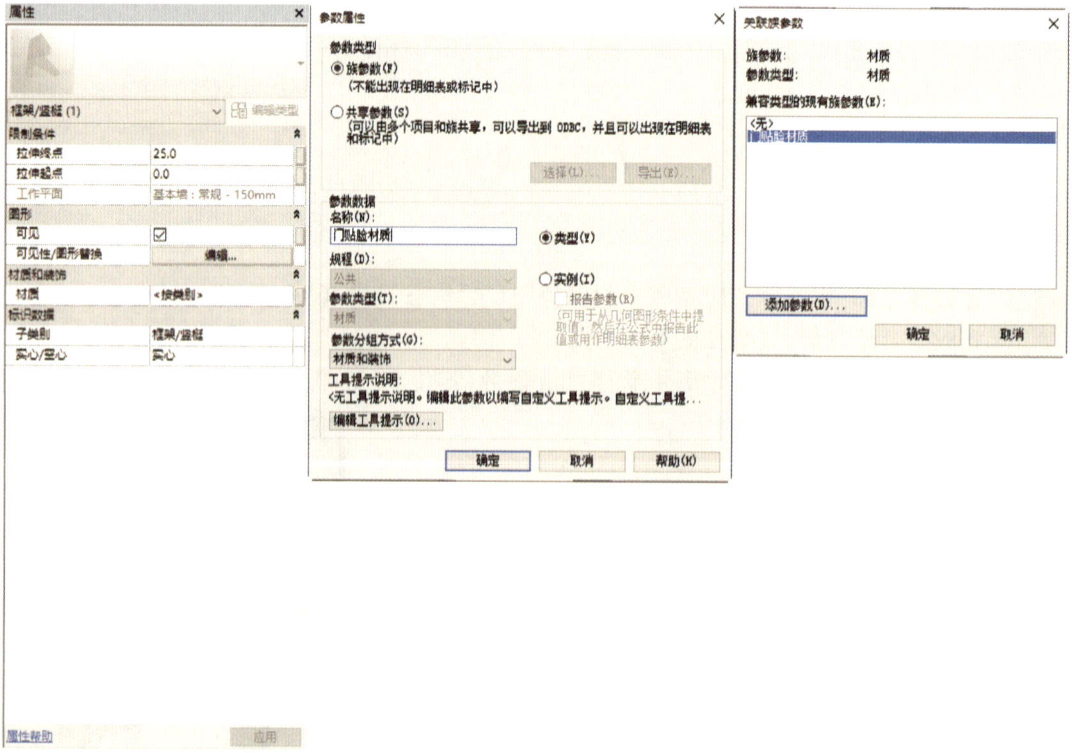

图 6.72

④把手是从族中载入进来的，需要将把手和门相关联。选择门锁，其类型属性关联把手材质以及面板厚度，如图 6.73 所示。

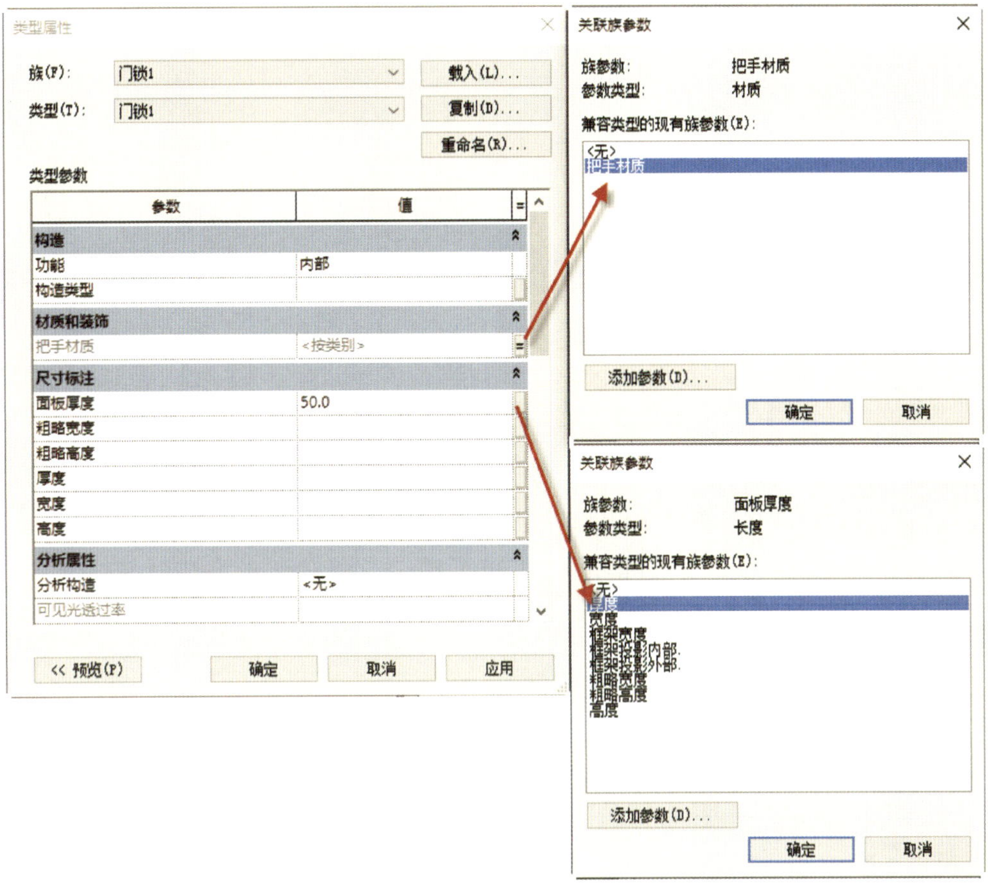

图 6.73

3) 门表达处理

使用符号线，在参照标高平面视图和立面视图中绘制相关表达符号线，注意符号线子类别的选择，如图 6.74 所示。门平面表达如图 6.75 所示，门立面表达如图 6.76 所示。

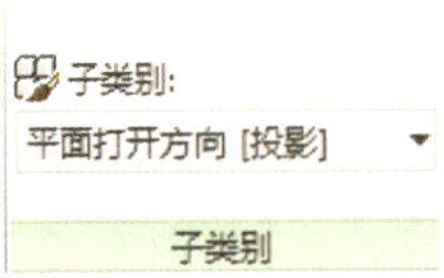

图 6.74

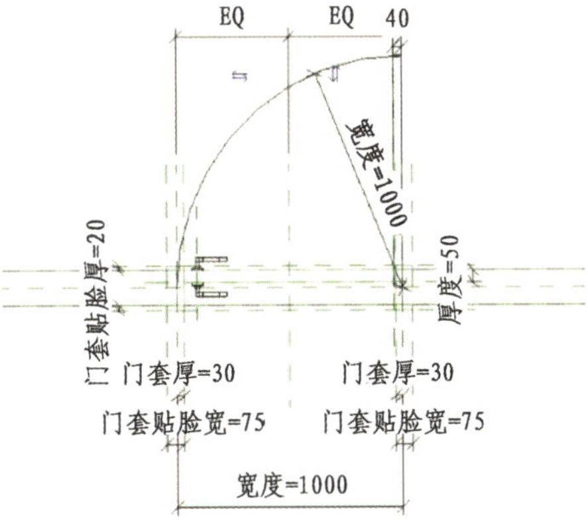

图 6.75

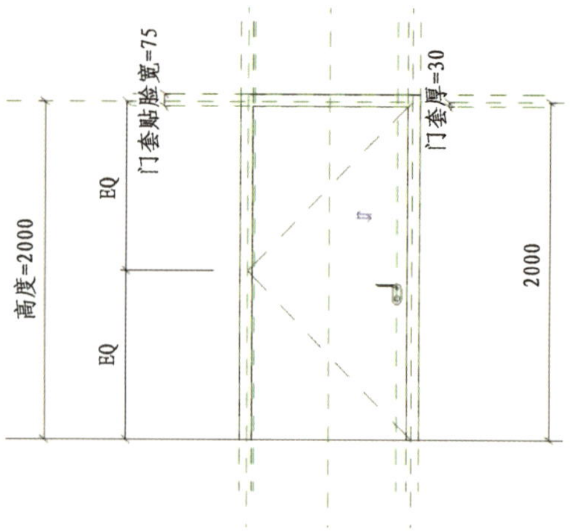

图 6.76

【注意】

门板、门贴脸以及门套厚和钥匙的可见性不勾选平面相关视图。

将族文件另存为“单扇平开木门”，载入到项目中时其平面图会与施工图纸表达方式一样。

6.7.2 窗

窗的绘制方法：

①使用“公制窗.rft”族样板，它跟“公制门.rft”族样板相似，窗比门多一个“默认窗台高度”参数设置。

②使用“拉伸”命令依次绘制窗框、窗扇框和玻璃（要求跟绘制门板一样）。

③添加相关材质参数并相互对应，窗模型创建完成。

④窗表达，使用符号线 绘制两条平分墙线，可见性为默认状态。

⑤绘制完成后，将文件另存为“推拉窗”。

6.7.3 门窗标记创建

①单击按钮→“新建”→“族”，选择注释文件夹中的“公制窗标记.rft”为族样板。

【注意】

门使用“公制门标记.rft”族样板，标记方法是一样的。

②使用功能区“创建”选项卡→“文字”选项板→“标签”命令，在绘制区域适当位置放置标签，软件弹出“编辑标签”对话框，如图 6.77 所示。

③在“类别参数”中选择“类型标记”参数，并将其添加到标签参数栏，如图 6.78 所示。

④单击“确定”按钮，并在绘图区域适当位置单击放置该标签，如图 6.79 所示。

⑤完成窗标记的创建，将文件另存为“窗标记”。

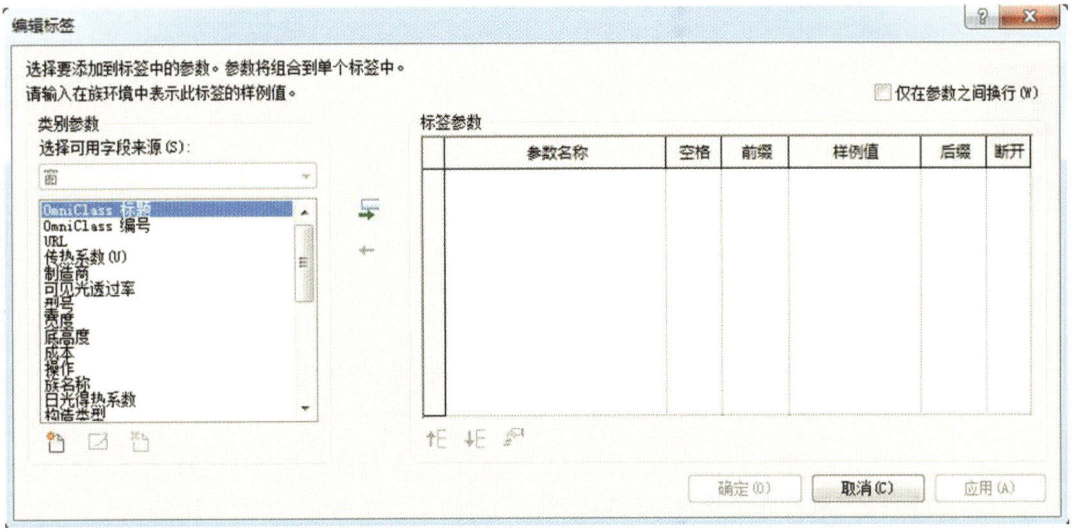

图 6.77

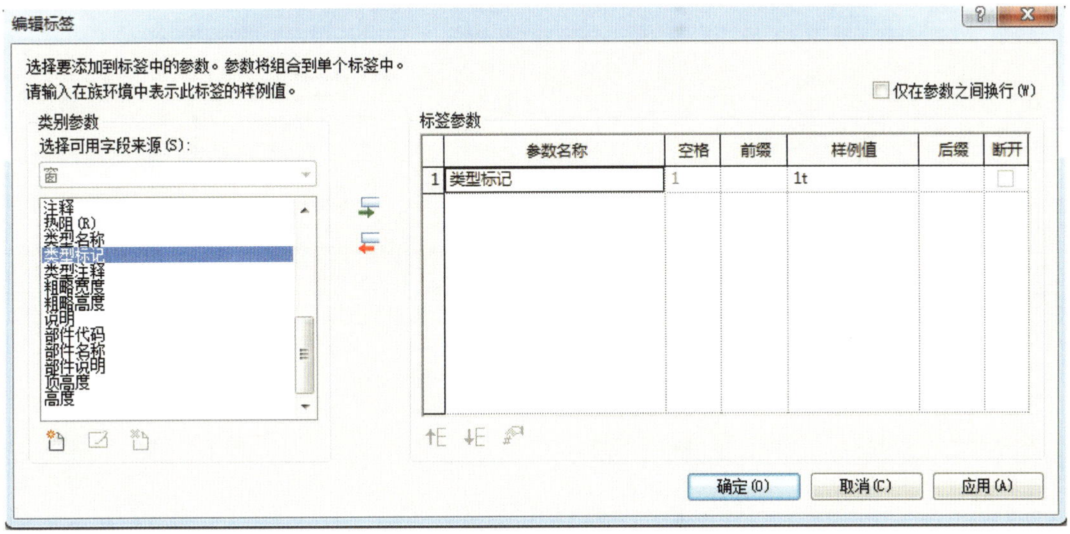

图 6.78

图 6.79

6.8 设备族

6.8.1 圆形风管弯头

①单击按钮→“新建”→“族”，选择注释文件夹中的“公制风管弯头.rft”为族样板。

由于“公制风管弯头.rft”族样板默认的标签参数有长度 1、中心半径和角度，为了更好地区分标签的含义，我们把族类型的“长度 1”修改为“弯头长度”，“中心半径”修改为“转弯半径”，还需要添加“风管弯头半径”参数以及它们之间的相关公式，如图 6.80 所示。

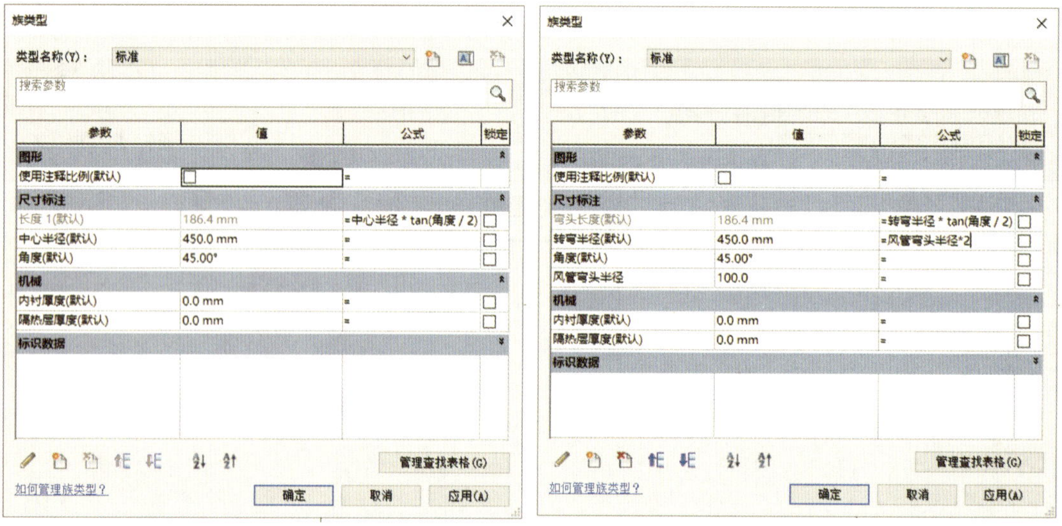

图 6.80

【注意】

风管弯头的标签参数(类型属性)都选择实例，在项目中风管弯头是随着管道大小自动变化的。

②设置完族类型的相关尺寸标注，开始绘制弯头，单击功能区“创建”选项卡→“形状”选项板→“放样”命令。首先使用拾取线绘制拾取路径，右键取消两次或按“Esc”键两次取消，选中路径，标记角度注释，指定标签角度，如图 6.81 所示。

③选中拾取路径，在属性面板中勾选中心标记可见，用对齐命令对齐中心点并锁定到参照平面，并将拾取路径的起始端点(使用 Tab 键选中拾取路径的端点)对齐锁定，如图 6.82 所示。

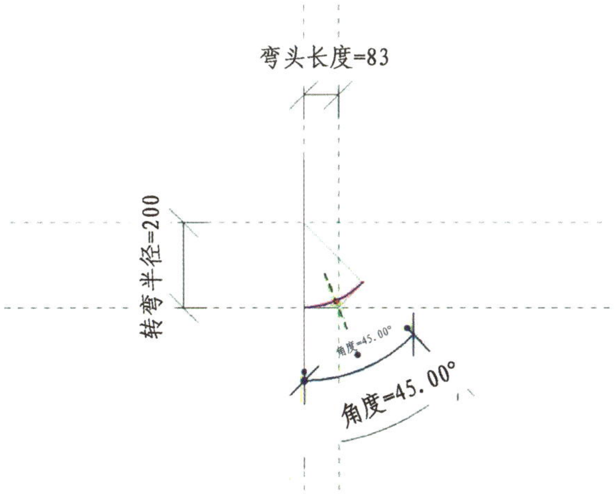

图 6.81

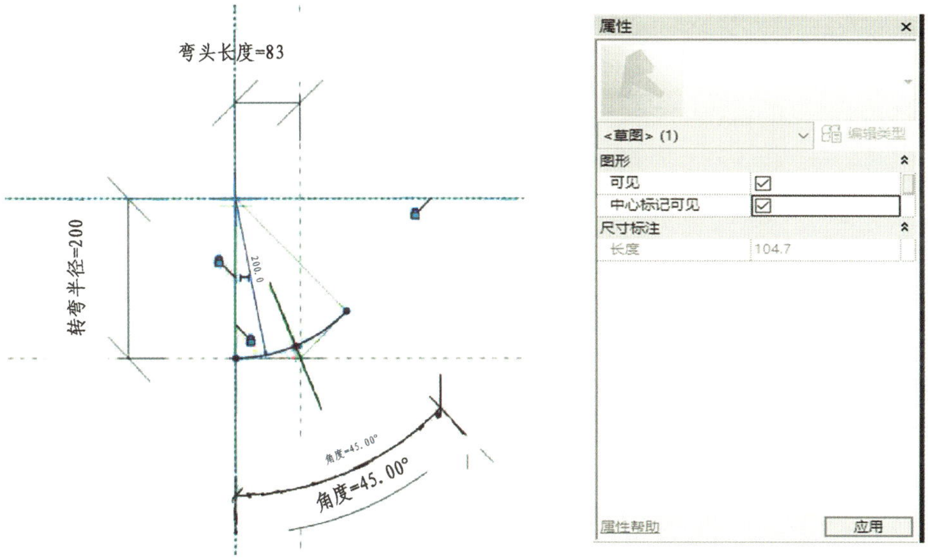

图 6.82

④选择“模式”选项板，单击✔完成。再选择“轮廓”，单击“编辑轮廓”，任何一个视图都可以进行编辑，我们选择三维视图绘制圆，测量标注，指定相关标签“风管弯头半径”，如图 6.83 所示。

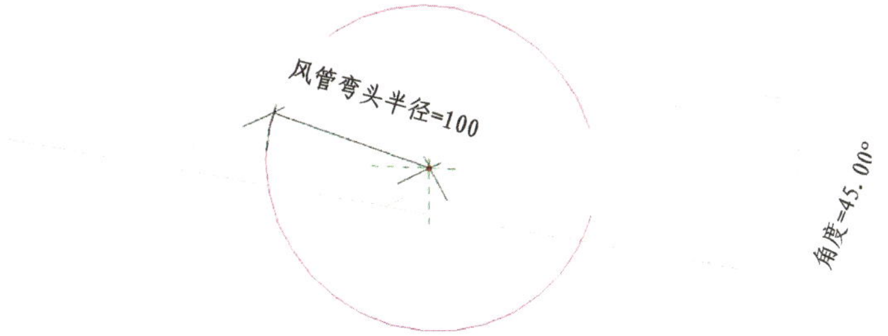

图 6.83

⑤绘制完成后，单击✔完成轮廓编辑，再单击✔完成风管弯头放样，完成后如图 6.84 所示。

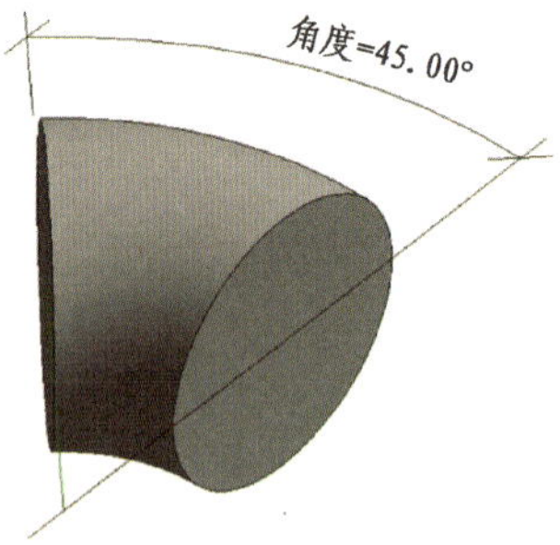

图 6.84

⑥指定管道连接件。单击功能区“创建”选项卡→“连接件”选项板→“风管连接件”，指定管件，单击风管管件连接件，造型改为圆形，如图 6.85 所示；选择两边连接件关联半径为“风管弯头半径”，如图 6.86 所示。

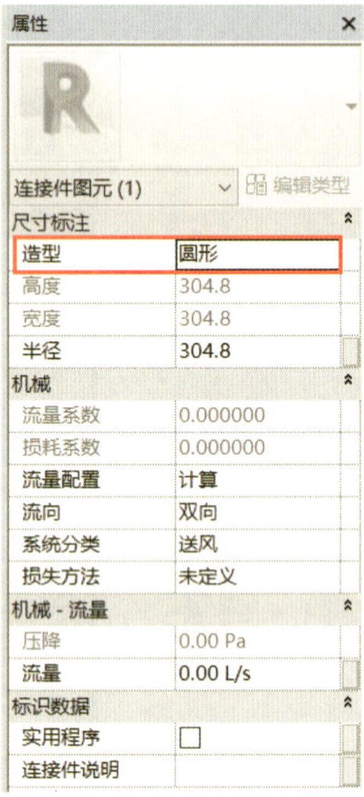

图 6.85

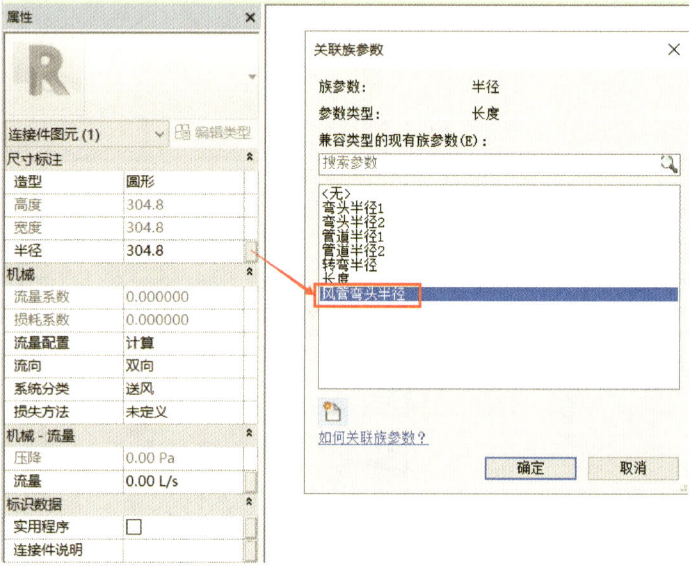

图 6.86

⑦绘制完成后需要选择一个连接件，单击“链接连接件”，再选择另一个连接件完成关联，如图 6.87 所示。

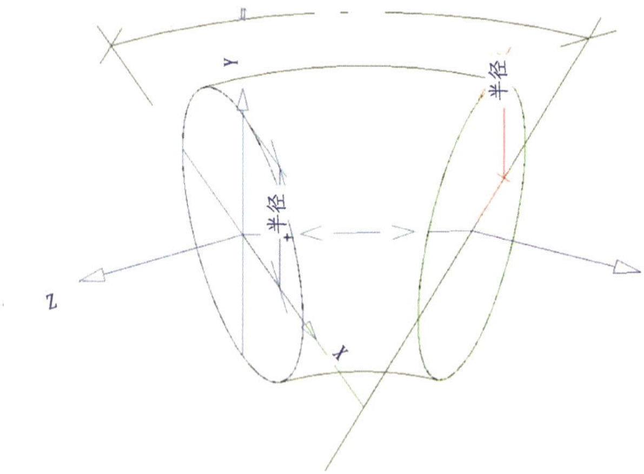

图 6.87

6.8.2　风管管件弯头表达处理

①选择风管管件弯头，单击属性面板中的可见性编辑，族图元可见性设置如图 6.88 所示。单击功能区“创建”选项卡→“模型”选项板→“模型线”→“拾取线”，拾取风管中心弧线，可见性为默认，如图 6.89 所示。

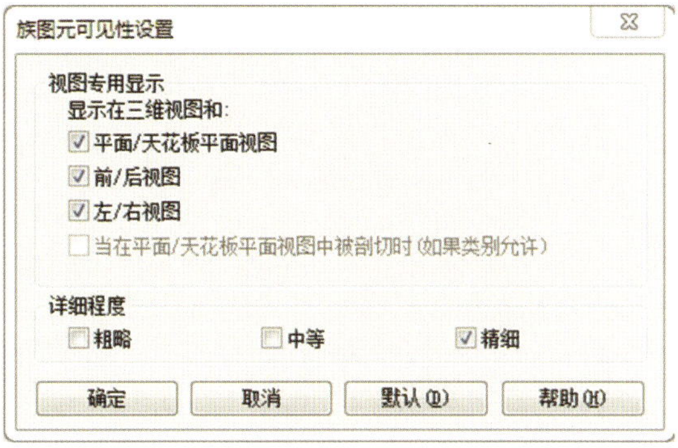

图 6.88

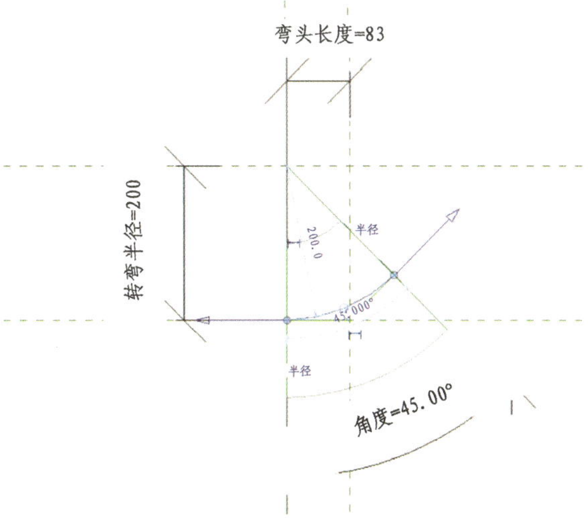

图 6.89

②完成风管管件弯头后，将文件另存为“圆形风管弯头”。

第 7 章

Revit 项目管理

7.1 项目设置

在 Revit 项目管理中，项目设置为前期工作，主要包括模板设置、建模规范建立和项目流程制定。

首先，需要对每个工程项目建立该项目的模板文件。模板文件里包含了项目的标高、轴网、常用的视图、常用的族、机电管线的系统类型及颜色、过滤器等内容。

其次，要建立项目的建模规范，如项目文件的划分界面、模型文件是否需要按照楼层划分、各类构件分别用哪一类的族建模、构件间如何搭接等细节问题。

最后，需要规范项目的流程，如先明确项目参建各方在 BIM 实施中扮演的角色、工作职责的分工与协作、各专业的建模先后顺序、各专业间的互相提资、BIM 模型在整个实施阶段的流转过程等。

7.2 协同工作

Revit 的协同工作模式主要包括以下两类：

链接：在一个 Revit 文件中通过链接文件方式，引用其他 Revit 文件的相关数据，与 AutoCAD 的外部引用功能相同。

工作集：通过使用工作共享，多个设计者可以操作自己的本地文件，并通过中心文件与其他工作者共享工作成果，形成完整的项目成果。

7.2.1 链接 Revit 文件

可以从外部将创建好的独立 Revit 文件引用到当前项目中，以便进行建模工作或者碰撞检查等协调工作，相关操作面板如图 7.1 所示。

图 7.1

(1)操作步骤

在功能区“插入”选项卡中单击“链接 Revit”按钮，弹出“导入/链接 RVT”对话框，选择需要链接的对象文件，如图 7.2 所示。

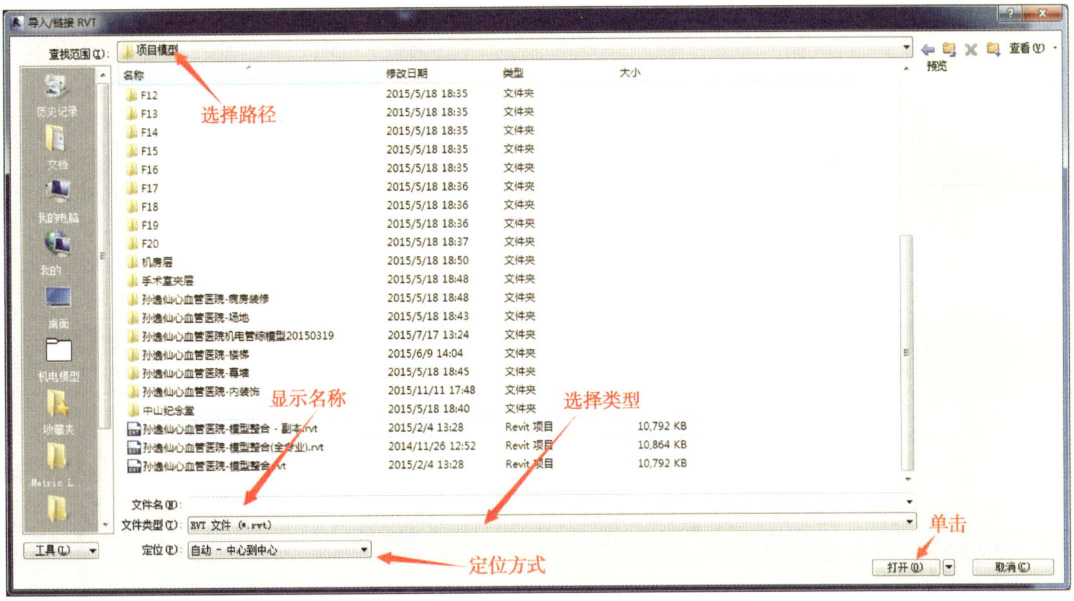

图 7.2

(2)导入设置

在“定位(P)”下拉列表中,选择项目的定位方式,如图 7.3 所示。

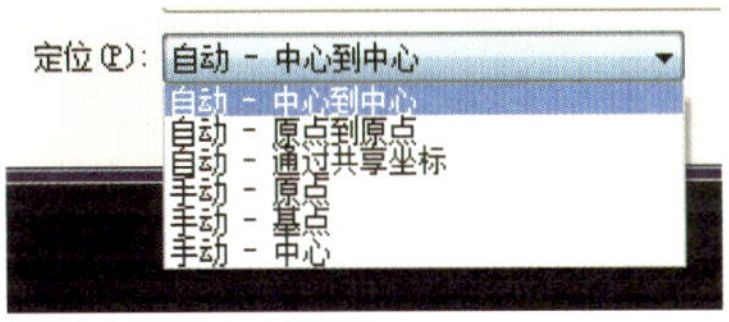

图 7.3

图 7.3 中各选项说明如下:

①自动-中心到中心:Revit 以自动方式将链接模型中心放置到当前项目模型的中心。在当前视图中可能看不到此中心点。

②自动-原点到原点:Revit 以自动方式将链接模型原点放置在当前项目的原点上。

③自动-通过共享坐标:Revit 以自动方式根据导入的几何图形相对于两个文件之间共享坐标的位置,放置导入的几何图形。如果当前没有共享坐标,Revit 会提示选用其他的方式。

④手动-原点:用手动方式以链接模型原点为放置点将文件放置在指定位置。

⑤手动-基点:用手动方式以链接文件基点为放置点将文件放置在指定位置。仅用于带有已定义基点的 AutoCAD 文件。

⑥手动-中心:用手动方式以链接模型中心为放置点将文件放置在指定位置。

(3)链接文件

单击“打开”按钮导入 Revit 文件,完成文件的链接。

7.2.2　链接 DWG 文件

通过链接 DWG 文件,可以将已有的 DWG 文件引用到项目中,参考二维平面图,进行三维模型的搭建,以达到提高建模效率的目的,相关操作面板如图 7.4 所示。

(1)操作步骤

在功能区“插入”选项卡中单击“链接 CAD”按钮,弹出“链接 CAD 格式”对话框,选择需要链接的对象文件,如图 7.5 所示。在弹出的对话框中,从“查找范围”中找到需要导入到项目的 CAD 文件，选取目标文件，“文件名”自动匹配到所选文件，“文件类型”默认为 DWG 文件(∗.dwg)。

图 7.4

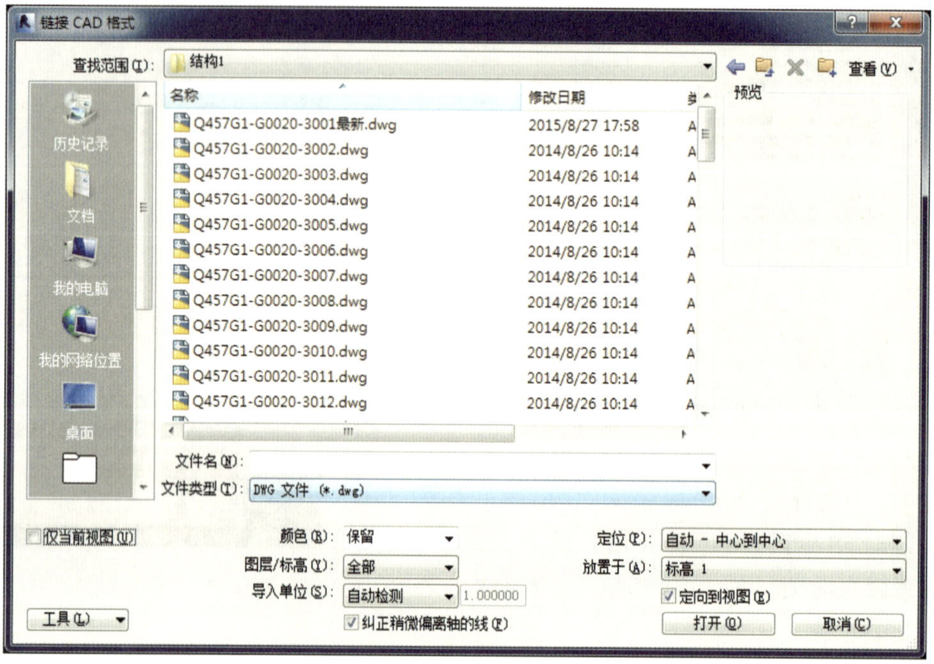

图 7.5

(2)导入设置

①颜色：包含保留、反选、黑白 3 种选项，通常使用保留原有颜色。

②定位：具体使用方法与链接 Revit 文件一致。

③图层/标高：包含全部、可见、指定 3 种选项，通过此项筛选需要导入的对象。

④放置于：选择放置标高。

⑤导入单位：设置导入单位，须与导入文件单位一致。

⑥定向到视图：该选项默认处于未选择的状态。例如，将当前视图设置为“正北”，而“正北”已转离“项目北”，清除此选项可将 CAD 文件与“正北”对齐；如果选择此选项，则 CAD 文件将与“项目北”对齐，不考虑视图的方向。

⑦纠正稍微偏离轴的线：对导入文件进行纠偏操作。该选项默认处于选择状态，可以自动更正偏离轴小于 0.1°的线，并且有助于避免从这些线生成的 Revit 图元出现问题。但当导入/链接到场地平面时，可能需要清除此选项。

(3)链接文件

单击“打开”按钮导入 DWG 文件，完成文件的链接。导入的文件成块状，单击外框即可全选链接文件。

7.2.3　链接 DWF 文件

在创建施工图文档时，Revit 可以将图纸视图导出为 DWF 格式，供建筑师或者其他专业人员查看和标记，再将标记链接到 Revit 进行修改，且与 DWF 文件的标记保持同步。

步骤：在功能区“插入”选项卡中单击“DWF 标记”按钮，弹出“导入/链接 DWF 文件”对话框，选择需要链接的对象文件，单击“打开”按钮；单击标记对象，在属性框中修改状态和注释属性，修改完成后，保存当前项目。

7.2.4　贴花放置

使用贴花工具可以将标志、绘画和广告牌等图像放置到建筑模型的水平表面或圆筒形表面上，设定相关参数后进行渲染。

(1)设置贴花类型

在放置贴花之前，需要创建相应的贴花类型，并设置相关参数。

选择“贴花”下拉菜单中的“贴花类型”命令，弹出“贴花类型”对话框，如图 7.6 所示；单击按钮新建贴花，弹出“新贴花命名”对话框，输入名称后单击“确定”按钮，弹出参数设置信息；单击“源”后面的按钮，找到图像所在位置，单击“确定”按钮后载入图像；设置图像的亮度、反射率、透明度等相关参数后，单击“确定”按钮完成创建工作，如图 7.7 所示。

图 7.6

(2)放置贴花

选择“贴花”下拉菜单中的“放置贴花”命令，视图处于三维视图模式，在选项栏中输入贴花的宽度和高度值(具体设定值视项目而定)，如图 7.8 所示。

完成尺寸输入后，将鼠标移动到绘图区域，这时软件会自动捕捉到距离鼠标位置最近的墙面或某一表面，单击放置贴花，按“Esc”键退出。

在视图控制栏中，选择显示方式为“真实”模式，这时贴花就会以真实的效果显示在当前项目中。

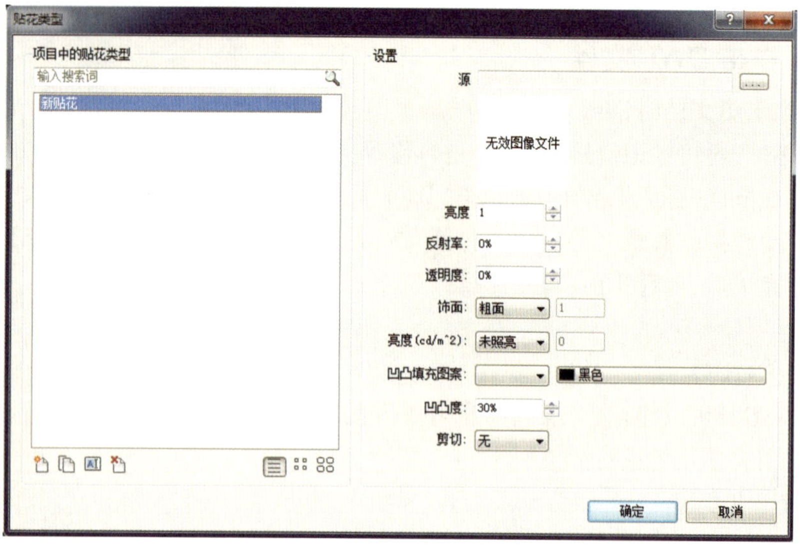

图 7.7

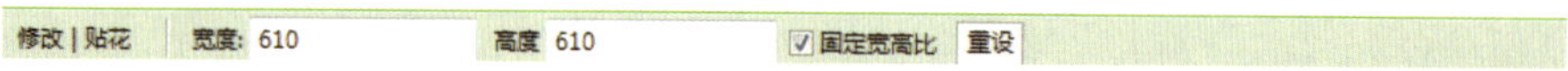

图 7.8

7.2.5 链接点云文件

三维激光扫描仪可以生成建筑或场地的三维点云数据文件，可以将点云数据文件链接到项目中作为视觉参照。点云文件的数据量通常很大，因此将点云文件采用链接的方式链接到项目中。

步骤：在功能区“插入”选项卡中单击“点云”按钮，弹出“链接点云”对话框，选择需要链接的对象文件，设置点云定位方式，单击“打开”按钮完成点云文件的链接。

7.2.6 链接管理

链接到项目中的 Revit 文件、CAD 文件、DWF 标记等，都将在链接管理器中统一管理，可以在链接管理器中对当前项目中的链接文件进行相关设置和处理。

步骤：在功能区“插入”选项卡中单击“链接管理 ”按钮，弹出“管理链接”对话框，如图 7.9 所示。

图 7.9 中各项参数说明如下：

①链接的文件：指示当前项目中链接文件的名称。

②状态：指示在当前项目模型中是否载入链接文件，有已载入、未载入或未找到 3 种状态。

③参照类型：将模型链接到另一个项目中时此链接模型的类型，有附着和覆盖两种类型。

④位置未保存：指链接文件的位置是否保存在共享坐标系中。

⑤保存路径：指链接文件在计算机上的位置。

⑥路径类型：指链接文件的保存路径是相对、绝对还是 Revit 服务器路径。

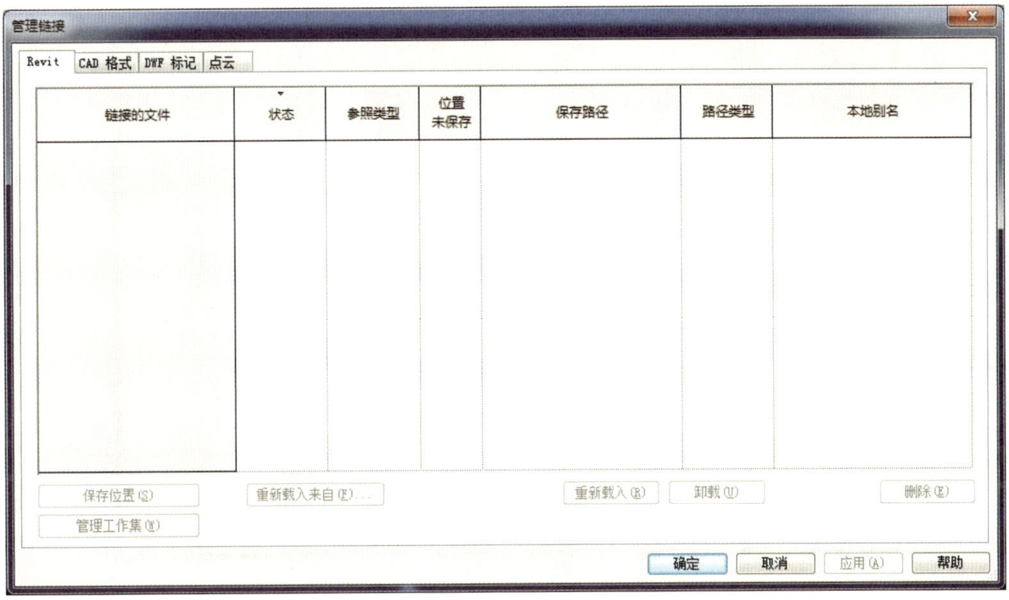

图 7.9

⑦本地别名:如果链接模型是中心模型的本地副本,则指示链接模型的位置。

⑧大小:链接文件所占空间储存大小。

单击“管理链接”对话框中的某一链接文件,即可激活对话框下边的功能按钮,可以针对选择文件进行重新载入、卸载、删除等操作,单击“确定”按钮完成链接管理。

7.3 导　入

导入主要通过外部文件到项目中进行相关操作,与链接方式不同,导入图元在导入后与原文件失去关联性。

7.3.1　导入 CAD 文件

在功能区“插入”选项卡中单击“导入 CAD”按钮(图 7.10),进入“导入 CAD 格式”对话框,选择需要导入的 DWG 文件,其他参数设置和链接 CAD 文件参数一致,单击“打开”按钮完成 DWG 文件的导入,如图 7.11 所示。

图 7.10

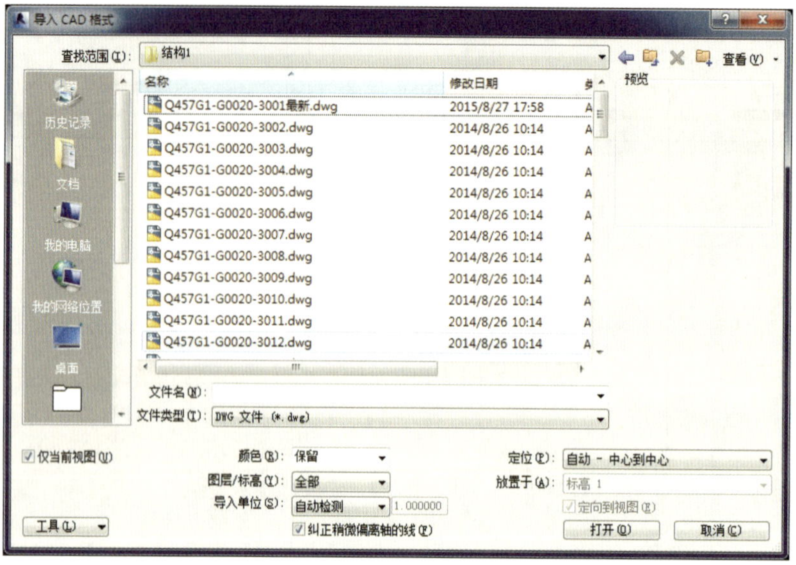

图 7.11

7.3.2　导入 gbXML 文件

可以从外部将 gbXML 文件导入到 Revit 项目中,用于辅助设计 HVAC(暖通)系统。

步骤:在功能区“插入”选项卡中单击“导入 gbXML”按钮,进入“打开”对话框,选择需要导入的 gbXML 文件,单击“打开”按钮完成导入。

7.3.3　从文件插入对象

在功能区“插入”选项卡中单击“从文件中插入”下拉菜单,选择“包含要插入的视图 Revit 项目”,然后单击“打开”按钮,弹出“插入视图”对话框。在左侧的列表中选择要插入的视图,并检查要插入的视图,然后单击“确定”按钮,如图 7.12 所示。此时在项目浏览器中创建了一个新的明细表视图,该明细表视图具有已保存的原明细表的全部格式,以及为该明细表自定义的多个参数字段。

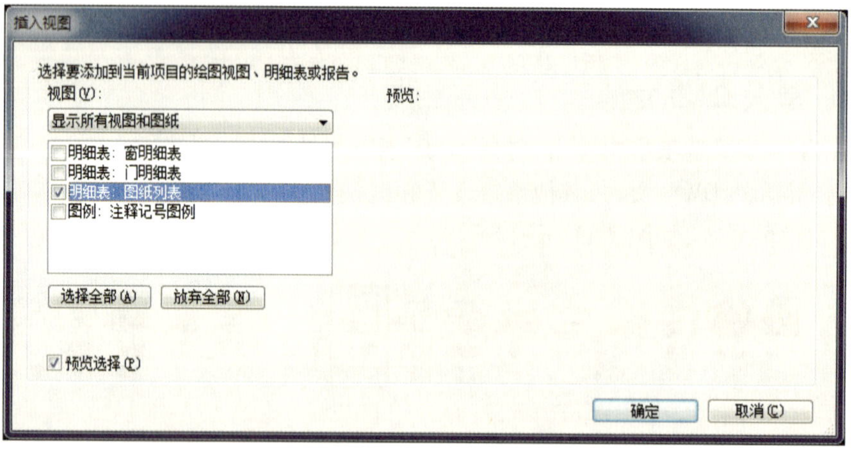

图 7.12

7.3.4 图像的导入和管理

可将 bmp、jpg 等图像导入项目中,以用作背景图像或用作创建模型时所需的视觉辅助。

图像导入:在功能区“插入”选项卡中单击“图像”按钮,弹出“导入图像”对话框;选择需要导入的图像,单击“打开”按钮;在平面视图中的绘图区域单击完成放置,单击“Esc”键退出当前状态,完成插入。

图像管理:单击功能区“插入”选项卡中的“图像管理”按钮,弹出“图像管理”对话框,在此对话框中可以查看当前插入的所有图像信息,还可对其进行添加、删除及重新载入等管理。

7.4 工作集

一个项目不可能由一个人来完成,需要建筑、结构、机电各专业协同工作。由于时间、空间、设备等各种因素的限制,同一个专业还需要更多的工程师参与协作完成,这种协作的另一个工作方式就是 Revit 的“工作集”。

7.4.1 概　念

工作集是基于一个中心文件来完成的。假设 A、B 两人同时基于一个中心文件进行模型创建,A、B 先分别创建自己的工作集,即工作集 A 和工作集 B。A 把工作集 A 的所有者设为自己,B 把工作集 B 的所有者设为自己,并且各自将创建的构件放到各自的工作集内。如果 A、B 之间的工作没有交叉,那么他们的工作都可以顺利进行。一旦 A 需要修改编辑 B 的构件,这时软件会提示必须向 B 发出请求,在 B 同意确认请求把构件“借”出去之前,A 无法编辑该构件。B 将该构件“借”给 A,A 就获得该构件的所有权,可以进行自由编辑,直到 A 把构件的权限还给 B。

以上是工作集的基本工作流程,用户也可以根据自己的需求做出调整,让多人可以工作在同一工作集上。但是工作集的拥有者只能有一个,其他人只是这个工作集的借用者。工作集的拥有者对该工作集已存在的构件拥有最高权限,除了被借走的构件。其他非工作集的拥有者能把构件创建在该工作集内,但是不能拥有该工作集已有构件的权限,并且非工作集的拥有者创建的构件相当于被该用户“借”走,一旦非工作集拥有者归还权限,就需要重新向工作集的拥有者“借”。当工作集没有拥有者时,Revit 会自动把该构件借给需要借用的用户。

7.4.2 Revit 工作集实施方法

1) 工作集的建立

①由相关子项的主导专业如机电专业根据项目的实际需求建立水暖电等分项。

②单击“协作”→“工作集”,在弹出的“工作共享”对话框中将“工作集 1”修改成自己的专业名称,如图 7.13 所示。

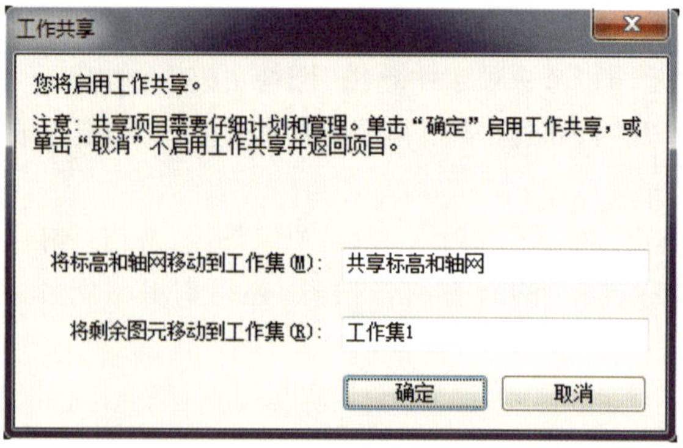

图 7.13

③单击“确定”按钮后,软件自动将项目中的图元按定好的工作集进行分类,在短暂的运行后,弹出如图 7.14 所示的对话框。单击“新建(N)”按钮,根据需要建立结构、给水、电气、暖通等其他专业,更改所有者用户名,注意不能重名。新建的时候,应根据实际需要勾选“在所有视图中可见”选项。

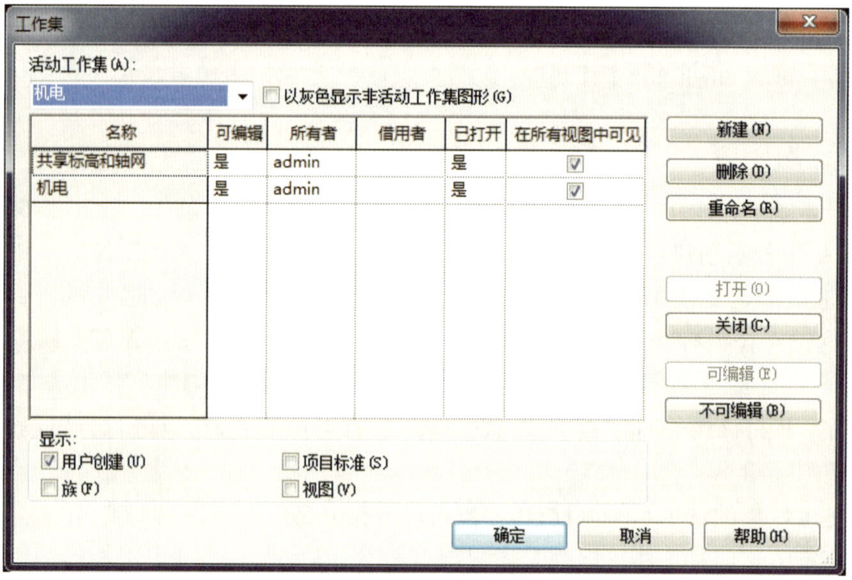

图 7.14

④设置好所有的工作集以后,将自己的专业设置成活动工作集,单击“保存”(中心文件通过网络途径保存到共享文件夹中)按钮,标准工具栏中的“与中心文件同步”按钮将被激活。

⑤单击“协作”→“工作集”,打开“工作集”对话框,在“可编辑”栏下将所有不属于自己的工作集通过下拉菜单选择“否”,如图 7.15 所示。单击“确定”按钮完成编辑。

⑥将基本示意图中的图元指定给相关专业,如墙分配给建筑墙,板和柱分配给结构等。设置完成以后,单击“与中心文件同步”按钮,并退出。

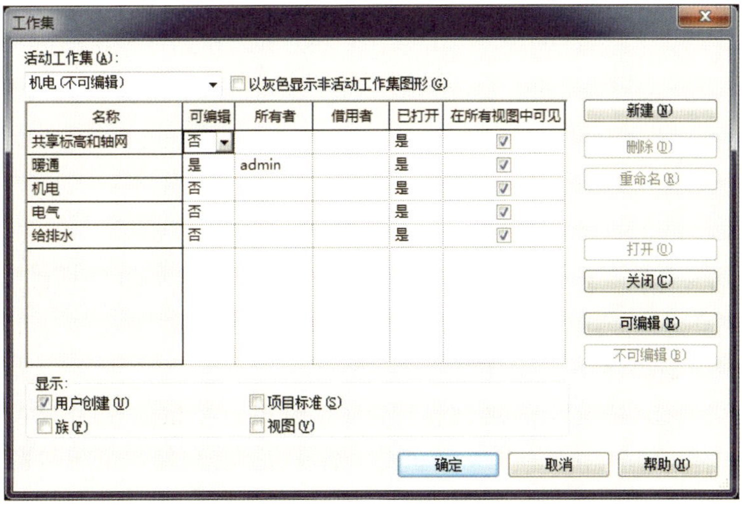

图 7.15

2) 应用工作集

①各专业设置好中心文件后，打开文件并单击"协作"→"工作集"，打开"工作集"对话框，在"可编辑"栏下将属于自己的工作集通过下拉菜单选择"是"，单击"确定"按钮。

②使用"另存为"功能保存一个中心文件的副本在本地计算机上。各专业只对副本文件进行操作、读写。只有单击"与中心文件同步"以后，才会把自己的最新设计更新到中心文件中，其他专业设计师通过"协作"→"重新载入最新工作集"按钮从中心文件获取其他专业的最新工作进展。

建议设置保存提醒，常保存可以提升协作效率。

7.4.3　关于利用 Revit 工作集协同工作的建议

①不同专业之间尽量避免使用工作集，因为会使中心文件的容量非常大，造成工作过程中模型反应很慢。建议使用相互链接（Revit 提供将建筑链接结构、结构再链接建筑的工作模式）进行各专业之间的协同工作。

②养成和中心文件同步的好习惯。多人同时基于中心文件工作时，存在本地文件和中心文件不能同步的风险，及时同步本地和中心文件能避免该风险，即使发生不能同步的情况也不至于使工作丢失。

③养成释放构件权限的习惯。如果把构件权限牢牢地握在手上，确实能够避免别人随意修改，但是会导致别人经常需要向你"借"构件，而你会花大部分时间在"借"构件给别人上（特别是在工作交叉的时候）。

7.5 统 计

Revit 明细表统计的构件数量,可以为工程量计算工作提供一定的参考。如果需要更准确、专业,并且符合国标清单规范和全国各地定额规则的工程量,则需要使用相关造价软件公司开发的 BIM 算量软件。

单击功能区“视图”选项卡→“明细表”,可以看到 Revit 提供的各种明细表,如图 7.16 所示。其中,“明细表/数量”用于创建关键字明细表或者创建构件数量明细表;“图形柱明细表”可以创建带示意图的结构柱明细表,表中可以表达柱标高及各结构柱在轴网上的定位尺寸;“材质提取”明细表可以统计创建所有 Revit 族类别的子构件或材质的列表;“图纸列表”明细表可以创建图纸索引,成为施工图集文档的目录;“注释块”明细表可以创建使用“符号”工具添加的全部注释的明细表,使用“注释块”明细表可以列出应用于项目中的图元符号的文字说明;“视图列表”明细表可以对项目中所有的视图进行统计分组。

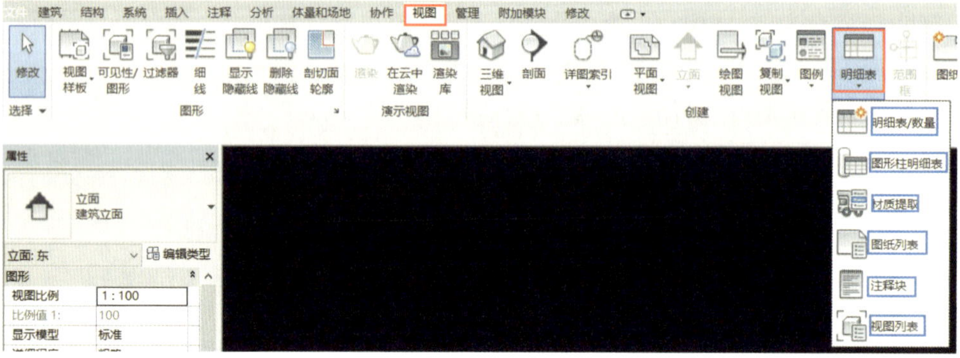

图 7.16

统计项目的构件数量,则应选择“明细表/数量”,会出现如图 7.17 所示的对话框。

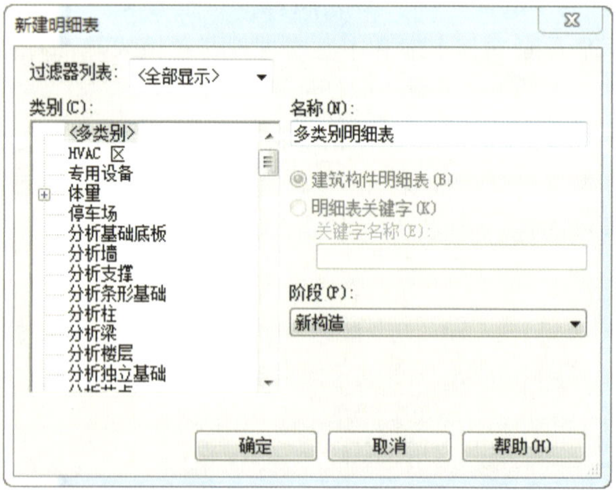

图 7.17

下面以“孙逸仙医院 B2 层管道明细表”制作过程为例进行讲解。在“过滤器列表”与明细表“类别”中选择“管道”，并输入明细表名称“孙逸仙医院 B2 层管道明细表”，如图 7.18 所示。

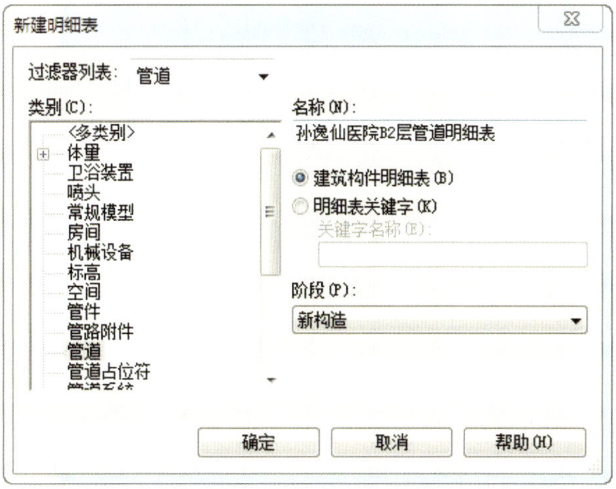

图 7.18

单击“确定”按钮，弹出“明细表属性”对话框。在“可用的字段(V)”列表中，可以找到管道明细表所有可以使用的字段，字段代表着管道族的共享参数，同时也是明细表的表头。选择所需字段并添加至右侧的“明细表字段”中，通过上移、下移按钮调整字段顺序(即明细表表头顺序)，如图 7.19 所示。

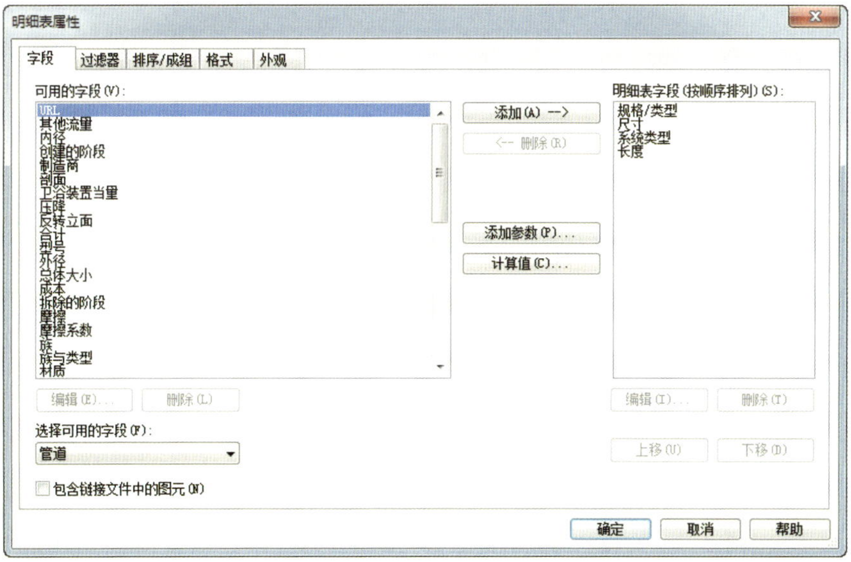

图 7.19

单击“过滤器”选项卡，根据项目需求，选择过滤条件，尺寸小于 32 mm。过滤器会将项目中所有不符合该条件的管道(即小于 32 mm 的管道)过滤隐藏，如图 7.20 所示。

单击“排序/成组”选项卡，排序方式即构件的排列顺序，依次选择相应字段，软件会按照优先度将规格/类型一致、系统类型一致、尺寸一致的构件按照升序排列。另外，可以通过勾选页眉、页脚、空行来控制明细表的格式。选择“总计”，会将所有类型一致的构件叠加计算；选择“逐项列举每个实例(E)”，则会将每条管道一一列出，如图 7.21 所示。

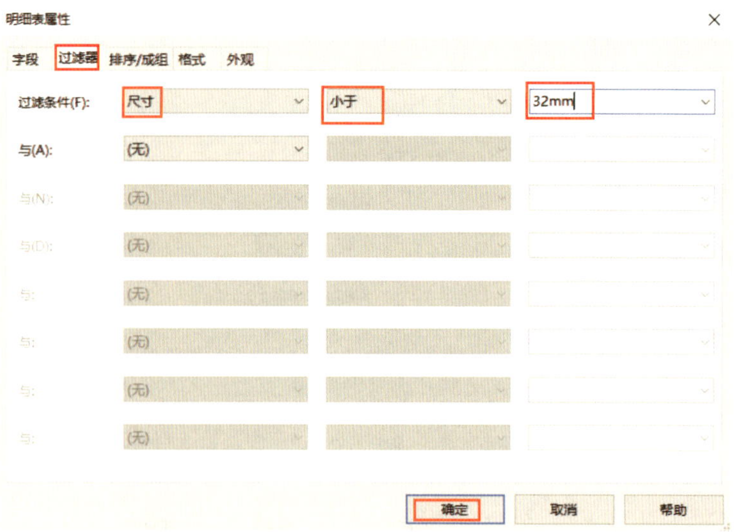

图 7.20

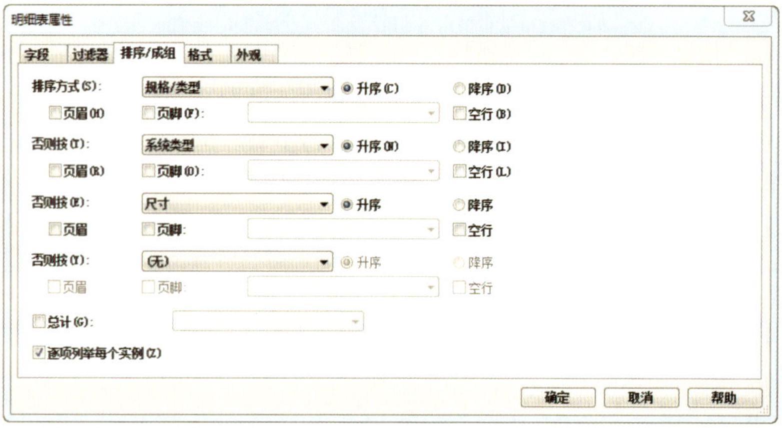

图 7.21

“格式”选项卡用于修改字段信息，根据项目要求，把“规格/类型”改为“管材型号”，“尺寸”改为“管径”，“系统类型”改为“管道系统”，并统一调整标题方向为“水平”、对齐为“中心线”，如图 7.22 所示。

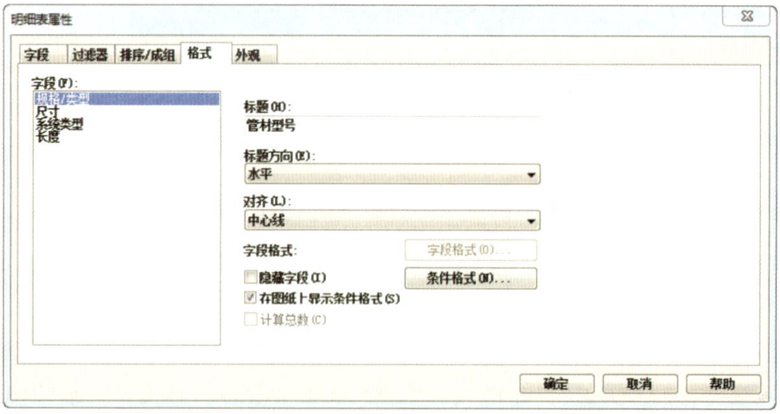

图 7.22

外观设置功能类似 Excel 表格，用于设置导出的明细表格式，可根据项目需求或者工作习惯进行设置，如图 7.23 所示。

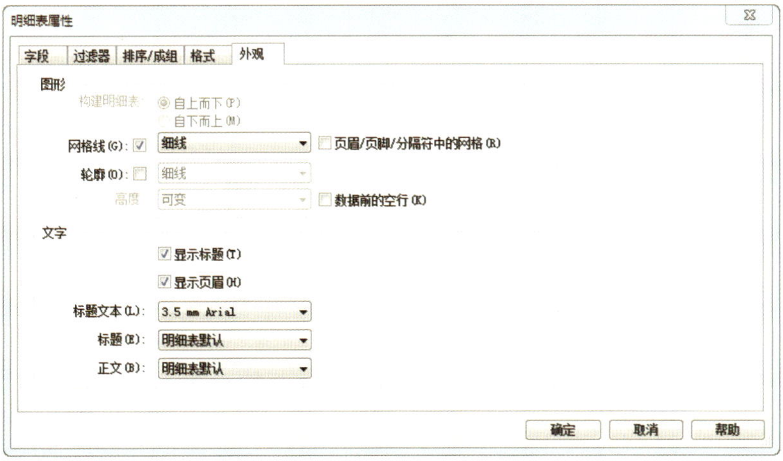

图 7.23

至此，明细表的设置就全部完成，单击"确定"按钮，即可看到制作出的明细表，如图 7.24 所示。

<孙逸仙医院B2层管道明细表>

A	B	C	D
管材型号	管径	管道系统	长度
GB/T 5836	40 mm	冷凝水	1302
GB/T 5836	40 mm	冷凝水	1784
GB/T 5836	40 mm	冷凝水	819
GB/T 5836	40 mm	冷凝水	3417
GB/T 5836	50 mm	冷凝水	1509
GB/T 5836	50 mm	冷凝水	1638
GB/T 5836	50 mm	冷凝水	558
GB/T 5836	50 mm	冷凝水	1389
GB/T 5836	50 mm	冷凝水	1698
GB/T 5836	50 mm	冷凝水	693
GB/T 5836	50 mm	冷凝水	3404
GB/T 5836	50 mm	冷凝水	3099
2.0MPa	40 mm	喷淋	3005
2.0MPa	40 mm	喷淋	506
2.0MPa	40 mm	喷淋	35
2.0MPa	40 mm	喷淋	2684
2.0MPa	40 mm	喷淋	496
2.0MPa	40 mm	喷淋	2284
2.0MPa	40 mm	喷淋	919
2.0MPa	40 mm	喷淋	3466
2.0MPa	40 mm	喷淋	2703
2.0MPa	40 mm	喷淋	2816
2.0MPa	40 mm	喷淋	2703
2.0MPa	40 mm	喷淋	2801
2.0MPa	40 mm	喷淋	2703
2.0MPa	40 mm	喷淋	2816
2.0MPa	40 mm	喷淋	2703
2.0MPa	40 mm	喷淋	4115
2.0MPa	40 mm	喷淋	1728

图 7.24

7.6 建筑表现

本节主要讲解在 Revit 软件中建筑表现的实际应用操作,包括透视图的创建、渲染图的创建以及动画漫游的创建。

7.6.1 渲　染

1) 创建一个透视图

方式:功能区“视图”选项卡→“创建”选项板→“三维视图”下拉菜单→“相机”。

步骤:

①将视图切换到相应的平面视图。

②执行上述方式的操作。

③设置选项栏中的参数,如图 7.25 所示。

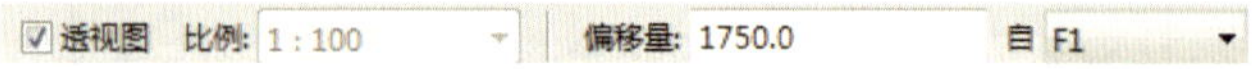

图 7.25

默认勾选“透视图”复选框,创建的视图是透视视图。若取消勾选“透视图”复选框,则创建的视图是正交三维视图。

设置自高度的偏移量,调整相机位置的高度。

④创建透视图。将鼠标移动至绘图区域,相机缩略图随着鼠标的移动而移动,在鼠标的位置单击放置视点;滑动鼠标,将观察的目标位置放置在相机的视图范围内,再次单击鼠标左键,如图 7.26 所示;软件自动跳转到新生成的透视图界面,如图 7.27 所示,完成透视图的创建。

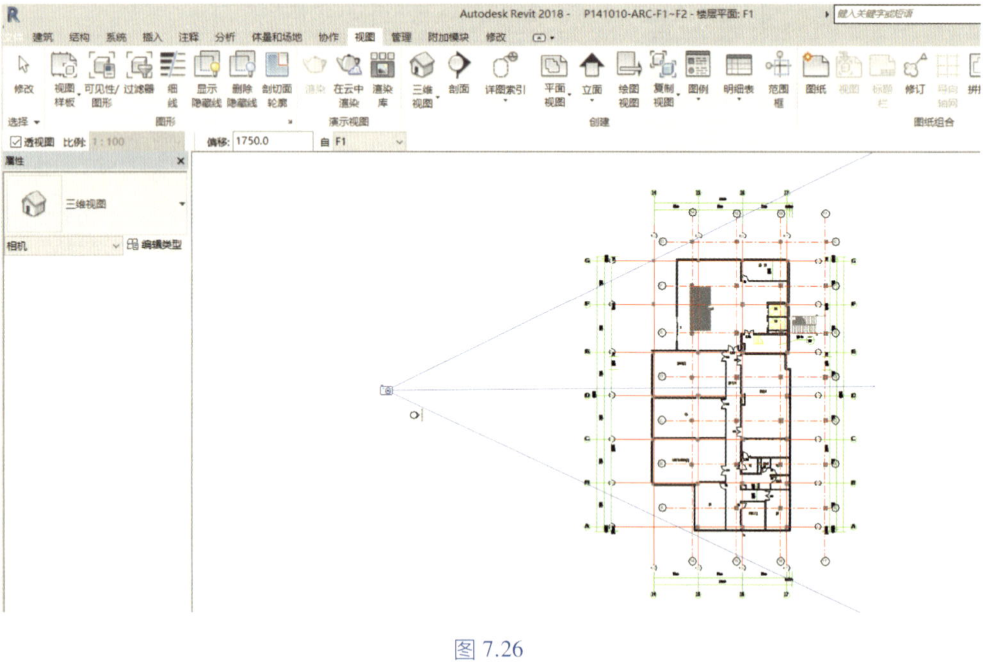

图 7.26

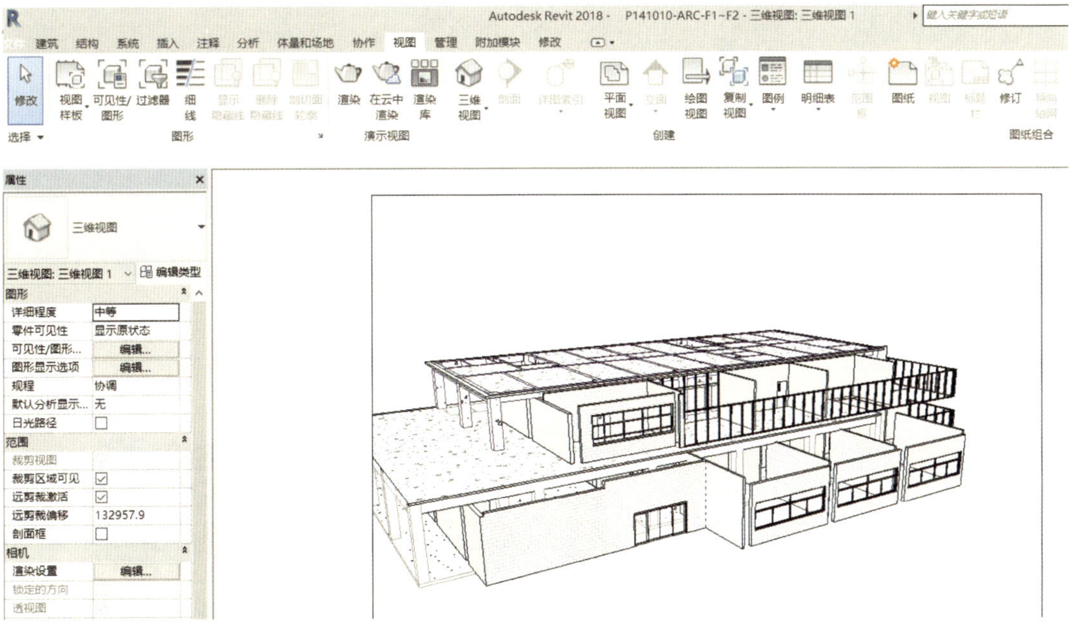

图 7.27

⑤调整透视图。透视图创建完成后，需要进一步调整才能达到渲染的要求。在软件下方状态栏的“视图控制栏”中设置透视图的精细程度和视觉样式来进行调整，如图 7.28 所示。

图 7.28

绘图区域中，在透视图的四边均有一个边界控制点，通过拖曳此控制点可以调整透视图的范围大小；也可以单击功能区“修改|相机”中的“尺寸剪裁”命令设置透视图的范围，如图 7.29 所示。

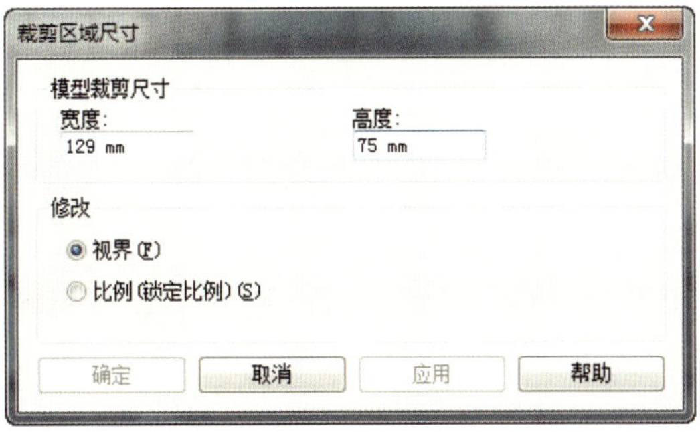

图 7.29

2) 渲染设置

单击功能区“视图”选项卡→“渲染”，打开“渲染”对话框，默认设置如图 7.30 所示。下面介绍一下渲染的功能。

(1)定义渲染区域

在“渲染”对话框中勾选“区域(E)”,则在三维视图中,在绘图区域会显示红色的渲染区域边界。鼠标点选红色边界线,可以拖动蓝色拖曳夹点来调整渲染区域的尺寸大小,如图 7. 31 所示。

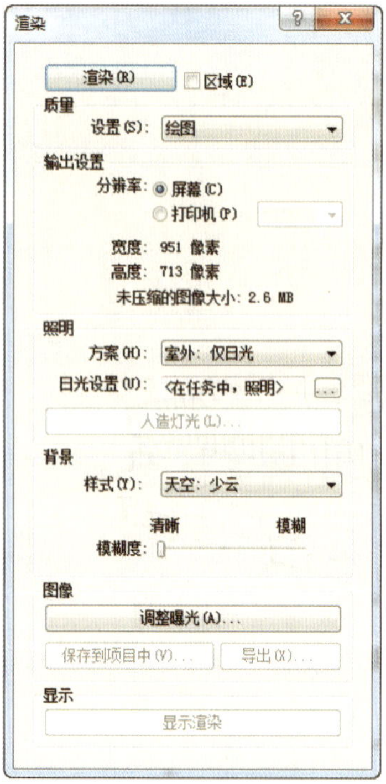

图 7.30

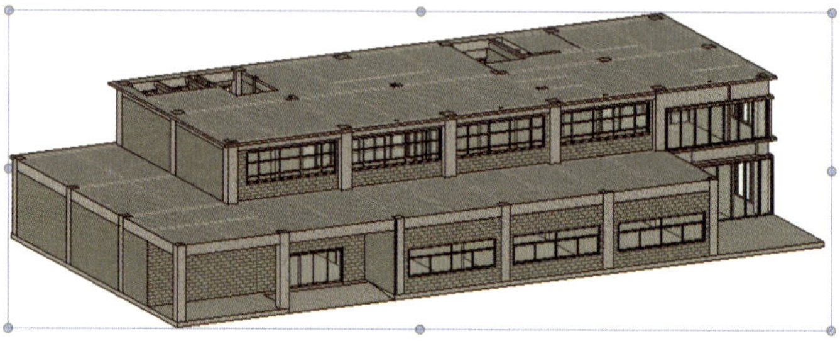

图 7.31

【注意】

①如果不勾选“区域(E)”,则默认三维视图即是渲染视图。

②如果视图中使用了裁剪区域,则渲染区域必须位于该裁剪区域边界之内。

③对于正交视图,也可以拖曳移动其在视图中的位置。

(2)指定渲染质量

默认设置“绘图”的渲染速度是最快的,通过它可以快速地获得一个大概的渲染效果,以便进一步的调整。其他选项的渲染速度由快变慢,渲染质量由低变高,如图 7.32 所示。

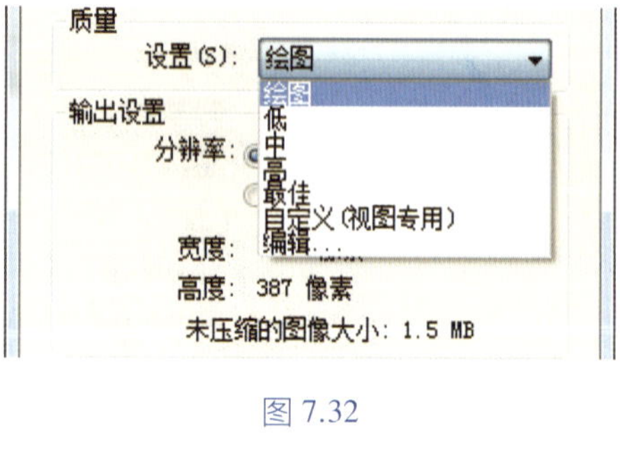

图 7.32

“编辑”用于渲染质量的自定义设置。选择“编辑”,打开“渲染质量设置”对话框,可设置“自定义(视图专用)”渲染图像的质量,如图 7.33 所示。

如果需要渲染室内效果,就需要让室外的阳光进入室内,建议打开采光口。在“渲染质量设置”对话框中,拖动滚动条到最下面,选择“窗”、“门”、“幕墙”作为采光口,如图 7.33 所示。它可以在渲染过程中自动实现日照效果,提高渲染图像的质量,但同时也会大大增加渲染时间。

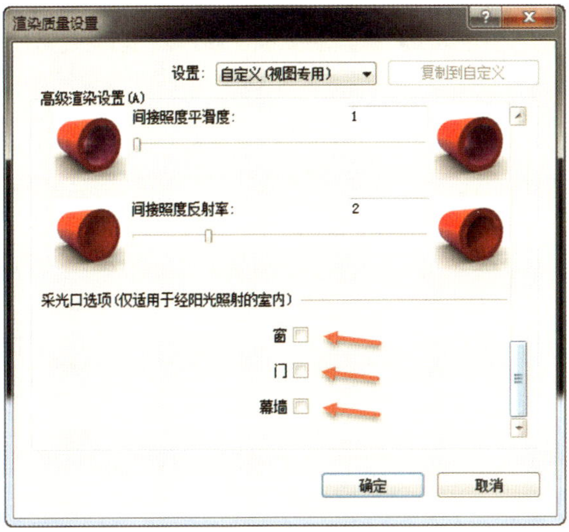

图 7.33

(3)输出设置

仅用于查看的渲染图像可直接默认选择"屏幕",则渲染后输出图像的大小等于渲染时在屏幕上显示的大小。如果生成的渲染图像需要打印,可选择"打印机" 。"宽度"、"高度"和"未压缩的图像大小"会根据设置自动计算出渲染图像的尺寸和文件大小,如图 7.34 所示。图像尺寸、分辨率或精确度的值越高,生成渲染图像所需的时间就越长。

选择"打印机"时,需要指定在打印图像时使用的 DPI,DPI 是指每英寸点数 。如果该项目采用公制单位,则 Revit 会先将公制值转换为英寸,再显示 DPI 或像素尺寸。

(4)指定渲染背景

①指定天空。选择一个所需云量的天空作为"样式",并可滑动模糊度滑块控制"清晰"和"模糊",如图 7.35 所示。

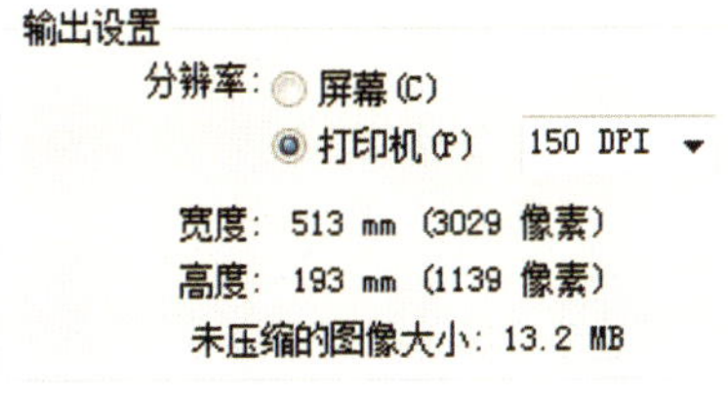

图 7.34

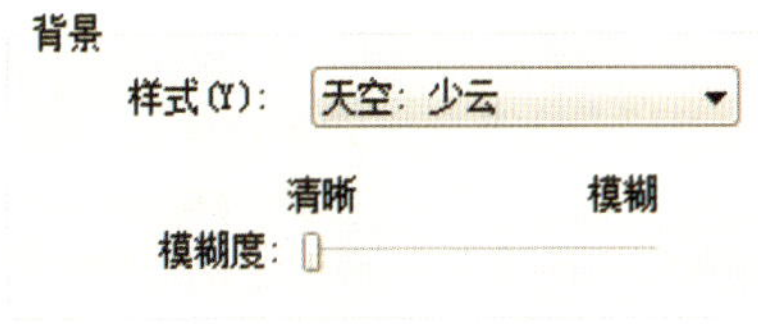

图 7.35

②指定颜色。选择颜色作为"样式",单击颜色样例,在打开的"颜色"对话框中指定背景颜色。

③自定义背景图像。选择图像作为"样式"。

(5)曝光设置

在"图像"中单击"调整曝光(A)"按钮,在打开的"曝光控制"对话框中(图 7.36),设置图像的曝光值、亮度、中间色调、阴影、白点和饱和度。对于渲染图像太亮、太暗等问题,都可以在"曝光控制"中调整,而无须重新渲染。

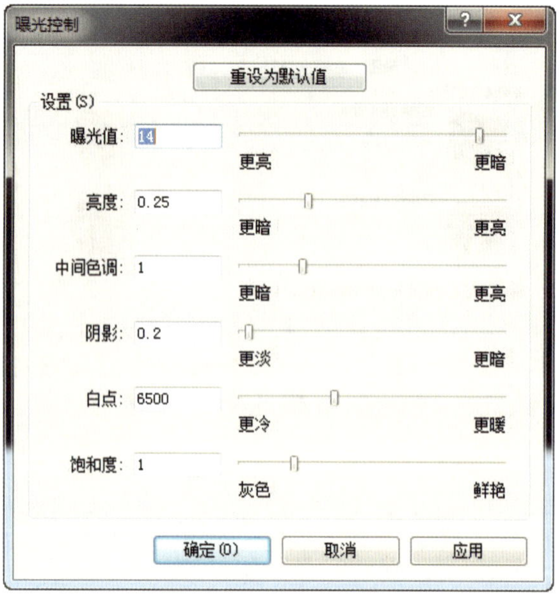

图 7.36

在“图像”中单击“保存到项目中(V)”和“导出(Z)”按钮,可以方便地将渲染的图像文件保存到项目或导出为.jpg、.bmp、.png、.tif 格式的图片。在指定文件名后,渲染图像将显示在项目浏览器“视图(全部)”→“渲染”下。

在“显示”下,可切换显示模式为“显示模型”或“显示渲染”。

(6)开始渲染

设置完成后,单击“渲染”对话框中的“渲染(R)”按钮,开始渲染并弹出“渲染”进度条,显示渲染进度。可随时单击“渲染进度”中“取消”或“Esc”键结束正在进行的渲染。

(7)保存渲染图像

单击“渲染”对话框中的“保存到项目中(V)”按钮,命名该图像(图 7.37),单击“确定”按钮后该渲染图像将被保存在项目浏览器的“渲染”中。

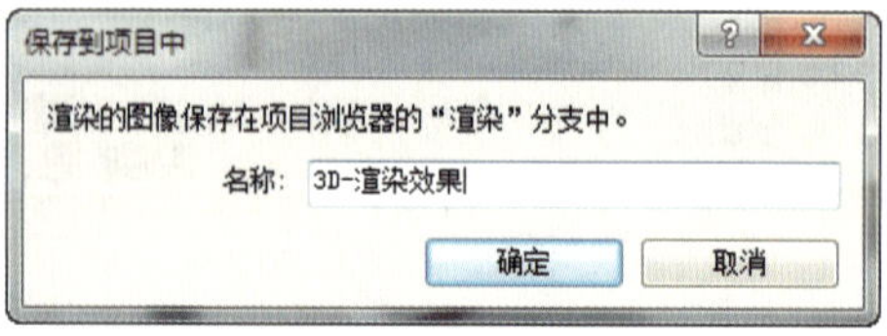

图 7.37

7.6.2 动画漫游的创建

通过使用漫游工具,可以创建模型的动画漫游,以及模拟观察整个建筑模型的效果。

1)动画漫游的特点

动画漫游可以将创建的漫游导出为 AVI 格式文件或图像文件。将漫游导出为图像文件时,漫游的每个帧都会自动保存为单个文件。可以导出所有帧或是一定范围的帧。

2）漫游功能流程

①创建漫游路径；

②编辑漫游路径；

③编辑漫游帧；

④控制漫游播放；

⑤导出漫游。

3）创建动画漫游路径

步骤：

①打开要放置漫游路径的视图，通常情况下此视图为平面视图。

②单击功能区“视图”选项卡→“创建”选项板→“三维视图”下拉菜单→“漫游”。

设置选项栏中的参数，如图 7.38 所示。若取消勾选“透视图”复选框，则漫游将作为正交三维视图创建，默认已勾选。然后再设置漫游相机的位置高度，即自标高的偏移高度值。

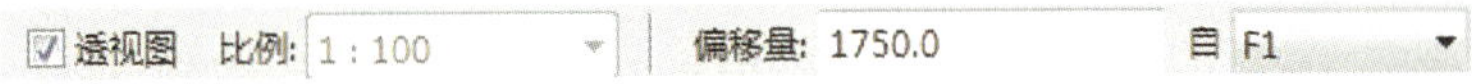

图 7.38

③选项栏设置完成后，将鼠标移动到绘图区域，单击鼠标可以依次放置多个漫游关键帧，每单击一次放置一个关键帧。可以在任意位置放置关键帧，但是在路径创建期间不能修改这些关键帧的位置。路径创建完成后，可以编辑关键帧。

完成漫游路径的创建后，可以单击上下文选项卡中的“完成漫游”按钮，也可以按“Esc”键退出创建。

4）动画漫游的调整

单击刚刚创建完成的漫游路径，在弹出的上下文选项卡中单击“编辑漫游”按钮；在选项栏中，将“控制”编辑模式选为“活动相机”，如图 7.39 所示。此时绘图区域内漫游路径显示如图 7.40 所示。在相机处于活动状态且位于关键帧时，可以拖曳相机的目标点和远裁剪平面。如果相机不在关键帧处时，则只能修改远裁剪平面。

图 7.39

若将选项栏中的“控制”编辑模式改为“路径”，则关键帧变为路径上的控制点，可以将关键帧拖曳到需要的位置，从而改变漫游路径。

若将选项栏中的“控制”编辑模式改为“添加关键帧”，则可沿路径单击鼠标左键添加新的关键帧。

若将选项栏中的“控制”编辑模式改为“删除关键帧”，则将鼠标放置在路径的现有关键帧上，单击鼠标左键以删除此关键帧。

设置完漫游路径后，单击“漫游”选项栏最后面的数字（图 7.39），软件自动弹出“漫游帧”设置对话框，如图 7.41 所示。

默认情况下，相机沿着整个漫游路径匀速移动。通过增加/减少帧总数或增加/减少每

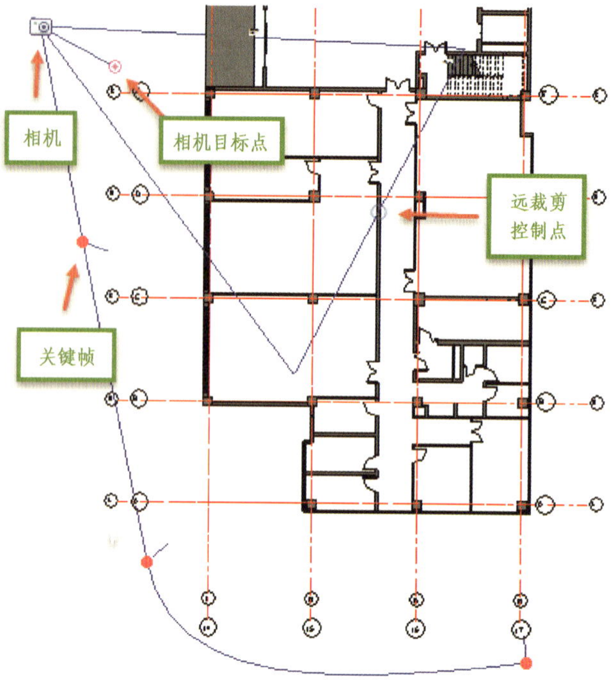

图 7.40

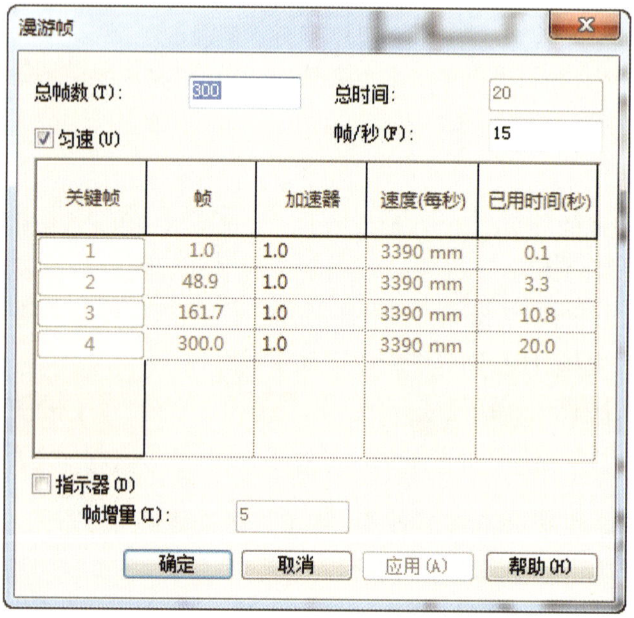

图 7.41

秒帧数修改相机的移动速度，为两者中的任何一个输入所需的值。若要修改关键帧的快捷键值，可取消勾选“匀速(U)”复选框，并在加速器列表中为所需关键帧输入值。加速器的有效值介于 0.1~10，一般取软件默认值即可，完成后单击“确定”按钮返回。

再次单击“漫游”选项板，显示如图 7.42 所示。

单击“上一关键帧”可将相机位置往回移动一关键帧。

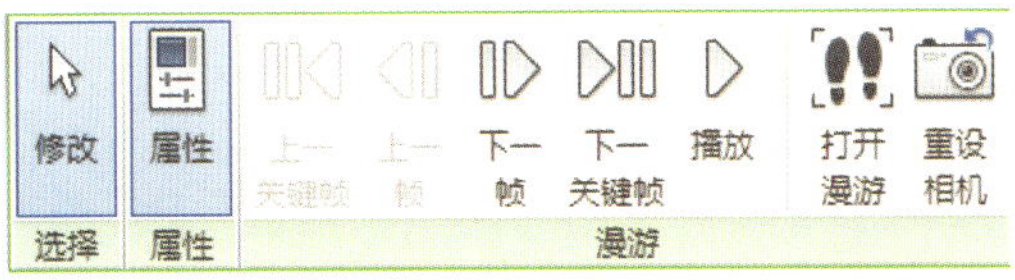

图 7.42

单击“上一帧”可将相机位置往回移动一帧。

单击“下一帧”可将相机位置往前移动一帧。

单击“下一关键帧”可将相机位置往前移动一关键帧。

单击“播放”可将相机从当前帧移动到最后一帧。

要停止播放，可单击左下角当前操作状态栏进度条旁的“取消”按钮或按“Esc”键。出现操作提示窗口时，单击“是”按钮。

5）导出漫游

漫游编辑完成后，就可以选择将其导出为视频文件或图片文件。单击R按钮→“导出”→“图像和动画”→“漫游”，打开“长度/格式”对话框，如图 7.43 所示。

图 7.43

在“长度/格式”对话框中，可以选择导出全部帧或部分帧。若为后者，则在“帧范围”内设置起点帧数、终点帧数、帧播放速度和时长。在“格式”中，可以设置视觉样式和输出尺寸，以及是否包含时间和日期戳，如图 7.44 所示。

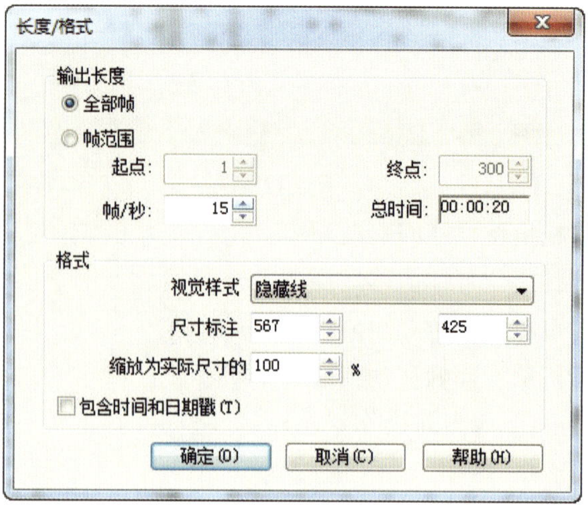

图 7.44

全部设定完毕后，单击“确定”按钮，打开“导出漫游”对话框。可以在“文件类型”下拉菜单中选择导出为 AVI 视频文件格式，或者 JPG、TIFF、BMP 等图片文件格式。

第 8 章

BIM 经典案例

8.1 深圳市孙逸仙心血管医院迁址新建工程项目

8.1.1 项目背景

深圳市孙逸仙心血管医院迁址新建工程项目位于深圳市南山区朗山路与科苑路交会处。项目用地面积 22 458 m^2，总建筑面积 88 470 m^2。主要包括新建医疗综合楼 1 栋，地上 20 层，建筑高度 93.15 m，结构采用钢筋混凝土框剪结构；新建行政办公楼 1 栋，地上 6 层，建筑高度 32.95 m。两栋共用三层地下室，地面上以连廊连接。概算总投资 51 419 万元。斯维尔 BIM 及绿色建筑咨询中心在该项目中负责业主方 BIM 咨询顾问总协调工作。

8.1.2 BIM 应用点

该项目 BIM 应用点如图 8.1 所示。

1 BIM招投标	2 项目实施导则	3 项目协同	4 模型创建	5 工程算量
6 管线综合	7 管线优化深化	8 预留预埋出图	9 净空检查	10 综合支吊架
11 绿色建筑分析	12 建筑功能沟通	13 建筑功能验证	14 质量安全管理	15 进度管理
16 场地布置	17 变更分析	18 施工方案验证	19 复杂节点指导	20 装饰效果确认
21 交互式浏览	22 设备运维支持	23 BIM物联网集成	24 经验教训分享	25 BIM培训

图 8.1

8.1.3 BIM 实施

1) BIM 招投标

对施工单位、BIM 咨询单位提出 BIM 能力要求，明确在投标时展示 BIM 技术能力，中标后需承担的 BIM 应用工作内容；对施工单位、BIM 咨询单位提出 BIM 团队人员及能力、软硬件 BIM 工作条件要求，投标人必须做出投标响应。

2) 制定项目实施导则

制定 BIM 应用目标，规划 BIM 实施路线，明确 BIM 应用要求，确定多方 BIM 协同工作机制，定义 BIM 模型创建与信息传递共享标准，指导 BIM 应用落地，如图 8.2 和图 8.3 所示。

XB

深圳市孙逸仙心血管医院迁址新建工程

Ver. 2. 01

BIM 实施导则

Work Guide for BIM

2014-08-01 发布　　2014-08-14 实施

深圳市斯维尔科技有限公司

深圳市建筑工务署　　联合发布

图 8.2

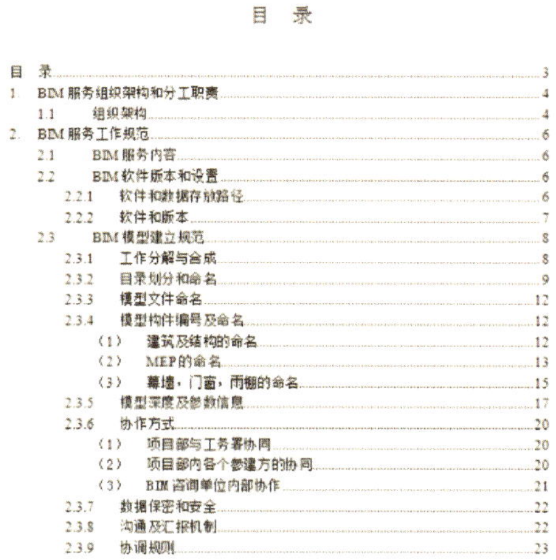

目　录

目　录 …… 3
1. BIM 服务组织架构和分工职责 …… 4
1.1 组织架构 …… 4
2. BIM 服务工作规范 …… 6
2.1 BIM 服务内容 …… 6
2.2 BIM 软件版本和设置 …… 6
2.2.1 软件和数据存放路径 …… 6
2.2.2 软件和版本 …… 7
2.3 BIM 模型建立规范 …… 8
2.3.1 工作分解与合成 …… 8
2.3.2 目录划分和命名 …… 9
2.3.3 模型文件命名 …… 12
2.3.4 模型构件编号及命名 …… 12
（1） 建筑及结构的命名 …… 12
（2） MEP 的命名 …… 13
（3） 幕墙，门窗，雨棚的命名 …… 15
2.3.5 模型深度及参数信息 …… 17
2.3.6 协作方式 …… 20
（1） 项目部与工务署协同 …… 20
（2） 项目部内各个参建方的协同 …… 20
（3） BIM 咨询单位内部协作 …… 21
2.3.7 数据保密和安全 …… 22
2.3.8 沟通及汇报机制 …… 22
2.3.9 协调规则 …… 23

图 8.3

3) 项目协同

搭建项目参建多方协同工作平台，提供工程资料信息共享、流程审批等功能，提高沟通效率，降低沟通成本，如图 8.4 所示。

图 8.4

4) BIM 模型创建

依据项目实施导则创建建筑、结构、机电、幕墙、装饰等专业 BIM 模型(图 8.5),此模型为后续各项 BIM 应用的工作基础。如发现设计图纸描述不清、表述错误等图纸问题,整理成图纸问题报告,提交设计院审查。

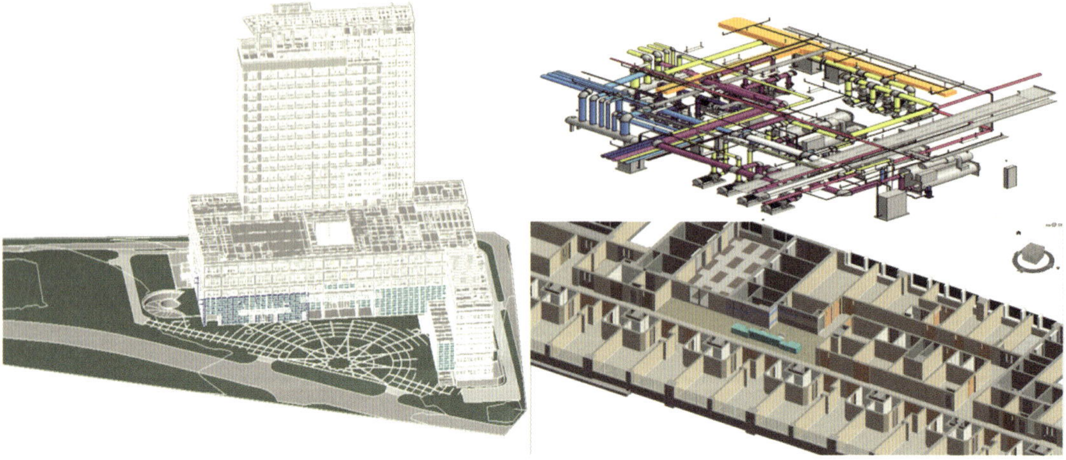

图 8.5

5) 工程算量

基于已创建的 BIM 模型,利用斯维尔三维算量 for Revit,直接快速计算出清单工程量、定额工程量、实物量,并与三维算量 for Cad 计算的结果及招标工程量清单进行校核比较,用于造价控制,如图 8.6 所示。

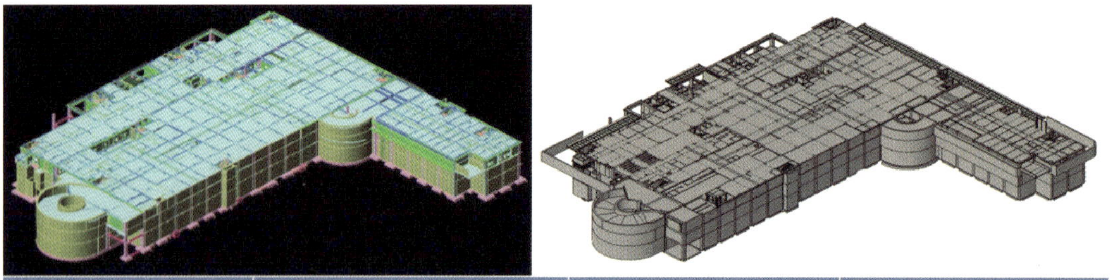

主要比较项目	三维算量for Cad	三维算量for Revit	差异
柱	1043.68 m^3	1046.22 m^3	-0.21%
墙	8733.49 m^3	8721.73 m^3	0.07%
梁板	7856.11 m^3	7863.29 m^3	0.09%
满堂基础	11339.86 m^3	11338.84 m^3	0.0%

图 8.6

6）管线综合

把各专业繁杂的管线（风管、桥架、消防、给排水、医用气体、物流系统等）与建筑结构专业 BIM 模型综合在一起，发现设计中各专业冲突问题，形成设计管线综合报告，提升设计质量，图 8.7 为 B1 管综三维图。

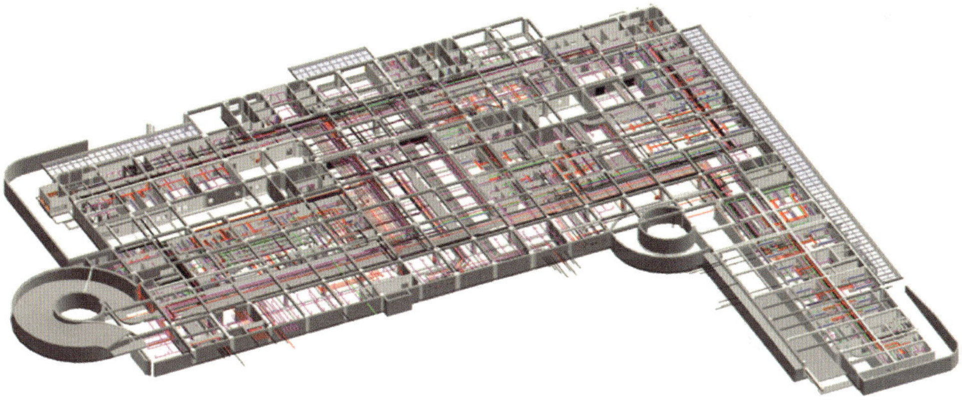

图 8.7

7）管线深化、优化

利用管综模型，对各个专业的管线进行重新排布，消除碰撞，优化排布形式，便于施工，节省材料费用，提升设计深度、设计质量，如图 8.8 所示。

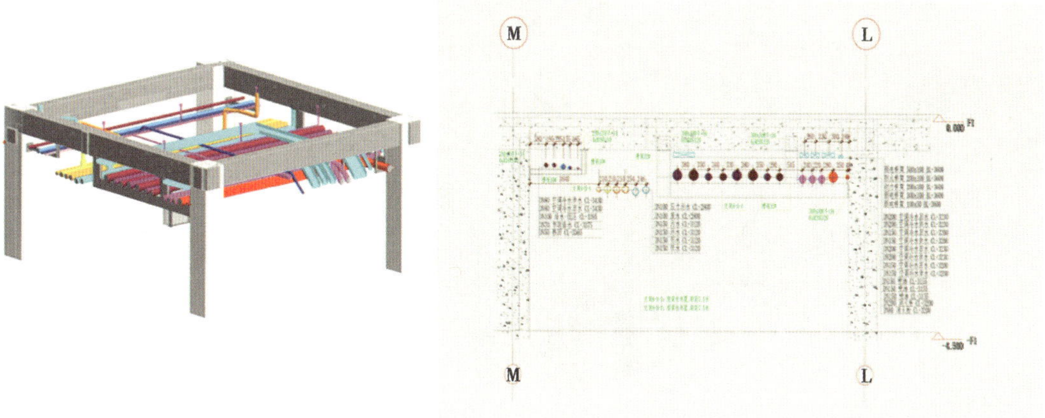

图 8.8

8）预留预埋出图

利用深化、优化后的模型，生成管线穿过墙、板的精确定位信息的二维图（图 8.9）。预留预埋孔洞避免了结构施工完成后，打孔对结构的破坏，去除了打洞的工序，提高了施工工作效率和工程质量。

图 8.9

9)净空检查

利用 BIM 模型检查管线和设备比较密集的地方以及重要功能空间,确保建筑空间满足使用要求,避免留下限高的建筑遗憾,如图 8.10 所示。

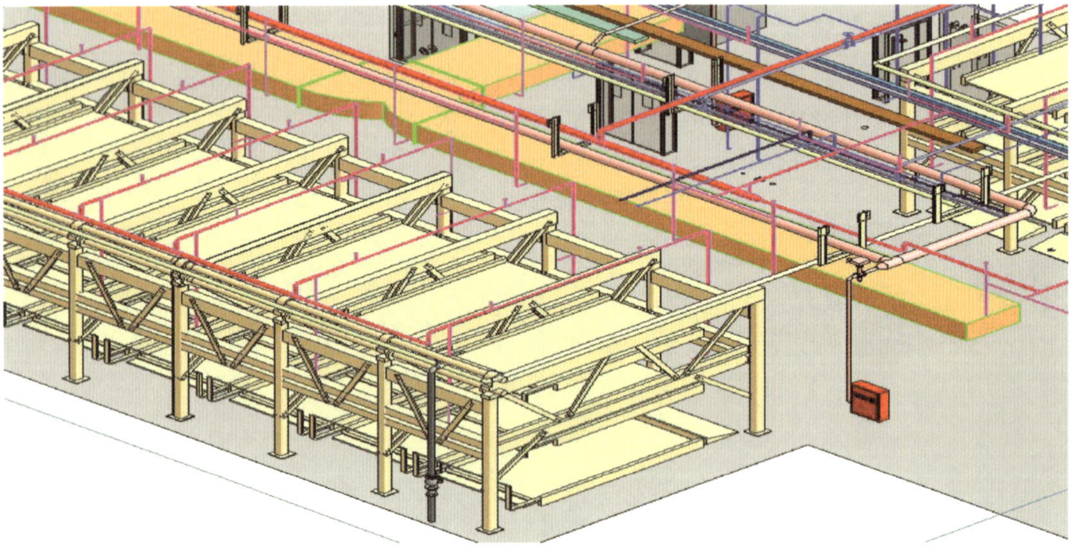

图 8.10

10)综合支吊架

利用已经深化和优化后的管线的 BIM 模型,按照受力要求,确定综合支吊架的位置(图 8.11),便于施工及后期管线的更换维护。

图 8.11

11) 绿色建筑分析

通过绿色建筑分析，让建筑符合“四节一环保”的绿色建筑要求，让建筑与环境更为和谐友好，让建筑居住环境更为健康。图 8.12 所示为日照分析，图 8.13 所示为采光分析，图 8.14 所示为通风分析。

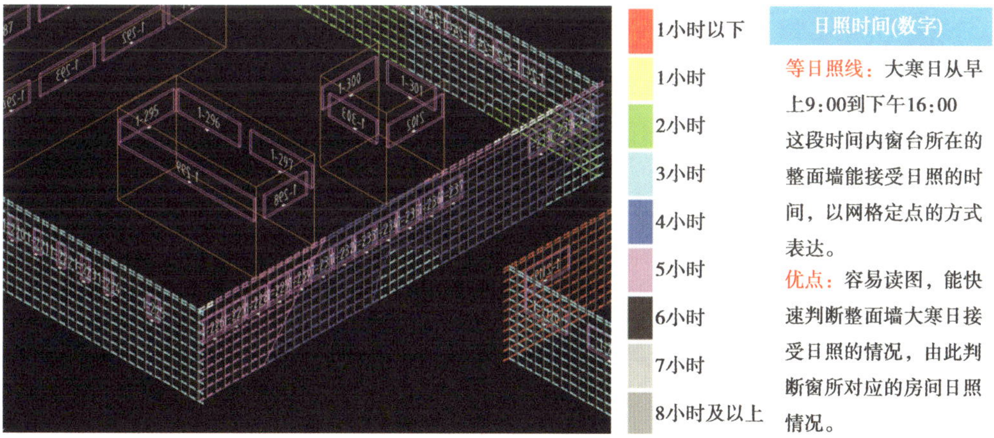

图 8.12

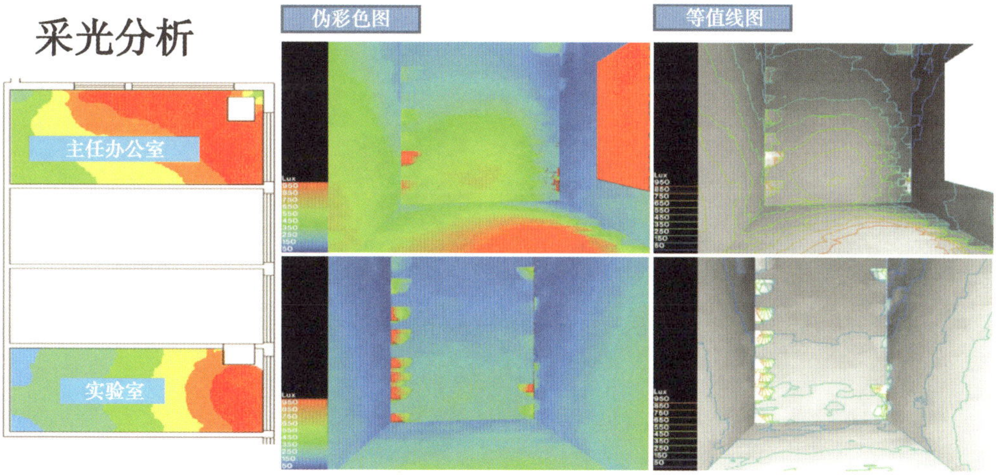

图 8.13

图 8.14

12) 建筑功能沟通

利用三维模拟技术，在未来的建筑空间中，让人身临其境地感受建筑的空间和功能设计，解决非建筑专业人士理解图纸困难的问题，如图 8.15 所示。

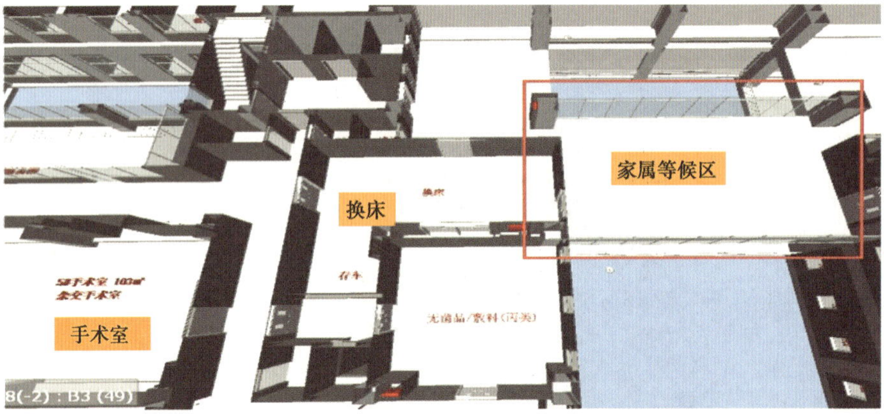

图 8.15

验证建筑空间设计以及建筑通道空间连通设计是否满足使用要求，大型设备摆放与通过通道的运输、转弯要求，如图 8.16 所示。

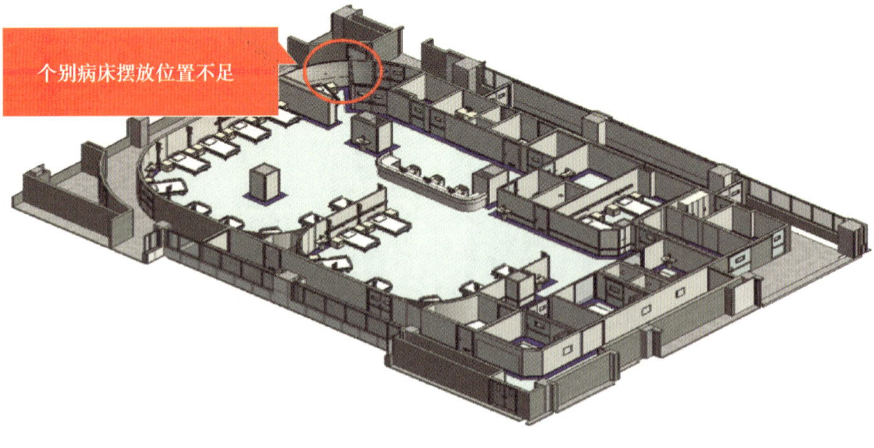

图 8.16

13) 质量安全管理

搭建质量安全巡检平台，将 BIM 模型、施工图纸、工程规范等资料导入到 PAD 中，供业主、监理在工地巡检发现工程质量安全问题时，随时获取资料的依据支持。增强了质量安全管理技术手段，发现现场问题时，可以及时进行处理，打印出书面处理文书；提升了质量安全管理水平，智能手机版移动质量安全巡检系统支持 android 与 IOS，监理开出的处罚单与告知书包括照片证据可通过二维码分享给相关人员，如图 8.17 和图 8.18 所示。

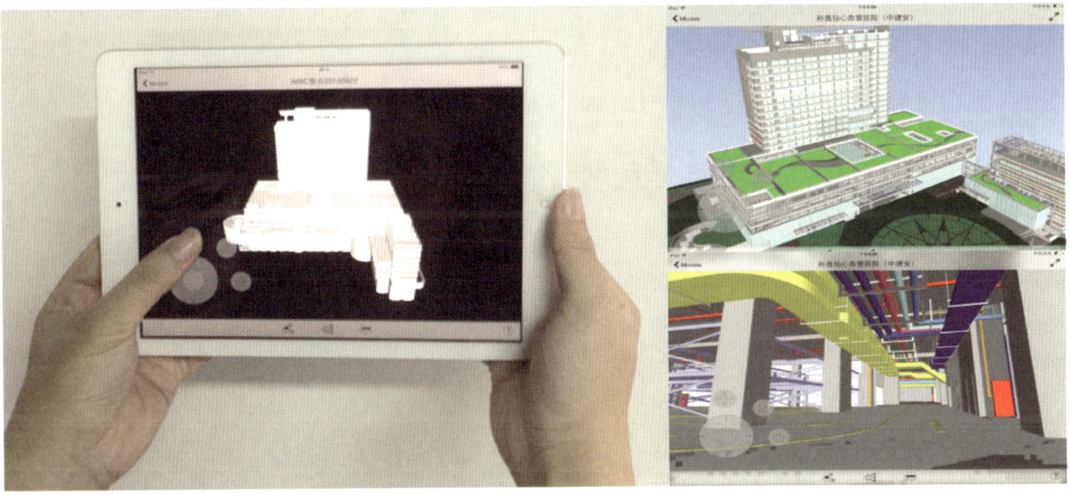

图 8.17

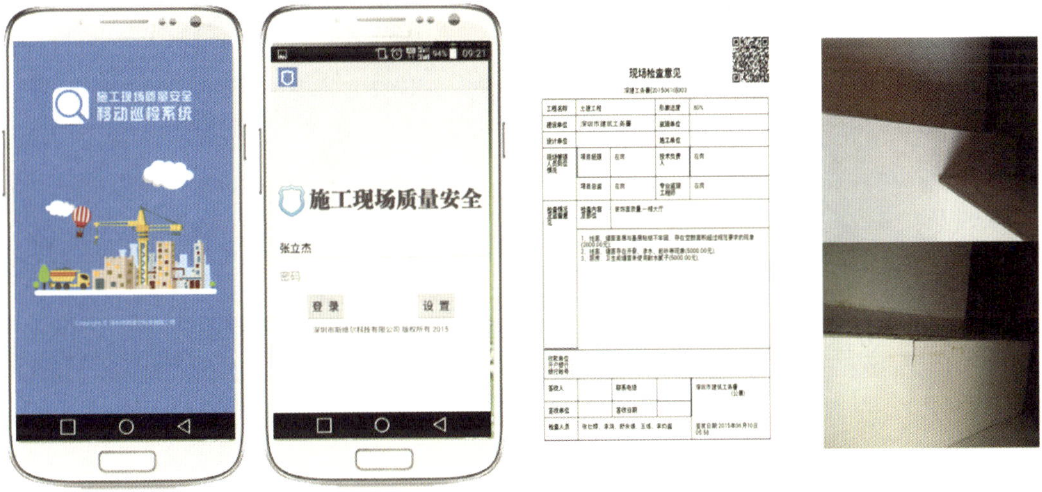

图 8.18

14) 进度管理

利用 BIM 模型跟踪工程进度，以周为单位，实时直观、精确地反映施工计划执行情况，便于精确掌控工程进度，如图 8.19 所示。

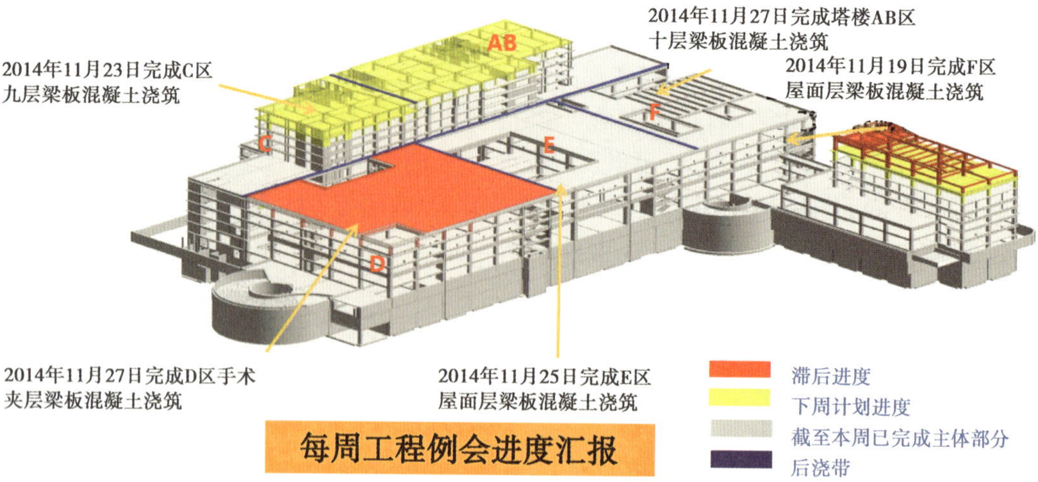

图 8.19

15) 场地布置

利用 BIM 模型和仿真技术实现施工场地模拟(图 8.20),用于进度协调、场地周转利用、工地周边环境交通影响、安全文明施工管理。

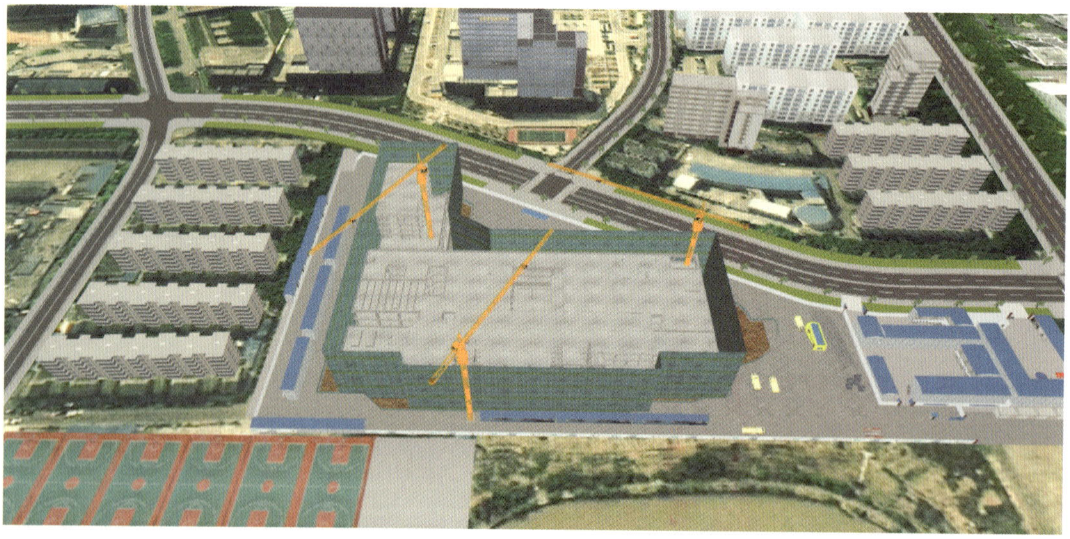

图 8.20

16) 变更分析

利用斯维尔 BIM 算量软件自动分析对比两版图纸差异,在新版图纸上标识出修改变化部分的内容,便于变更控制,如图 8.21 所示。

利用斯维尔 BIM 算量软件自动分析变更前的 BIM 模型和变更后的图纸差异,对差异部分自动进行标识,便于变更管理,如图 8.22 所示。

利用斯维尔 BIM 算量软件对变更前后的模型进行工程量分析后,进一步对变更前后的工程造价进行分析比较,自动生成差异报告,如图 8.23 所示。

图 8.21

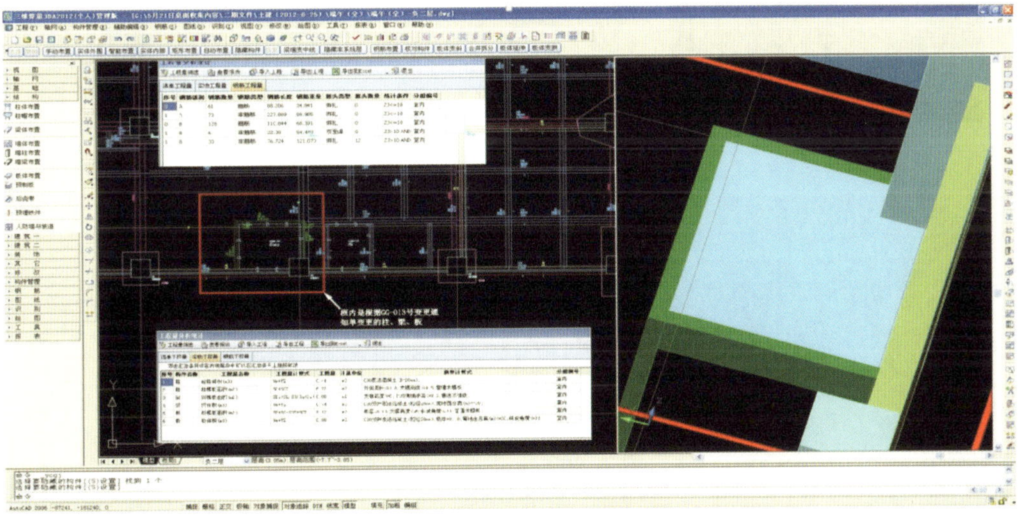

图 8.22

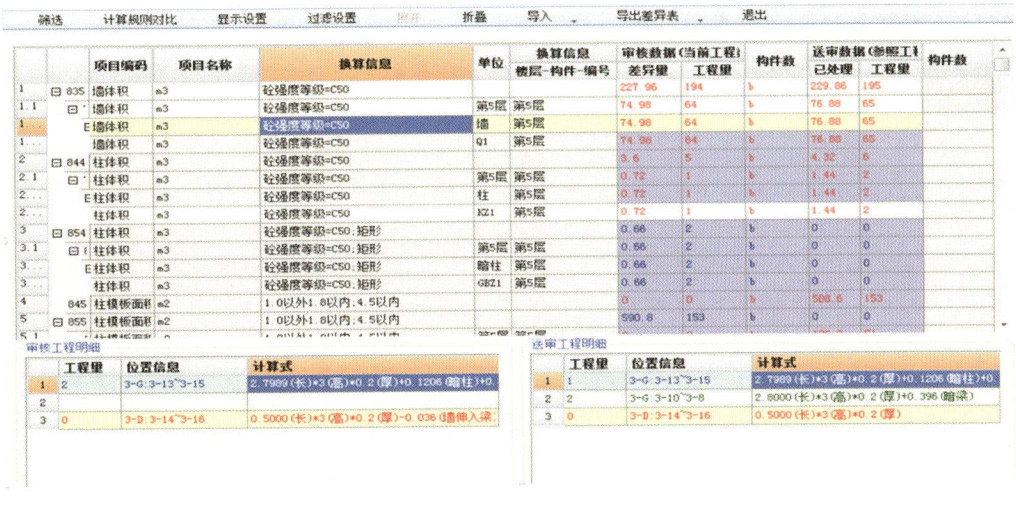

图 8.23

17)施工方案验证

利用 BIM 模型或利用 VR 技术及动画技术表达施工技术,讨论和验证施工技术和施工方法与工序是否合理可行,优化施工方案,提高施工安全性和施工效率,如图 8.24、图 8.25 所示。

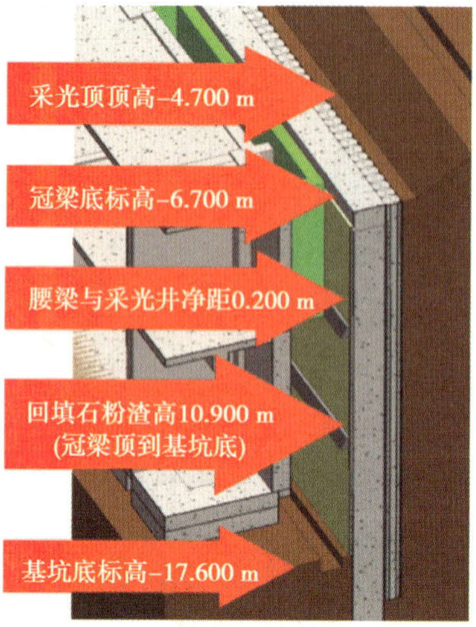

地下室外墙距离基坑腰梁为0.2~1.5 m,无法按设计要求采用回填土以机械压实方式回填,而需采用石渣粉灌水振捣夯实。

图 8.24

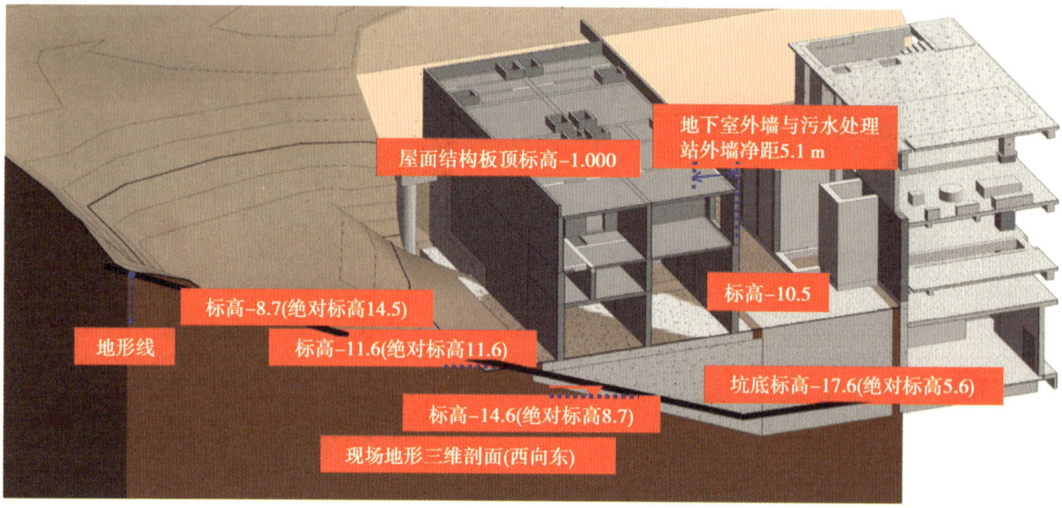

图 8.25

18)施工指导

对复杂构造节点的设计图纸,建立精细 BIM 模型,完整地表达出设计意图,便于施工人员准确理解设计图纸,如图 8.26 所示。

利用 BIM 模型,对复杂的管线安装定位生成局部剖面图,方便施工人员安装时对管线进行定位,从而提高施工效率,如图 8.27 所示。

图 8.26

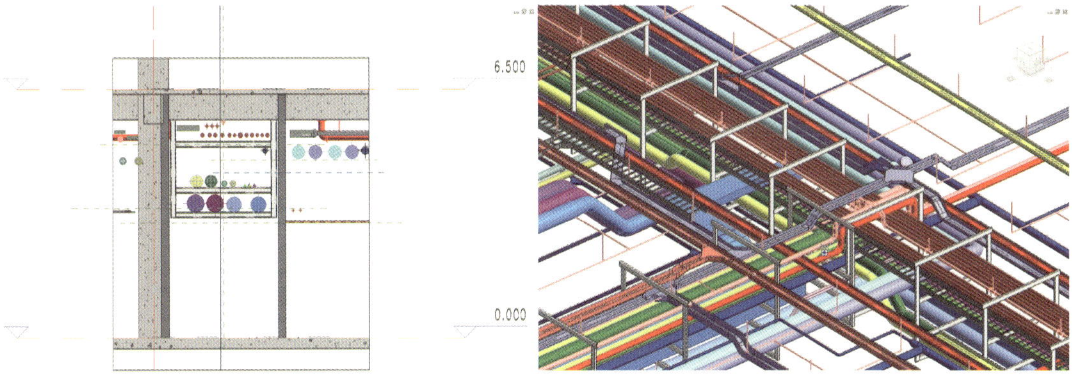

图 8.27

19) 装修效果确认

利用 BIM 模型，对建筑主要功能区域的精装效果进行模拟（图 8.28），方便业主对装饰风格、材料选型、色调搭配进行对比，评判装修档次，辅助科学决策。

图 8.28

利用 BIM 模型精装效果模拟，验证机电末端设施在天花板、墙面的定位合理性（图 8.29），用于装修施工指导与装修验收。

图 8.29

20）交互式虚拟建筑浏览

将 BIM 模型轻量化后，利用游戏技术展示建筑以及建筑外部环境，通过互联网的浏览器访问模型。访问者可以像玩游戏一样置身于这个虚拟的场景，能够身临其境地沉浸在虚拟现实环境中，进而了解这个项目的空间、设备、设施、功能、服务措施等，如图 8.30 所示。

图 8.30

医院建成后，患者在就诊前通过医院网站访问该模型，在虚拟的医院环境中行走，了解就医路线和问诊流程，可用于导诊，如图 8.31 所示。

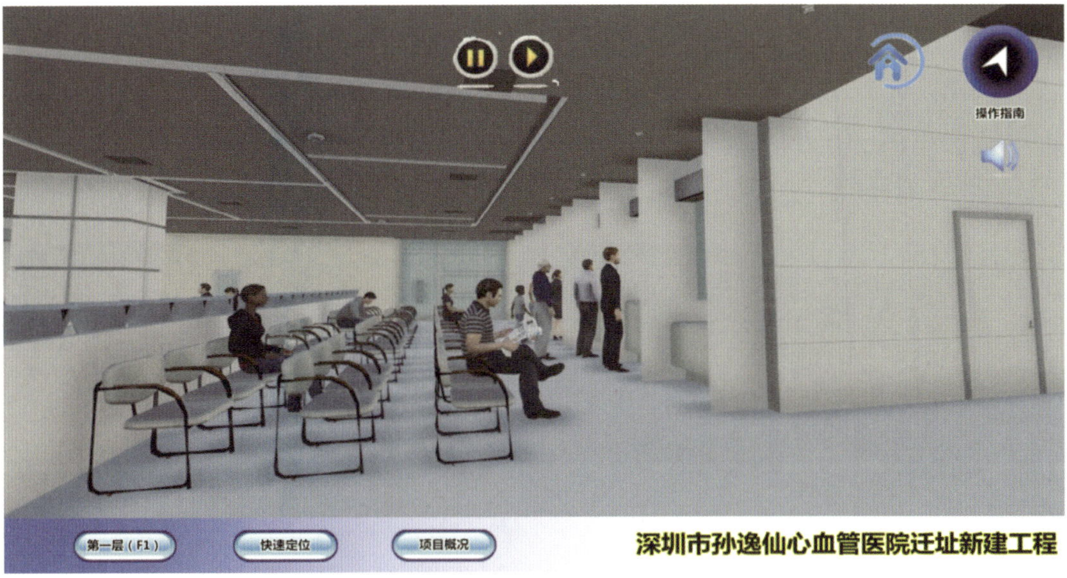

图 8.31

21) 设备运维支持

在 BIM 模型中，集成运行参数、采购信息、厂商与供应商信息、维护保养联系信息、使用手册、维护保养手册、维护保养记录，方便后期运维管理、信息查询，如图 8.32 所示。

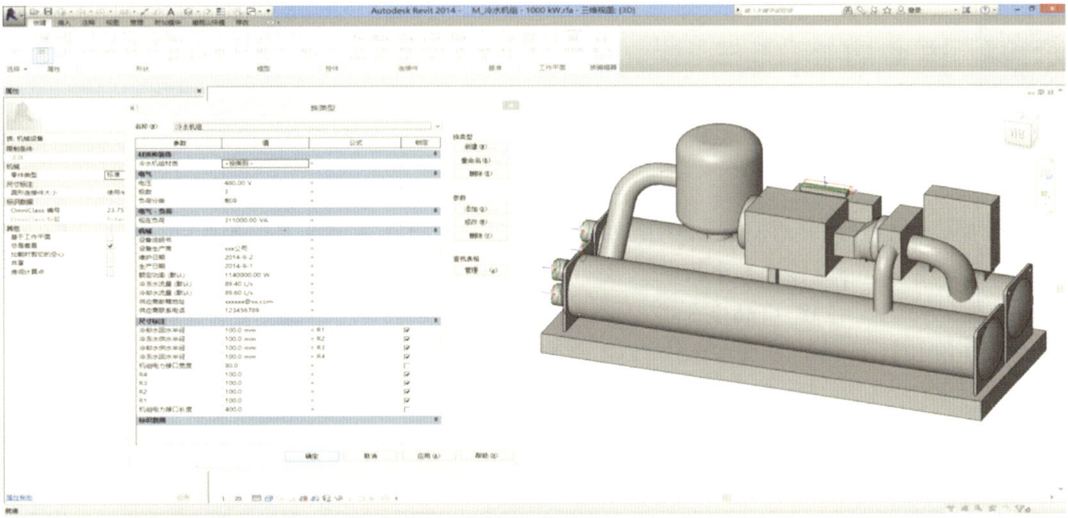

图 8.32

22) BIM-物联网集成

利用 BIM 模型生成二维码，使用移动终端扫描机电设备上的二维码，自动关联实体设备到 BIM 模型，可服务于智能建筑，如图 8.33 所示。

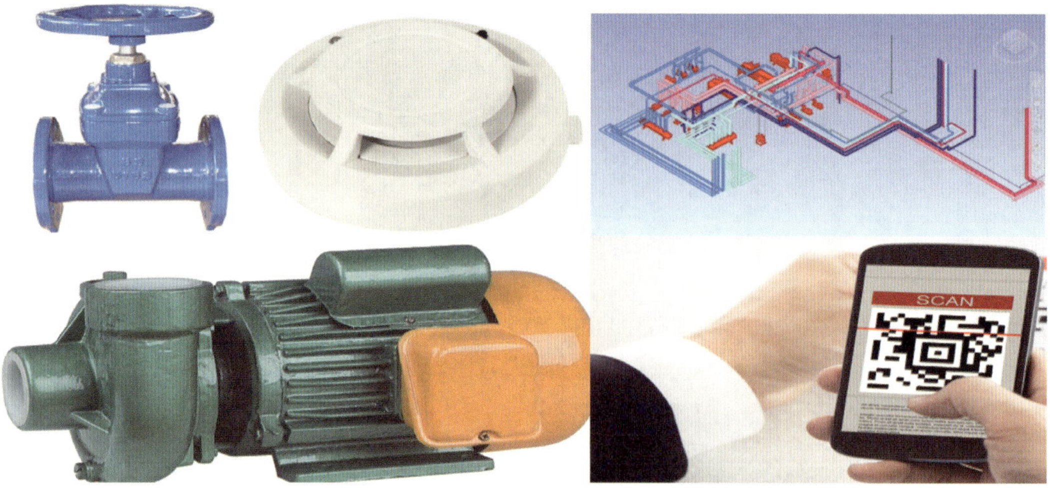

图 8.33

23) BIM 培训

开展 BIM 应用培训，让参建各方相关管理和技术人员了解 BIM 理念、技术和应用方法，以便在工程实施过程中用统一的“BIM”语言进行沟通交流和协同工作。

8.2 崇文花园项目

8.2.1 项目背景

该项目位于深圳市南山区，总用地面积 21 607 m^2，总建筑面积 229 896 m^2，地下 2 层、裙房 3 层，以上共 3 栋塔楼。1、2 栋为高层办公楼，层高 24 层，建筑高度 99.85 m；3 栋为超高层办公楼，层高 35 层，建筑高度 148.45 m。

斯维尔 BIM 及绿色建筑咨询中心在该项目中负责 BIM 咨询顾问总协调工作。

8.2.2 BIM 应用点

崇文花园项目 BIM 应用点如图 8.34 所示。

1 模型创建	2 设计纠错	3 净空优化	4 管线综合	5 机房预制
6 预留预埋	7 深化出图	8 仿真漫游	9 高支模模拟	10 铝模板模拟
11 爬架模拟	12 成品支吊架	13 管理平台应用	14 施工策划	15 进度管理
16 成本管理	17 质量管理	18 安全管理	19 在线工地监控	20 VR仿真

图 8.34

8.2.3　BIM 实施

1) 模型创建

依据项目实施导则创建建筑、结构、机电、幕墙、装饰等专业 BIM 模型(图 8.35、图8.36),此模型为后续各项 BIM 应用的工作基础。

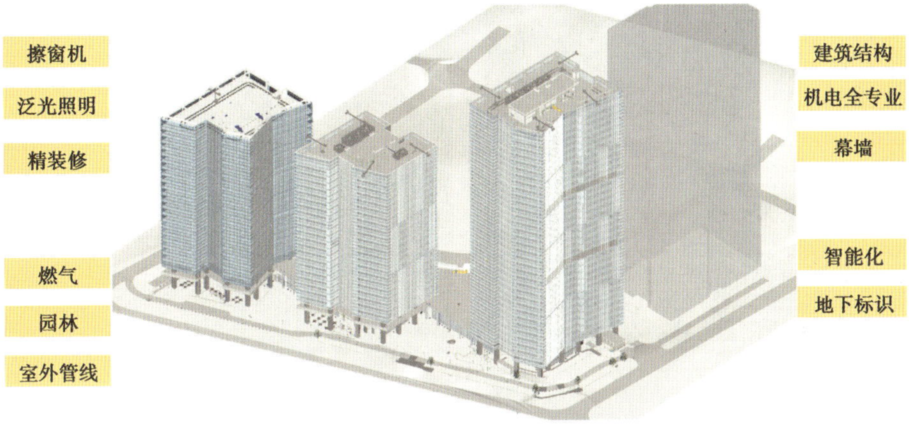

图 8.35

图 8.36

2) 设计纠错

发现设计图纸描述不清、表述错误等图纸问题,整理成图纸问题报告,并提交设计院审查,如图 8.37 和图 8.38 所示。

240个

图纸问题

区域/专业	建筑	结构	暖通	给排水	电气	共计
地下室	37		10	10	6	63
裙楼	17		6	6	4	33
塔楼1	9	7	13	3	5	37
塔楼2	16	27	10	5	4	62
塔楼3	20		12	8	5	45

63078处

碰撞问题

区域	碰撞点数量	备注
地下室	9629	
裙楼	4993	
塔楼1	18429	
塔楼2	8832	
塔楼3	21195	

图 8.37

<table>
<tr><td>项目名称</td><td colspan="7">深圳崇文花园三期项目</td></tr>
<tr><td>记录人</td><td>艾鹏</td><td>记录日期</td><td>2016.06.02</td><td>问题类型</td><td>综合问题</td><td>状态</td><td>未解决</td></tr>
<tr><td>图号、图名、版本</td><td colspan="3">HZ1001-04-DS2-62~63(地下室动力平面图)</td><td>收图日期</td><td></td><td>专业</td><td>机电</td></tr>
<tr><td rowspan="2">问题描述</td><td colspan="3" rowspan="2">地下室电气柜碰撞消防泵，电气建筑底图和空调水建筑底图对不上</td><td>标高</td><td>地下一层</td><td rowspan="2">问题编号</td><td rowspan="2">2</td></tr>
<tr><td>轴号</td><td>10-11与G-H轴线</td></tr>
<tr><td colspan="4">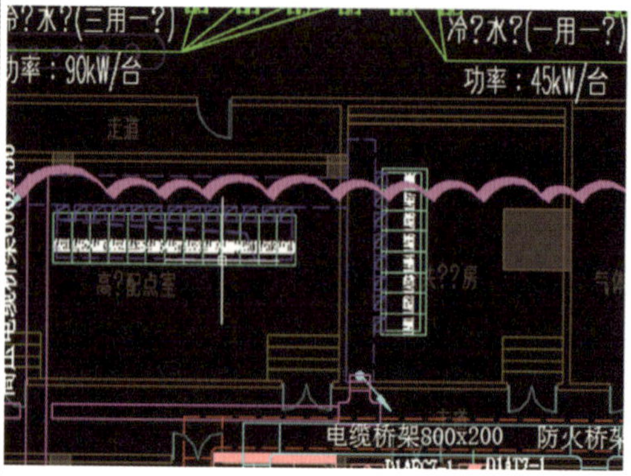</td><td colspan="4"></td></tr>
<tr><td>设计师意见：</td><td colspan="7"></td></tr>
</table>

图 8.38

3) 净空优化

利用管综模型，对各个专业的管线进行重新排布，消除碰撞，优化排布形式，提升建筑净空，如图 8.39 所示。

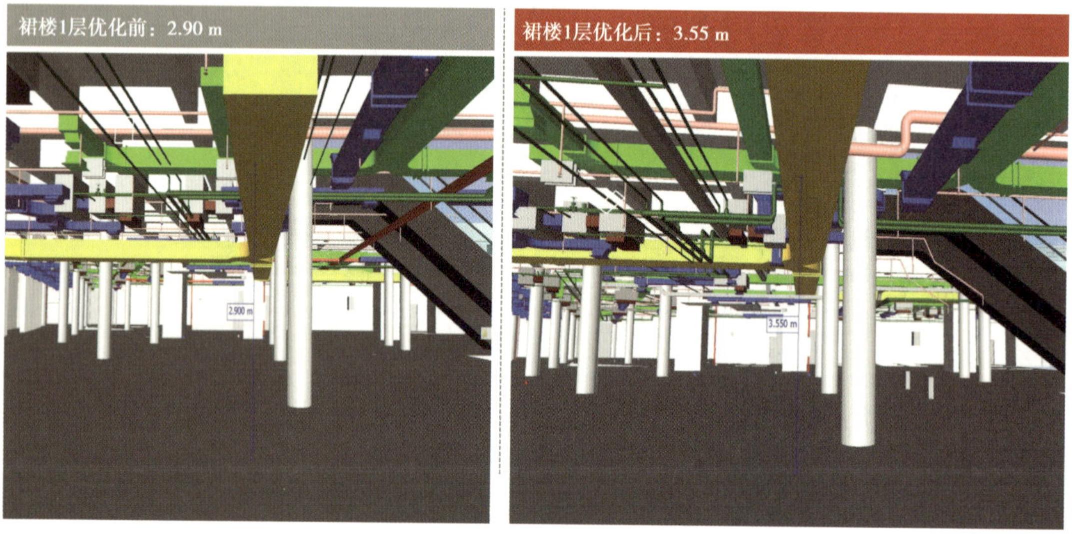

图 8.39

4) 管线综合

把各专业繁杂的管线（风管、桥架、消防、给排水等）与建筑结构专业 BIM 模型综合在一起，发现设计中各专业冲突问题，调整并消除其中的碰撞，合理排布各管线路由，提升设计质量，如图 8.40 所示。

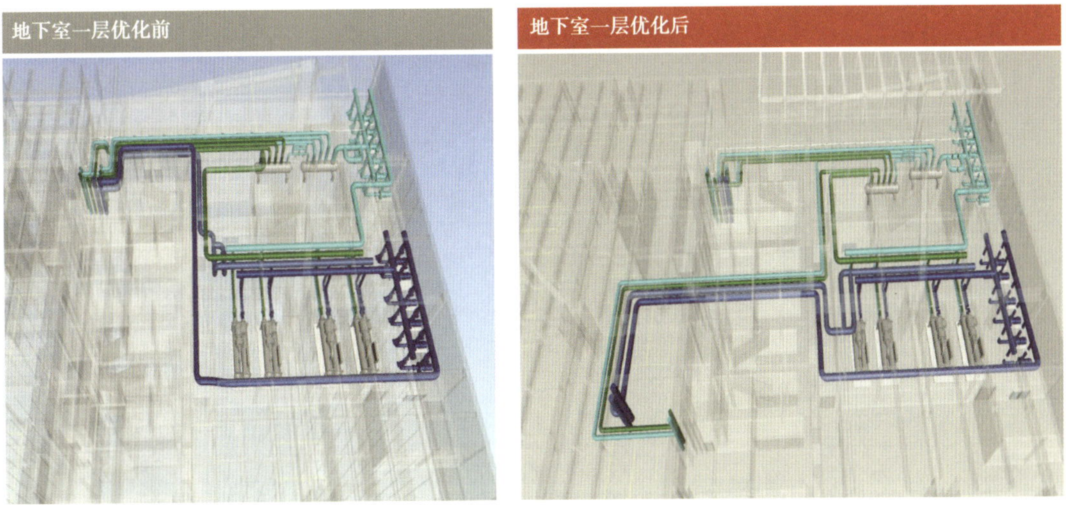

图 8.40

5)机房预制

机电装配化施工主要是在工作面尚未形成时,通过精准建模、管道提前制作,待施工面完成后,将预制管段运至施工现场,进行现场装配施工以缩短现场施工时间,如图 8.41、图 8.42所示。机电工厂化预制施工各个环节需严格控制,任何一个环节出现差错都有可能导致大量返工。

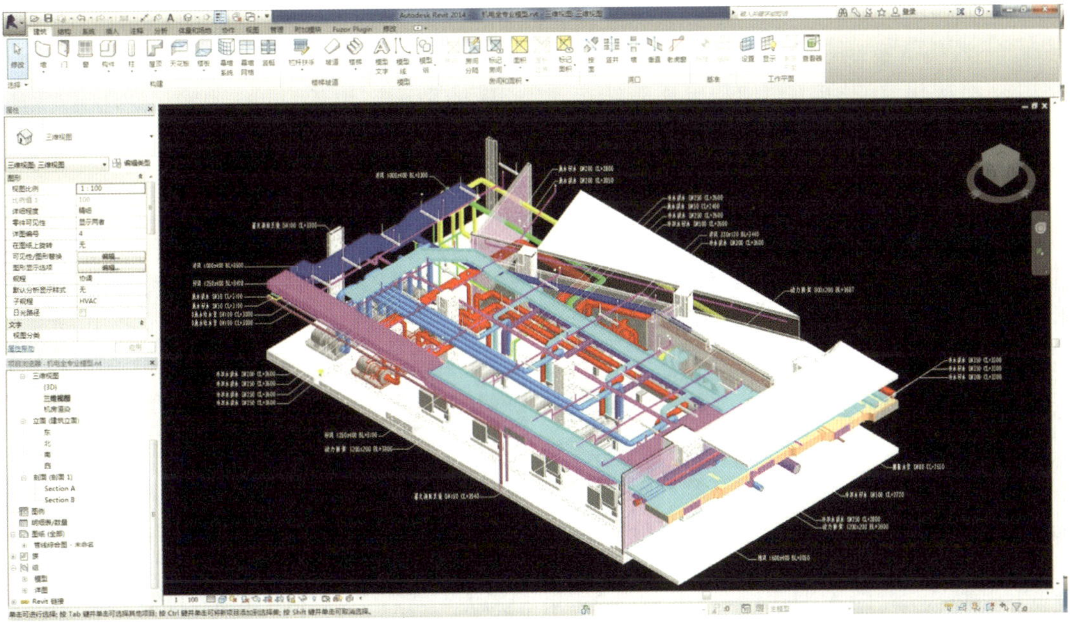

图 8.41

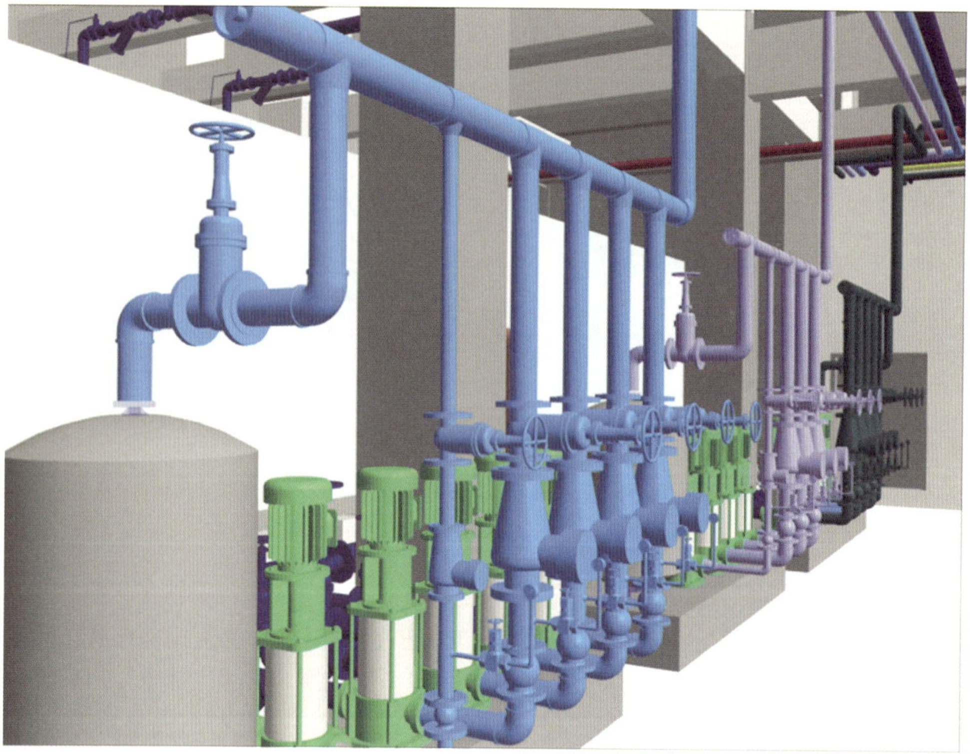

图 8.42

6) 预留预埋

利用深化、优化后的模型，生成管线穿过墙、板的精确定位信息的二维图，如图 8.43 所示。预留预埋孔洞避免了结构施工完成后，打孔对结构造成的破坏，去除了打洞的工序，提高了施工工作效率和工程质量。

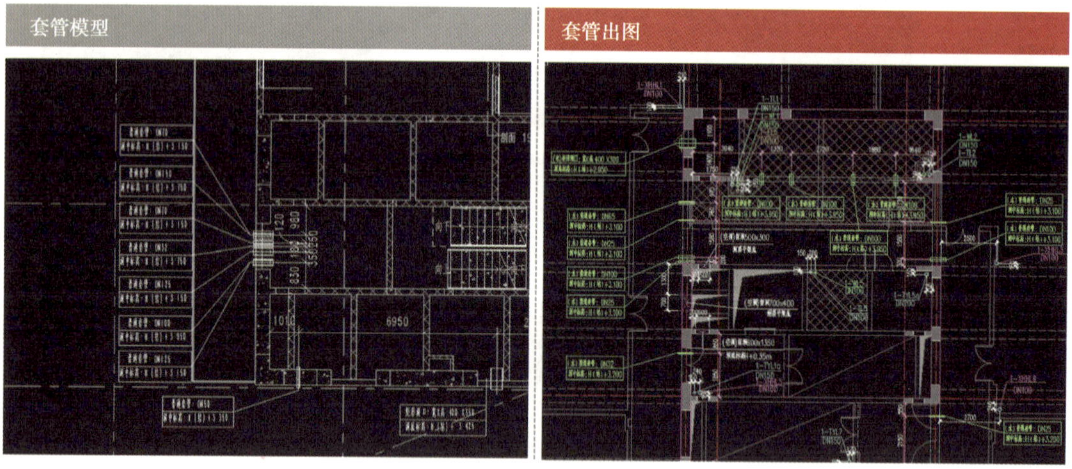

图 8.43

7) 深化出图

根据管综优化后的三维模型，直接生成各专业的管道布置图纸和管线综合布置图，用于指导现场施工，如图 8.44 所示。

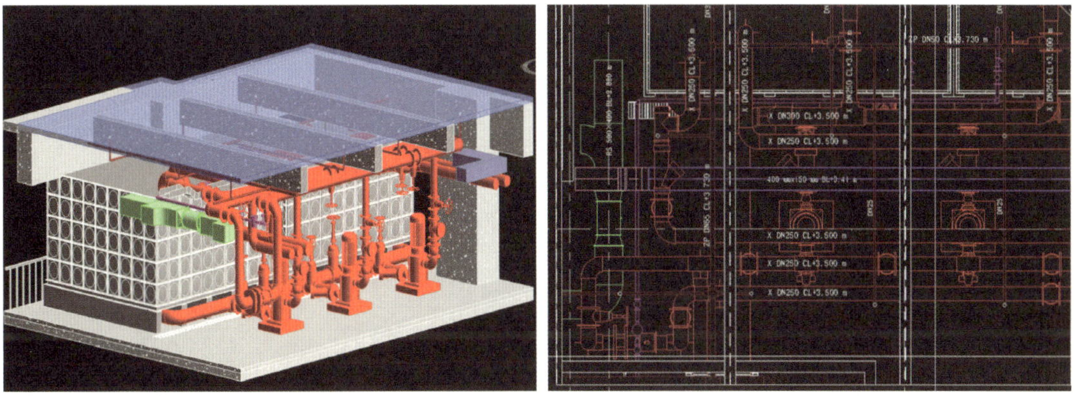

图 8.44

8) 仿真漫游

在 BIM 漫游应用中，人们能够在一个虚拟的三维环境中，用动态交互的方式对未来的建筑进行身临其境的全方位审视（图 8.45）：可以从任意角度、距离和不同的精细程度观察场景；可以选择并自由切换多种运动模式，如行走、驾驶、飞翔等，并可以自由控制浏览的路线；而且在漫游过程中，还可以实现多种设计方案、多种环境效果的实时切换并进行比较。

图 8.45

9) 高支模模拟

高支模是工程施工中的重难点，可以通过预先建立好的高支模模型辅助施工单位进行施工组织设计，如图 8.46 所示。

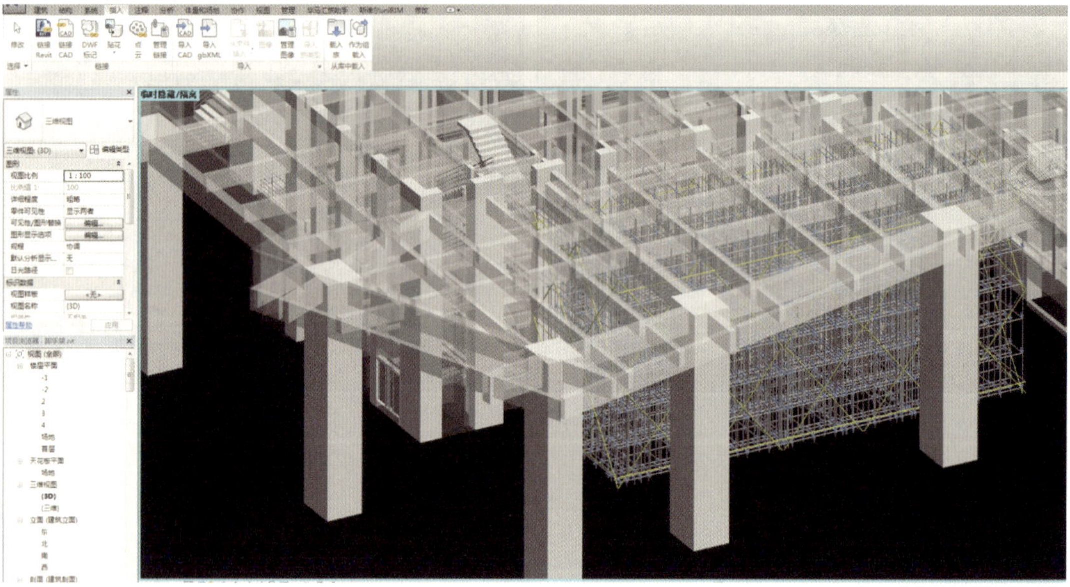

图 8.46

10) 铝模板模拟

通过建立精细化的铝模模型辅助铝模预拼装及施工（图 8.47），解决了预留预埋、精准定位的问题。

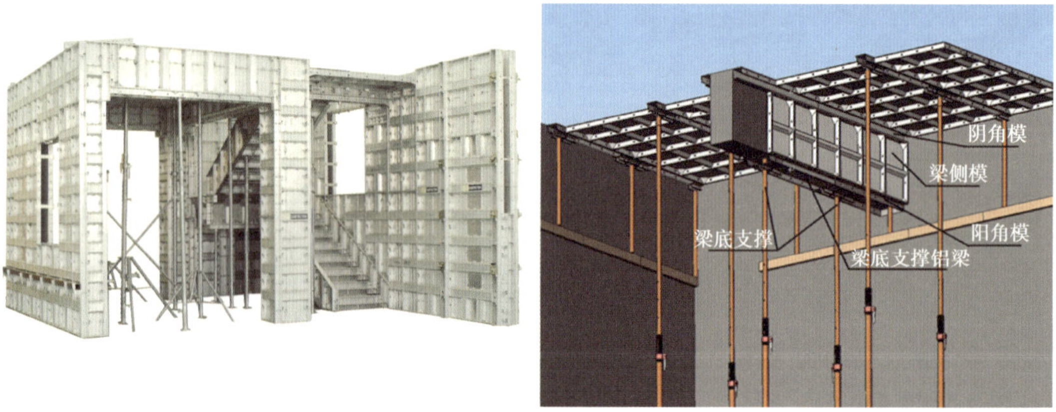

图 8.47

11) 爬架模拟

通过预先建立好的爬架模型，可以辅助施工单位进行施工组织设计，指导现场的爬架安装，如图 8.48 所示。

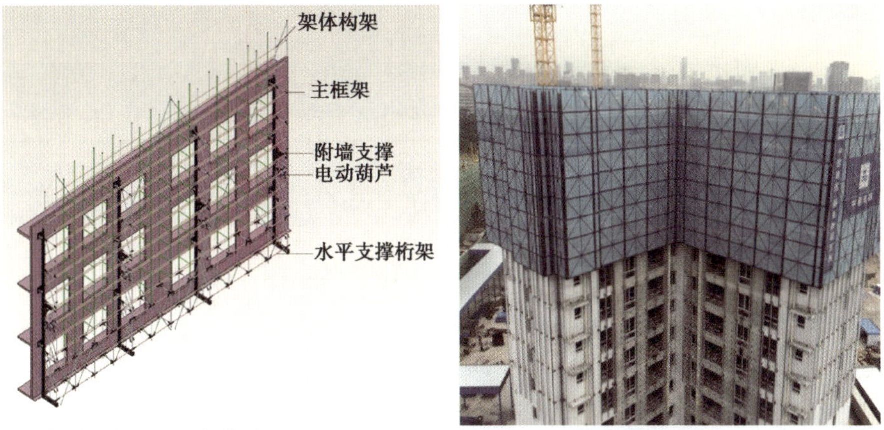

爬架模型　　　　爬架施工

图 8.48

12) 成品支吊架

通过合理的管线综合优化后，在模型中创建合适的成品支吊架模型，并将模型发送给支吊架生产工厂，生产完毕后运送到施工现场进行安装，如图 8.49 所示。

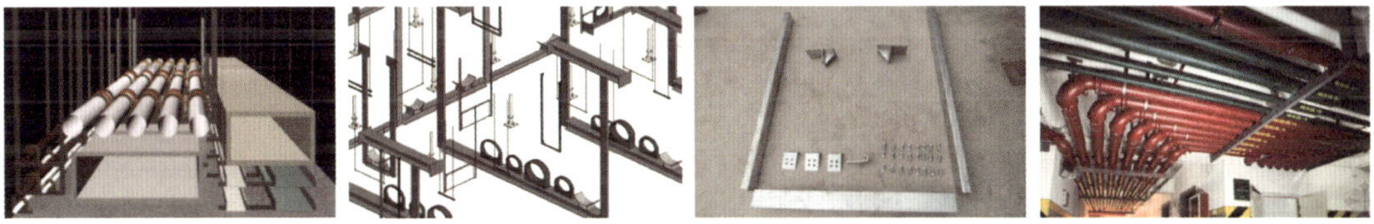

BIM模型建立及深化　　支架设计分析计算　　支架工厂加工生产　　支架现场组合安装

图 8.49

13) 管理平台应用

(1) 硬件平台搭设

项目初期即为项目量身定制搭建了项目硬件平台及千兆网格，项目现场 WIFI 全覆盖，如图 8.50 所示。

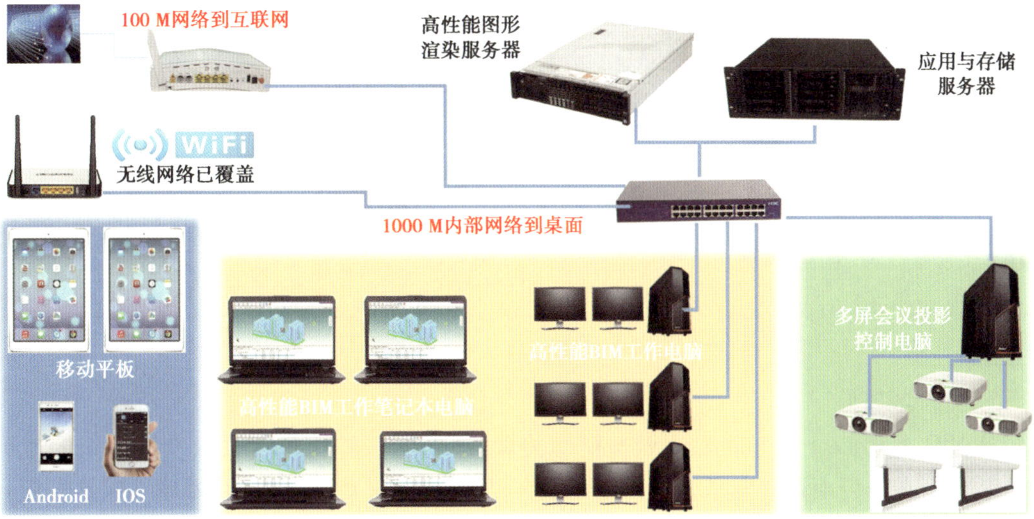

图 8.50

(2)平台功能(图 8.51)

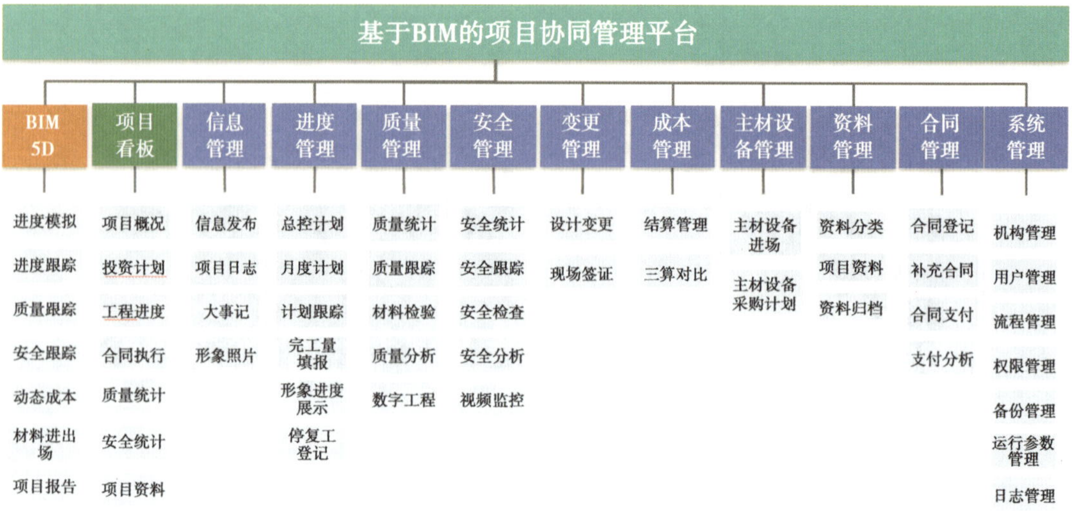

图 8.51

(3)模型轻量化

斯维尔多年研发积累的跨平台基于 Web 的 BIM 模型浏览器技术,通过高效算法计算视口裁剪与模型遮挡关系,通过 BIM 浏览器可轻松浏览超大体量的 BIM 模型,实现对单栋 30 万 m^2以上的建筑全专业模型进行实时浏览。可在浏览器中对三维 BIM 模型放大、缩小、视区平移、剖切、测量,可以查看模型属性,对模型进行标记、视口保存与载入等操作,如图 8.52所示。

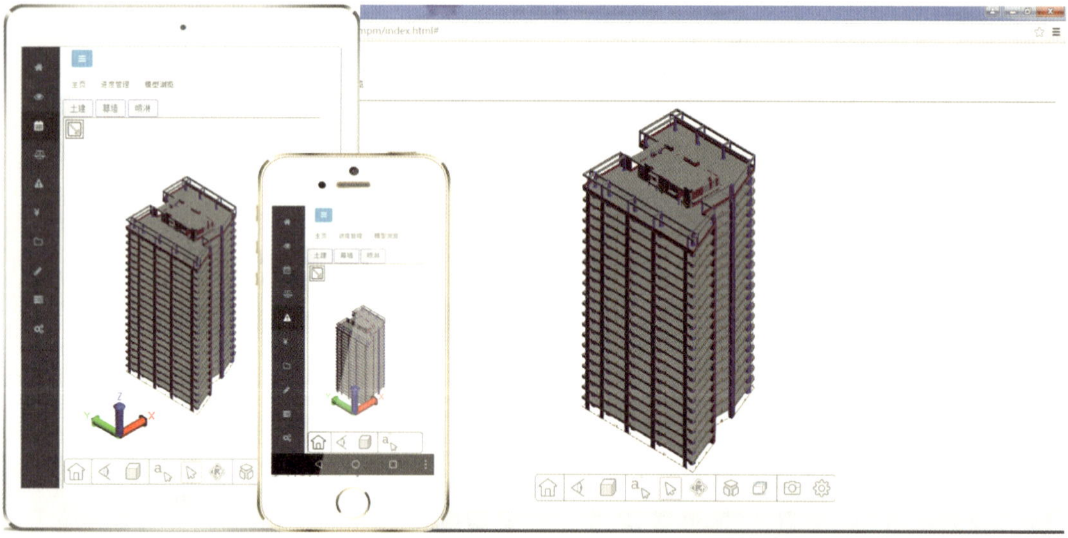

图 8.52

(4)进度管理

通过导入 Project 施工进度计划与模型关联,根据实际施工进度录入实际开工完工时间。软件动态分析项目进度是否与计划相符合,如存在差异可分色显示,方便实时掌控项目进度,及时调整施工方案,如图 8.53 和图 8.54 所示。

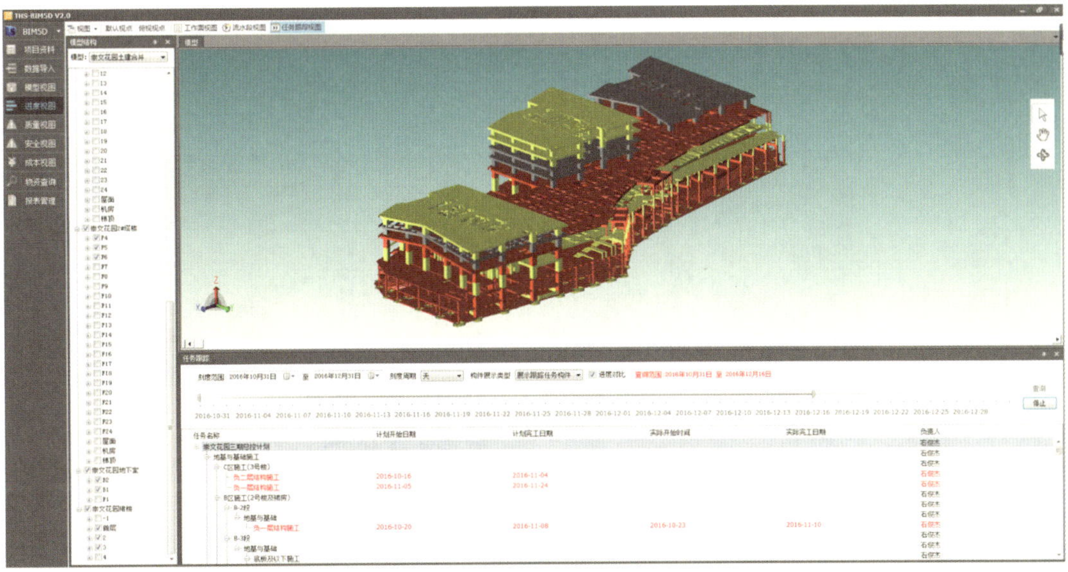

图 8.53

图 8.54

(5)成本管理

可进行进度工程量分析、投资完成统计分析、进度款计算、主要材料进度用量与费用分析、主要设备用量分析等操作，如图 8.55 所示。

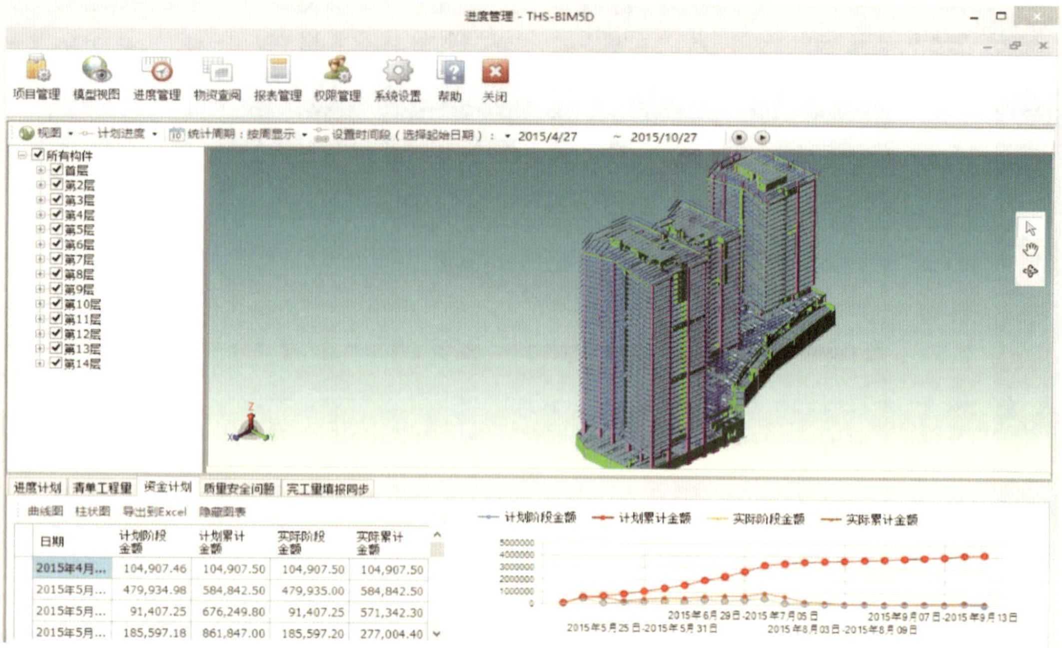

图 8.55

(6)质量管理

可通过手机或 Ipad 客户端在现场拍照采集质量问题,并上传到平台,并指定责任人。责任人对质量问题进行处理,然后复核与关闭该问题,最后对质量问题进行统计、归档,如图 8.56、图 8.57、图 8.58 所示。

图 8.56

图 8.57

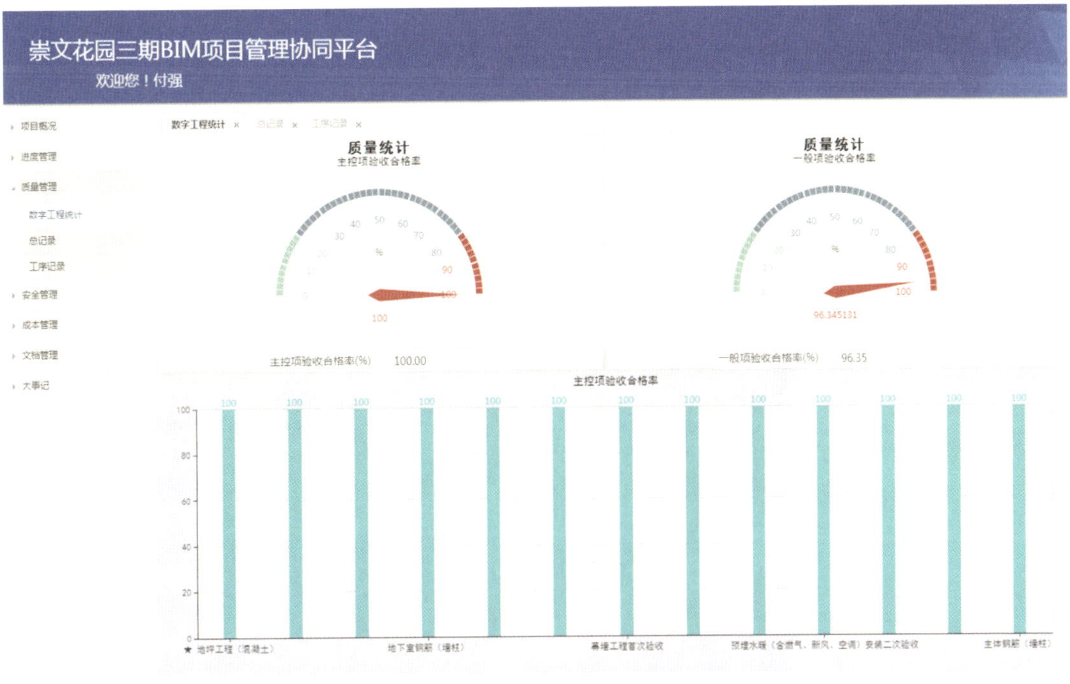

图 8.58

(7) 安全管理

在开始施工前，利用 BIM 模型进行虚拟巡查，提前发现安全隐患并设置安全巡查点。针对每个巡查点进行建模、编号，并录入位置、标准做法等信息，然后在项目现场进行巡查，并用移动端 App 进行拍照或拍摄视频提交至平台，相关责任人进行问题整改后，反馈至平台待监理确认，确认完毕后关闭问题，如图 8.59 至图 8.62 所示。整个流程在平台中留痕，便于以后的问题回溯和分析统计。

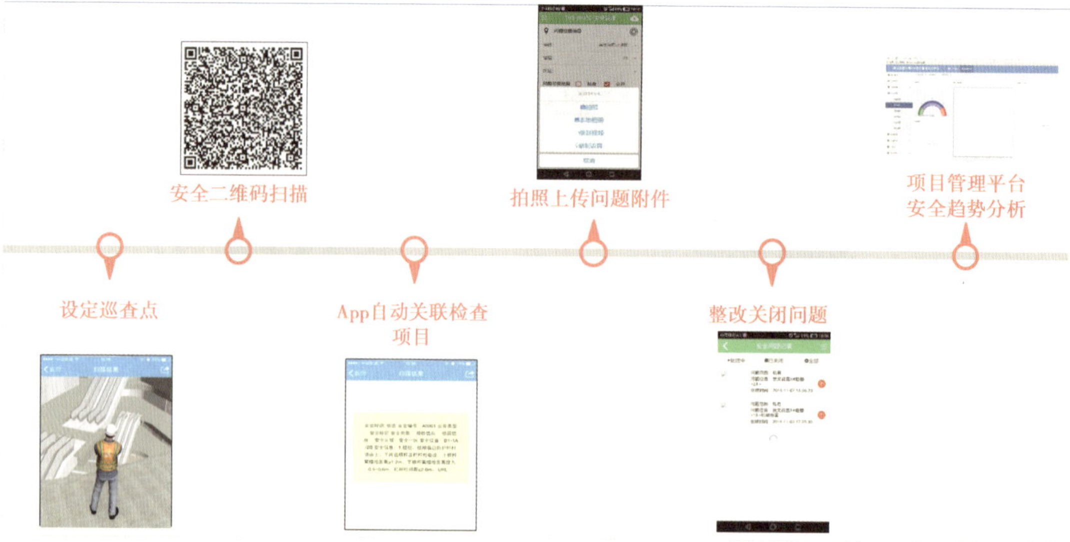

图 8.59

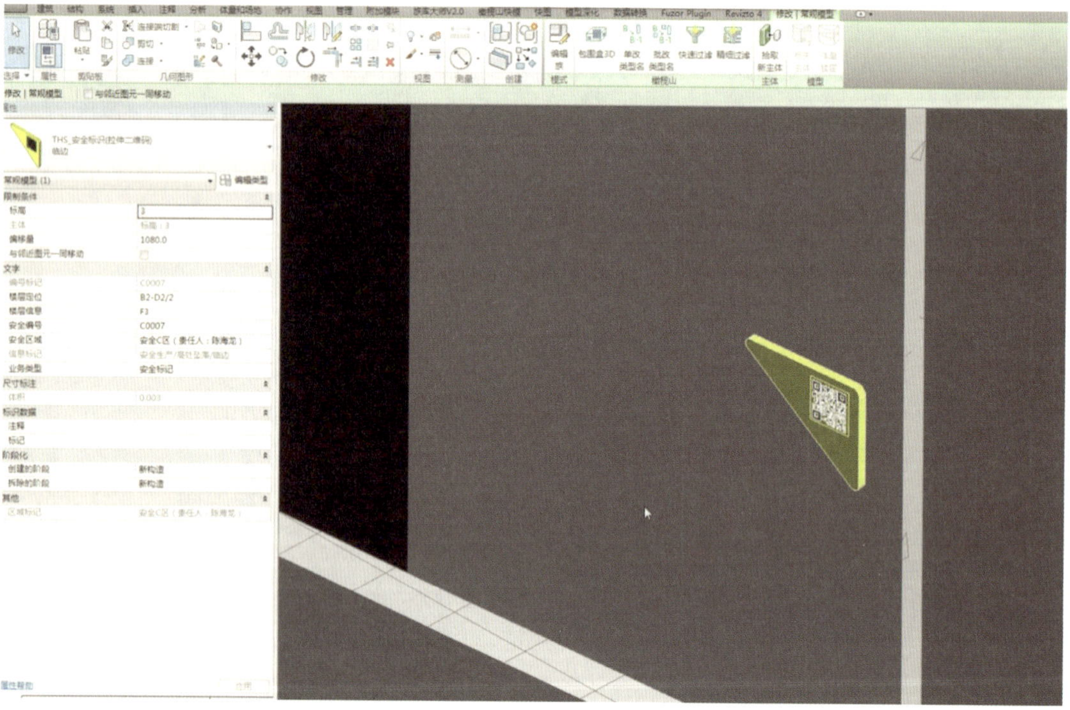

图 8.60

(8)在线工地监控

平台与现场视频同步,业主及监管单位可随时随地监控现场情况,如图 8.63、图 8.64 所示。

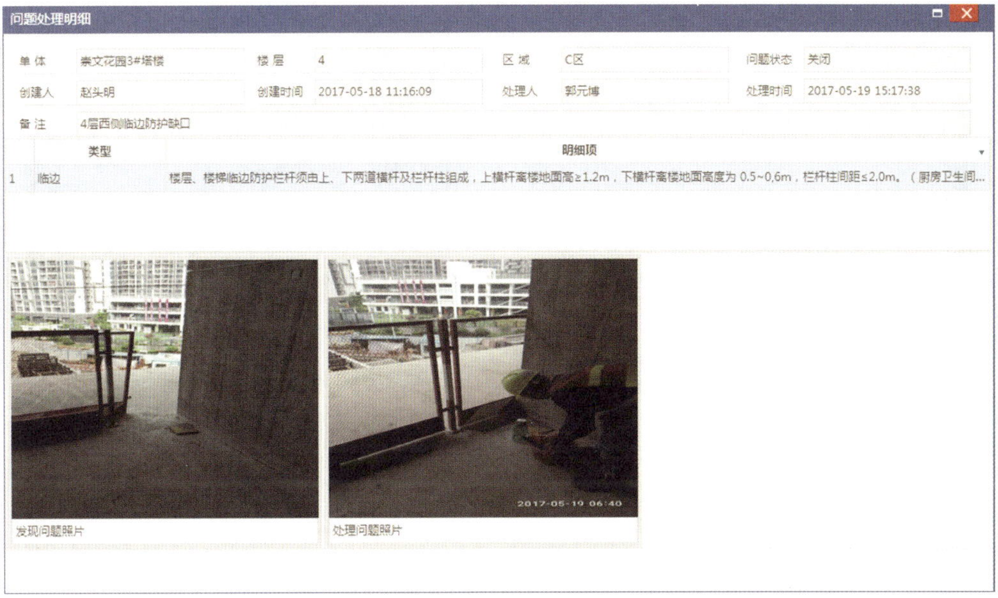

图 8.61

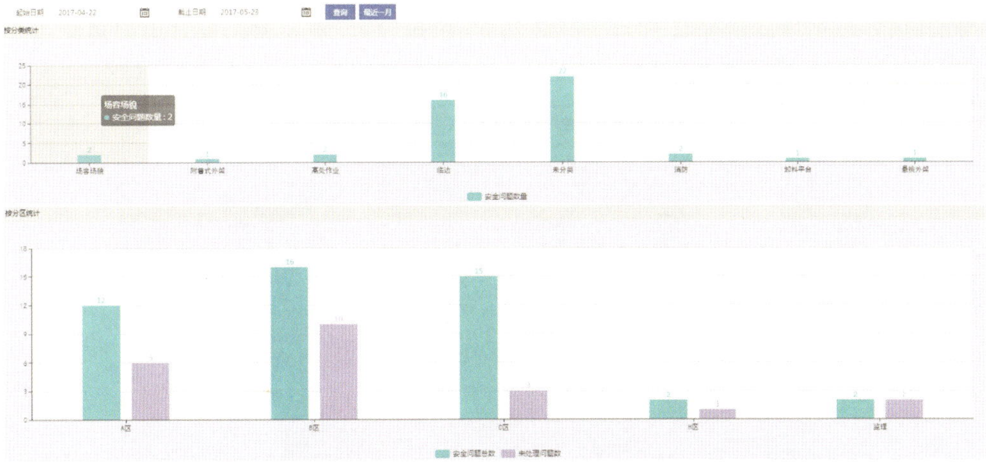

图 8.62

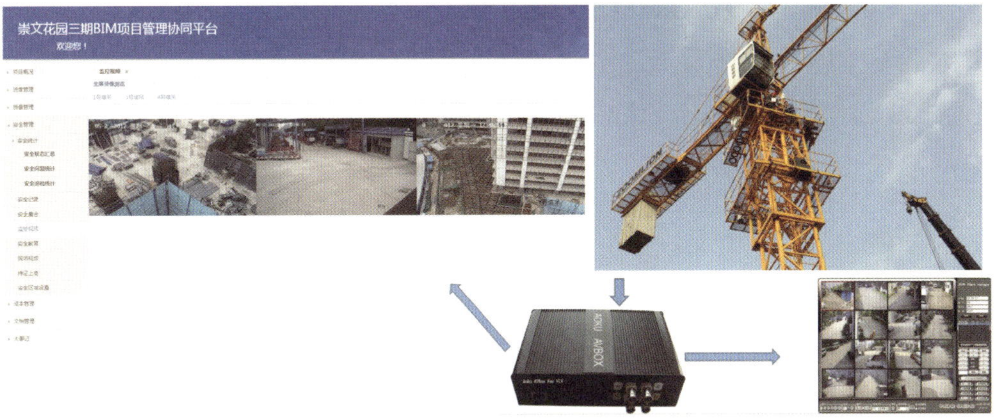

图 8.63

图 8.64

14) VR 仿真

利用 BIM 模型生成仿真模型,借助 VR 头盔,提供室内、室外 360°逼真虚拟现实体验,如图 8.65 所示。

图 8.65

8.3 深圳技术大学项目

深圳技术大学项目案例见右侧二维码。

第 9 章

“1+X”建筑信息模型(BIM)职业技能等级考试解析

2019 年 4 月，国务院印发《国家职业教育改革实施方案》。该方案明确提出，从 2019 年开始，在职业院校、应用型本科高校启动“学历证书+若干职业技能等级证书”制度试点工作。为此，教育部等四部委联合发布《关于在院校实施学历证书+若干职业技能等级证书制度的试点方案》，教育部门从 2019 年 4 月开始，面向国家现代农业、先进制造业、现代服务业、战略性新兴产业等 20 个技能人才紧缺领域，启动试点工作，建筑信息模型（BIM）等 5 个职业技能成为首批试点领域。

“1+X”证书制度是职业教育改革的利器和手段，鼓励学生在获得学历证书的同时，积极取得多种职业技能等级证书，让其能够成为促进技术技能人才培养培训模式、评价模式改革以及提高人才培养质量的重要举措。“1+X”证书制度的推行旨在落实放管服改革要求，引导以社会化机制建设新型的职业技能水平评价证书，并在院校开展“1+X”证书制度试点，推动“学历证书”与“职业技能等级证书”深度融合，同步促进教师教材教法改革，加快培养市场急需的高素质复合型技术技能人才，进而畅通技术技能人才的成长通道。

本章内容将从“1+X”建筑信息模型（BIM）职业技能等级考试考核基本要求和“1+X”建筑信息模型（BIM）职业技能等级考试初级职业技能要求两个方面进行考核内容分析，同时附有历年真题解析视频，可以让读者在前面章节内容学习的基础上更好地掌握考核内容及操作流程。

9.1 “1+X”建筑信息模型（BIM）职业技能等级考试考核基本要求

1）职业道德

遵纪守法，诚实信用，务实求真，团结协作。

2）基础知识

（1）制图、识图基础知识

①正投影、轴测投影、透视投影；

②技术制图的国家标准知识（图幅、比例、字体、图线、尺寸标注等）；

③形体的二维表达方法（视图、剖视图、局部放大图等）；

④标注与注释；

⑤土木建筑大类各专业图样（例如建筑施工图、结构施工图、设备施工图等）。

（2）BIM 基础知识

①建筑信息模型（BIM）的概念；

②建筑信息模型（BIM）的特点、优势和价值；

③建筑信息模型（BIM）软件体系；

④建筑信息模型（BIM）相关硬件；

⑤建筑信息模型（BIM）建模精度等级。

9.2 “1+X”建筑信息模型(BIM)职业技能等级考试初级职业技能要求

1)工程图纸识读与绘制

①掌握建筑类专业制图标准,如图幅、比例、字体、线型样式、线型图案、图形样式表达、尺寸标注等;

②掌握正投影、轴测投影、透视投影的识读与绘制方法;

③掌握形体平面视图、立面视图、剖视图、断面图、局部放大图的识读与绘制方法。

2)BIM 建模软件及建模环境

①掌握 BIM 建模的软件、硬件环境设置;

②熟悉参数化设计的概念与方法;

③熟悉建模流程;

④熟悉相关 BIM 建模软件功能;

⑤了解不同专业的 BIM 建模方式。

3)BIM 建模方法

①掌握标高、轴网的创建方法;

②掌握实体创建方法,如墙体、柱、梁、门、窗、楼地板、屋顶与天花板、楼梯、管道、管件、机械设备等;

③掌握实体编辑方法,如移动、复制、旋转、删除等;

④掌握实体属性定义与参数设置方法;

⑤掌握在 BIM 模型生成平、立、剖、三维视图的方法。

4)BIM 标记、标注与注释

①掌握标记创建与编辑方法;

②掌握标注类型及其标注样式的设定方法;

③掌握注释类型及其注释样式的设定方法。

5)BIM 成果输出

①掌握明细表创建方法;

②掌握图纸创建方法;

③掌握 BIM 模型的浏览、漫游及渲染方法;

④掌握模型文件管理与数据转换方法。

9.3 历年真题解析视频

内容	视频二维码	内容	视频二维码	内容	视频二维码
储水罐		钢结构雨篷(上)		钢筋混凝土梁	
柱体		钢结构雨篷(下)		七桩二阶承台基础	
拱门墙		族创建		体量楼层	
上海中心体量		牛腿柱		榫卯结构	
仿交通锥		钢筋混凝土柱			